高等学校应用型本科"十三五"规划教材

STC 单片机原理与应用开发
——实例精讲(从入门到开发)

主　编　董晓庆
副主编　谢森林　陈洪财　林镇涛

哈尔滨工程大学出版社
Harbin Engineering University Press

内容简介

本书基于 STC12 单片机，由浅入深讲授单片机学习所需具备的基础知识、单片机各功能模块及综合应用案例开发。首先，针对初学者，在第 1 章、第 2 章分别讲解了 C 语言基础知识、开发软件 Keil4 的安装及工程创建、基础元器件、原理图及其符号标识等相关软硬件知识；其次，在第 3 章至第 10 章分别讲述了 STC12 单片机的 I/O 口控制、中断系统、定时器、串口、PWM、EEPROM 等资源模块的配置及应用案例；最后，在第 11 章、第 12 章给出了两个综合应用项目，讲述了如何根据应用需求，设计开发方案，并给出了具体的源代码及代码分析过程。

本书内容涵盖入门基础到工程应用开发，可作为高校电子信息工程、电气工程及自动化等专业的教材，也可供单片机、嵌入式开发及应用等领域相关研发人员参考使用。

图书在版编目(CIP)数据

STC 单片机原理与应用开发：实例精讲：从入门

到开发／董晓庆主编. —哈尔滨：哈尔滨工程大学出

版社，2020.2

　　ISBN 978 - 7 - 5661 - 2605 - 4

　　Ⅰ. ①S… Ⅱ. ①董… Ⅲ. ①微控制器 Ⅳ.

①TP368.1

中国版本图书馆 CIP 数据核字(2020)第 021771 号

选题策划　张志雯
责任编辑　张植朴　刘海霞
封面设计　李海波

出版发行　哈尔滨工程大学出版社
社　　址　哈尔滨市南岗区南通大街 145 号
邮政编码　150001
发行电话　0451 - 82519328
传　　真　0451 - 82519699
经　　销　新华书店
印　　刷　哈尔滨市石桥印务有限公司
开　　本　787 mm × 1 092 mm　1/16
印　　张　16.75
字　　数　430 千字
版　　次　2020 年 2 月第 1 版
印　　次　2020 年 2 月第 1 次印刷
定　　价　45.00 元
http://www.hrbeupress.com
E-mail:heupress@ hrbeu.edu.cn

前　言

单片机是集成了中央处理器(CPU)、随机存储器(RAM)、只读存储器(ROM)、中断系统、定时器/计数器及串口通信等模块的一个小而完善的微型计算机系统,已广泛应用于通信设备、家用电器、工业控制及各种智能终端中,是高等院校电子科学与技术、电子信息工程、自动化、物联网等工科专业的核心专业课。随着技术的不断发展进步,单片机已从20世纪80年代的4位、8位,发展到现在几百兆的高速单片机;同时,单片机内部集成了越来越多的资源,比如集成电路总线(IIC)、脉冲宽度调制(PWM)及模拟数字(A/D)转换器等。然而,现有单片机教材大多基于传统51单片机,并根据知识体系按部就班地讲述中断系统、定时器及串口通信等传统资源的配置使用,对新一代单片机中的资源及其使用方法和对基于单片机的综合应用开发能力的培养有所欠缺。因此,紧跟技术发展潮流,着重培养学生的综合应用开发能力,编写基于新一代高速单片机的教材具有较大的实际意义。

STC12单片机是宏晶科技公司的新一代8051高速单片机,具有高速、抗干扰性强、低功耗、内部资源丰富等特点。与传统8051单片机相比,具有如下优良特性:①可直接仿真及在系统可编程,无须专用仿真器及编程器,可自开发远程升级;②高速内核,四级流水线,同等频率下比传统单片机快8～12倍,绝大部分指令1个时钟完成,且指令完全兼容传统51单片机;③8路10位精度A/D,转换速度达250 k/s,2路PWM,片内集成了串行外设接口(SPI)及带电可擦可编程只读存储器(EEPROM);④超低功耗,正常工作典型功耗小于2.7 mA;⑤片内大容量存储空间,包括1280字节静态随机存取存储器(SRAM),最高达62千字节程序空间。

本书基于STC12单片机,共分为三部分由浅入深地讲授学习单片机需具备的基础知识、单片机各功能模块应用及综合应用案例开发。首先,根据学习单片机需具备的软硬件基础,在第1章讲述及重温了软件基础知识,包括C语言基础知识、进制转换、Keil4软件的安装及工程创建等;在第2章讲述了基础元器件、认识原理图及其符号标识、单片机命名及封装等相关硬件知识。其次,在第3章到第10章分别讲述了STC12C单片机的输入/输出(I/O)口控制、中断系统、定时器、串口、PWM、EEPROM等资源模块的配置及应用案例。最后,在第11章、第12章给出了两个综合应用项目,讲述了如何根据应用需求,设计开发方案,并给出了具体的源代码及代码分析。与其他教材相比,本书具有以下特点:

(1)传统教材大部分根据单片机的知识体系,分步讲述单片机的各个功能模块,本书则由浅入深,首先,普及了软硬件基础知识,确保基础薄弱学生也能快速入门;其次,在讲述STC12单片机各功能模块过程中结合了大量的应用实例进行讲解;最后,给出综合性强的项目案例,培养学生的工程开发能力。本书既适合单片机初学者,还适合有一定开发能力的学生或研发人员。

(2)现有单片机教材大多基于传统8051单片机,主要讲述I/O口控制、中断系统、定时器及串口通信等资源模块的使用。然而,随着集成电路设计、制造能力的快速发展,出现了许多新的应用需求,只学习传统的各个功能模块显然不能满足社会发展需求。因此,本书基于STC12系列的新一代高速单片机,在讲述传统单片机功能模块的基础上,进一步结合实际案例详细讲述了可编程计数器阵列(PCA)\PWM、SPI、A/D 及数字模拟(D/A)转换器、EEPROM 等功能模块的配置及应用,并给出了综合应用这些模块的工程开发项目案例。

本书由董晓庆统稿,其中第 1 至 5 章由董晓庆编写,第 6 至 8 章由林镇涛编写,第 9 至 10 章由谢森林编写,第 11 至 12 章由陈洪财编写。同时,在本书编写的过程中,郑耿忠、袁静珍、张楚鸿、鄞士钜、陈炜发等提供了宝贵的素材、源代码,在此,向他们表示衷心的感谢!

本书得到广东省教学改革项目(基于应用创新能力培养的地方高校"单片机"课程教学模式改革与实践)、韩山师范学院冲补强校级教改项目(Z18031)、韩山师范学院创新强校项目(Z16068)、韩山师范学院校级培育重点学科项目(511024)、广东省高等职业教育教学质量与教学改革工程项目(GDJG2019324)、广东省科技计划项目(2016A020209012)等项目的资助及支持。

本书在出版的过程中,得到了哈尔滨工程大学出版社编辑老师的指导,并提出了中肯的修改建议,在此向他们表示真挚的敬意。

单片机应用广泛,资源丰富,相关技术不断发展进步,由于编者水平及认知局限,书中难免存在错漏,承望广大读者批评指正。

编 者
2020 年 1 月

目　录

第1章 单片机——软件基础知识

本章学习要点：

1. 掌握不同进制之间的转化关系；

2. 重温 C 语言语法的使用；

3. 形成良好的编程风格；

4. 了解编译环境，掌握串口调试工具的安装方法；

5. 掌握 STC 系列单片机下载软件的使用。

很多读者会好奇，不是学习单片机吗，为什么第 1 章要学习 C 语言？因为 C 语言已成为单片机开发的主流编程语言，没有 C 语言基础就无法进行单片机的应用开发。下面对单片机的主流编程语言特点做简要介绍。

首先是汇编语言，其具有如下特点：

▶目标程序简短，空间占用小，实时性较强；

▶面向机器，对硬件的控制能力较强，效率高。

其次是 C 语言，其已成为单片机开发的主流编程语言。相较于汇编语言，C51 程序具有如下特点：

▶有比较完善的内存和寄存器管理机制，编程者只需要对存储器有初步了解即可编程；

▶有良好的模块化结构，逻辑清晰，可读性较强；

▶有完善的函数库，降低编程难度，提高编程效率，且移植性好；

▶C 语言需在编译软件中转换成汇编语言，再转换成机器所能执行的机器语言。

综上所述，虽然汇编语言执行效率高，但 C51 程序易于入手，对初学者比较友好，开发效率高，因此本书主要以 C 语言讲解单片机的编程方法。那么学习单片机要精通 C 语言吗？其实不需要，在学习单片机的过程中会发现，单片机的开发只要掌握常用的 C 语言语法就可以了。因此本章主要讲解单片机编程所需要了解的基础理论知识，包括常用的数制和码制，以及单片机编程比较常用的 C 语言知识，希望可以帮助读者扫除入门障碍。

1.1 进制及其转换

进制也就是进位制。进行加法运算时逢 X 进一（满 X 进一），进行减法运算时借一当 X，这就是 X 进制，这种进制包含 X 个数字，基数为 X。

在单片机之中，进制的概念非常重要，因为单片机不再以生活中常见的十进制为主，而是使用二进制、八进制、十六进制等更为接近硬件底层的进制进行逻辑运算。

1.1.1 十进制

逢十进一(满十进一),因为只有 0 ~ 9 共 10 个数字,所以叫作十进制(decimalism),例如:5,46,94,100 等。

1.1.2 二进制

满二进一,只有 0 和 1 两个数字,所以叫作二进制(binary)。在计算机内部,数据都是以二进制的形式存储的,二进制是学习编程必须掌握的基础知识。例如:1,0,101,110001 等。图 1.1、图 1.2[①] 详细给出了二进制加减法的运算过程。

1. 二进制加法:$1+0=1,1+1=10,11+10=101,111+111=1110$

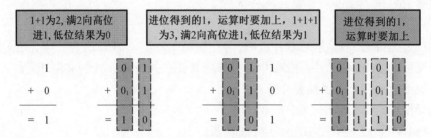

图 1.1 二进制加法示意图

2. 二进制减法:$1-0=1,10-1=1,101-11=10,1100-111=101$

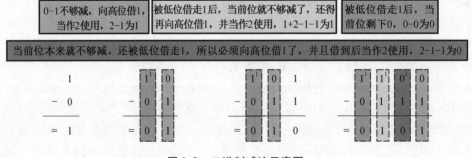

图 1.2 二进制减法示意图

1.1.3 八进制

除了二进制,C 语言还会用到八进制。八进制有 0 ~ 7 共 8 个数字,基数为 8,加法运算时逢八进一,减法运算时借一当八。例如:数字 0,1,5,7,14,733,67001,25430 都是有效的八进制数。图 1.3、图 1.4 详细给出了八进制加减法的运算过程。

1. 八进制加法:$3+4=7,5+6=13,75+42=137,2427+567=3216$
2. 八进制减法:$6-4=2,52-27=23,307-141=146,7430-1451=5757$

---

① 本书中进制转换图片来源于 C 语言中文网 http://c.biancheng.net/。

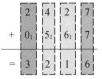

图1.3 八进制加法示意图

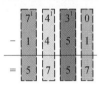

图1.4 八进制减法示意图

1.1.4 十六进制

除了二进制和八进制,十六进制也经常使用,甚至比八进制还要频繁。十六进制中,用A表示10,B表示11,C表示12,D表示13,E表示14,F表示15,因此有0~F共16个数字,基数为16,加法运算时逢十六进一,减法运算时借一当十六。例如:数字0,1,6,9,A,D,F,419,EA32,80A3,BC00都是有效的十六进制数。

注意,十六进制中的字母不区分大小写,A、B、C、D、E、F也可以写作a、b、c、d、e、f。图1.5、图1.6详细给出了十六进制加减法的运算过程。

1. 十六进制加法:6 + 7 = D,18 + BA = D2,595 + 792 = D27,2F87 + F8A = 3F11

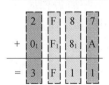

图1.5 十六进制加法示意图

2.十六进制减法:$D - 3 = A$,$52 - 2F = 23$,$E07 - 141 = CC6$,$7CA0 - 1CB1 = 5FEF$

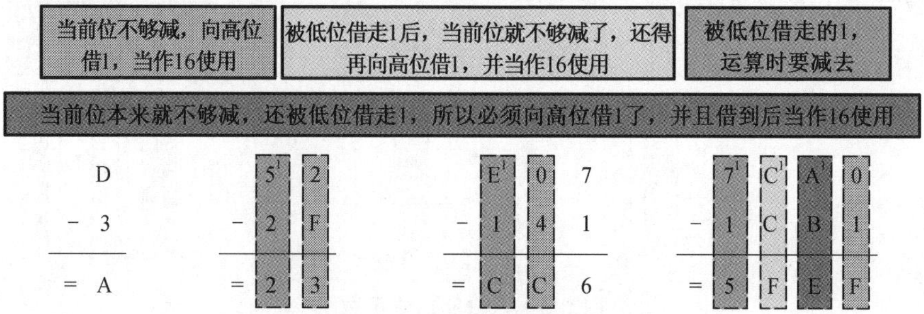

| 当前位不够减,向高位借1,当作16使用 | 被低位借走1后,当前位就不够减了,还得再向高位借1,并当作16使用 | 被低位借走的1,运算时要减去 |

| 当前位本来就不够减,还被低位借走1,所以必须向高位借1了,并且借到后当作16使用 |

$$
\begin{array}{c}
D \\
- \quad 3 \\
\hline
= \quad A
\end{array}
\qquad
\begin{array}{c}
5^1 \;\; 2 \\
- \;\; 2 \;\; F \\
\hline
= \;\; 2 \;\; 3
\end{array}
\qquad
\begin{array}{c}
E^1 \;\; 0 \;\; 7 \\
- \;\; 1 \;\; 4 \;\; 1 \\
\hline
= \;\; C \;\; C \;\; 6
\end{array}
\qquad
\begin{array}{c}
7^1 \;\; C^1 \;\; A^1 \;\; 0 \\
- \;\; 1 \;\; C \;\; B \;\; 1 \\
\hline
= \;\; 5 \;\; F \;\; E \;\; F
\end{array}
$$

图1.6　十六进制减法示意图

1.1.5　二进制、八进制、十六进制转换为十进制

二进制、八进制和十六进制向十进制转换都非常容易,就是"按权相加"。所谓"权",即"位权"。假设当前数字是 N 进制,那么:

▶对于整数部分,从右往左看,第 i 位的位权等于 N 的 $i-1$ 次幂;

▶对于小数部分,恰好相反,要从左往右看,第 j 位的位权为 N 的 $-j$ 次幂。

例如,将八进制数字 53627 转换成十进制:

$53627 = 5 \times 8^4 + 3 \times 8^3 + 6 \times 8^2 + 2 \times 8^1 + 7 \times 8^0 = 22423$(十进制)

从右往左看,第 1 位的位权为 $8^0 = 1$,第 2 位的位权为 $8^1 = 8$,第 3 位的位权为 $8^2 = 64$,第 4 位的位权为 $8^3 = 512$,第 5 位的位权为 $8^4 = 4096$,……第 n 位的位权为 $8^{(n-1)}$。将各个位的数字乘以位权,然后再相加,就得到了十进制形式。

注意,这里我们需要以十进制形式来表示位权。

再如,将十六进制数字 9FA8C 转换成十进制:

$9FA8C = 9 \times 16^4 + 15 \times 16^3 + 10 \times 16^2 + 8 \times 16^1 + 12 \times 16^0 = 653964$(十进制)

从右往左看,第 1 位的位权为 $16^0 = 1$,第 2 位的位权为 $16^1 = 16$,第 3 位的位权为 $16^2 = 256$,第 4 位的位权为 $16^3 = 4096$,第 5 位的位权为 $16^4 = 65536$,……第 n 位的位权为 $16^{(n-1)}$。将各个位的数字乘以位权,然后再相加,就得到了十进制形式。

同样,将二进制数字转换成十进制也是类似的道理:

$11010 = 1 \times 2^4 + 1 \times 2^3 + 0 \times 2^2 + 1 \times 2^1 + 0 \times 2^0 = 26$(十进制)

从右往左看,第 1 位的位权为 $2^0 = 1$,第 2 位的位权为 $2^1 = 2$,第 3 位的位权为 $2^2 = 4$,第 4 位的位权为 $2^3 = 8$,第 5 位的位权为 $2^4 = 16$,……第 n 位的位权为 $2^{(n-1)}$。将各个位的数字乘以位权,然后再相加,就得到了十进制形式。

更多转换成十进制的例子:

二进制:$1001 = 1 \times 2^3 + 0 \times 2^2 + 0 \times 2^1 + 1 \times 2^0 = 8 + 0 + 0 + 1 = 9$(十进制)

八进制:$302 = 3 \times 8^2 + 0 \times 8^1 + 2 \times 8^0 = 192 + 0 + 2 = 194$(十进制)

十六进制:$EA7 = 14 \times 16^2 + 10 \times 16^1 + 7 \times 16^0 = 3584 + 160 + 7 = 3751$(十进制)

1.1.6　十进制转换为二进制、八进制、十六进制

十进制整数转换为 N 进制整数采用"除 N 取余,逆序排列"法。

具体做法是:将 N 作为除数,用十进制整数除以 N,可以得到一个商和余数;保留余数,

用商继续除以 N,又得到一个新的商和余数;仍然保留余数,用商继续除以 N,还会得到一个新的商和余数……如此反复进行,每次都保留余数,用商接着除以 N,直到商为 0 时为止。把先得到的余数作为 N 进制数的低位数字,后得到的余数作为 N 进制数的高位数字,依次排列起来,就得到了 N 进制数字。图 1.7 给出了十进制数字 36926 转换成八进制的过程。从图 1.7 可知,十进制数字 36926 转换成八进制的结果为 110076。

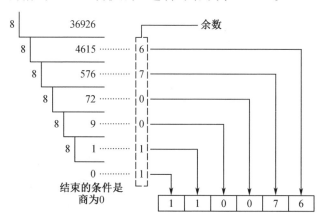

图 1.7　十进制转换为八进制

图 1.8 给出了将十进制数字 42 转换成二进制的过程,具体过程如图 1.8 所示。从图 1.8 中可知,十进制数字 42 转换成二进制的结果为 101010。

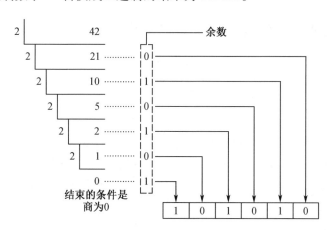

图 1.8　十进制转换为二进制

表 1.1 列出了前 17 个十进制整数与二进制、八进制、十六进制的对应关系。

表 1.1　十进制与其他进制的对应关系

十进制	二进制	八进制	十六进制
0	0	0	0
1	1	1	1
2	10	2	2

表1.1(续)

十进制	二进制	八进制	十六进制
3	11	3	3
4	100	4	4
5	101	5	5
6	110	6	6
7	111	7	7
8	1000	10	8
9	1001	11	9
10	1010	12	A
11	1011	13	B
12	1100	14	C
13	1101	15	D
14	1110	16	E
15	1111	17	F
16	10000	20	10

1.1.7 二进制和八进制、十六进制的转换

任何进制之间的转换都可以使用上面讲到的方法,只不过有时比较麻烦,所以一般针对不同的进制采取不同的方法。将二进制转换为八进制和十六进制时就有非常简捷的方法,反之亦然。

1.二进制整数和八进制整数之间的转换

二进制整数转换为八进制整数时,每三位二进制数字转换为一位八进制数字,运算的顺序是从低位向高位依次进行,高位不足三位用0补齐。图1.9给出了如何将二进制整数1110111100转换为八进制。从图1.9中可以看出,二进制整数1110111100转换为八进制的结果为1674。

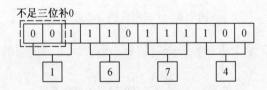

图1.9 二进制与八进制之间转换

八进制整数转换为二进制整数时,思路是相反的,每一位八进制数字转换为三位二进制数字,运算的顺序也是从低位向高位依次进行。图1.10给出如何将八进制整数2743转换为二进制。从图1.10中可以看出,八进制整数2743转换为二进制的结果为10111100011。

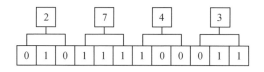

图 1.10 八进制与二进制之间转换

2. 二进制整数和十六进制整数之间的转换

二进制整数转换为十六进制整数时,每四位二进制数字转换为一位十六进制数字,运算的顺序是从低位向高位依次进行,高位不足四位用 0 补齐。图 1.11 给出了如何将二进制整数 10110101011100 转换为十六进制。从图 1.11 中可以看出,二进制整数 10110101011100 转换为十六进制的结果为 2D5C。

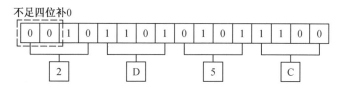

图 1.11 二进制转换为十六进制

十六进制整数转换为二进制整数时,思路是相反的,每一位十六进制数字转换为四位二进制数字,运算的顺序也是从低位向高位依次进行。图 1.12 给出了如何将十六进制整数 A5D6 转换为二进制。从图 1.12 中可以看出,十六进制整数 A5D6 转换为二进制的结果为 1010010111010110。

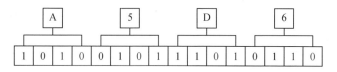

图 1.12 十六进制转换为二进制

在单片机编程中,二进制、八进制、十六进制之间几乎不会涉及小数的转换,所以这里我们只讲整数的转换,大家学以致用足矣。另外,八进制和十六进制之间也极少直接转换,这里我们也不再讲解了。

1.2 数 据 类 型

1.2.1 数据类型定义

数据是放在内存中的,变量是给这块内存起的名字,有了变量就可以找到并使用这份数据。但问题是,该如何使用变量数据呢?

我们知道,诸如数字、文字、符号、图形、音频、视频等数据都是以二进制形式存储在内存中的,它们并没有本质上的区别,那么 00010000 该理解为数字 16,还是图像中某个像素的颜色,抑或是要发出某个声音呢?如果没有特别指明,我们并不知道。也就是说,内存中的数据有多种解释方式,使用之前必须确定数据的类型,像 int a,就表明这份数据是整形数据,不能理解为像素、声音等。像 int 等 C 语言修饰词可以归在一起,有一个专业的称呼,叫作数据类型(data type)。

顾名思义,数据类型用来说明数据的类型,确定了数据的解释方式,不让计算机和程序员产生歧义。在 C 语言中,有多种数据类型,见表1.2。

表1.2 数据类型及其说明

说明	字符型	短整型	整型	长整型	单精度浮点型	双精度浮点型	无类型
数据类型	char	short	int	long	float	double	void

这些是最基本的数据类型,是 C 语言自带的,经常出现在单片机的实际运算当中,需要读者熟练掌握并加以应用。这里面还有一个概念,就是数据的长度。数据长度(length),是指数据占用多少个字节,占用的字节越多,能存储的数据就越多,对于数字来说,值就会更大,反之能存储的数据就有限。

多个数据在内存中是连续存储的,彼此之间没有明显的界限,如果不明确指明数据的长度,计算机就不知道何时存取结束。例如,我们保存了一个整数1000,它占用 4 个字节的内存,而读取时却认为它占用 3 个字节或 5 个字节,这显然是不正确的。所以,在定义变量时还要指明数据的长度。而这恰恰是数据类型的另外一个作用。数据类型除了指明数据的解释方式,还指明了数据的长度。因为在 C 语言中,每一种数据类型所占用的字节数都是固定的,知道了数据类型,也就知道了数据的长度。

在单片机环境中,各种数据类型的长度见表1.3。

表1.3 数据类型及其说明长度

说明	字符型	短整型	整型	长整型	单精度浮点型	双精度浮点型
数据类型	char	short	int	long	float	double
长度	1	2	2	4	2	4

注意:这里的长度指的单位是字节,1 个字节有 8 个位,每一个位可以存储的数据只能是 0 和 1 两种,这一点和二进制是一致的。一般来说,每一个英文字符、阿拉伯数字占 1 个字节大小,每一个汉字占 2 个字节大小。例如:生活中我们常常遇见的数值15,在单片机里面需要使用 1 个字节的空间来存储,存储内容为00001111,最高位是符号位,0 代表正,1 代表负,其他数据位代表的就是数据本身,15 的二进制值为1111。这个字节的最高位为0,低四位是 1,还剩 3 个位没有值,没有值的都默认补 0。因此这个数在单片机的存储就是00001111。

1.2.2 常量与变量的区别

什么是常量? 常量就是1,2,3,4,5,6 等固定的数字,这些数字一旦被定义,就不能再接受程序方面给它带来的改变,只能是一个固定的值。在单片机中有两种常见的常量定义方式:

\#defineMAX 255

constcharMAX = 255

第一句采用宏定义的方式,定义 MAX 这个常量的内容为 255,意思就是,只要程序中出现 MAX,MAX 就代表 255。第二句采用定义变量的方式,但是在前面加入了 const 来修饰变量,把它变成了一个不可改变内容的常量。

什么是变量?变量就是可以重新赋值改变的数字,这些数字即使已经被定义成一个值,也可以通过程序去修改它,重新赋值。一般的定义方式就是数据类型 + 变量名,具体如下:

(1) chardata1 = 1

(2) unsignedchardata2 = 2

(3) int data3 = 3

(4) unsigned int data4 = 4

而一般的修改变量值的方式就是直接给它重新赋值,如下:

(1) data1 = 2

(2) data2 = 3

(3) data3 = 4

(4) data4 = 5

与小学数学类似,变量也分成几类不同的数据类型,比如正数、负数、整数和小数。在 C 语言里,除名字和数学里的不一样外,其他都大同小异,C 语言中也有正数、负数、小数等。此外,在单片机中,由于存储空间问题,还对每一种数据类型的大小进行了范围设定。

C 语言的数据基本类型包括字符型、整型、长整型和浮点型,如图 1.13 所示。

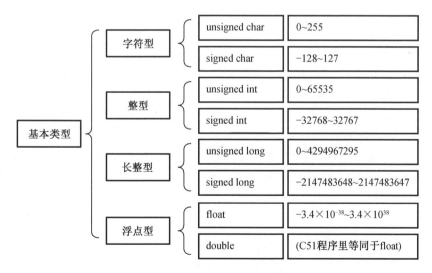

图 1.13 C 语言基本数据类型

图 1.13 中,每个基本类型又包含了两个类型。字符型、整型、长整型除了可表达的数值范围不同之外,都是只能表达整数,而 unsigned long 型又只能表达正整数,要表达的整数含有负数的则必须用 signed long 型,在程序中"signed"可不写,不写时默认也是 signed long 类型。如要表达小数的话,则必须用浮点型。这里有一个编程宗旨,就是能用小不用大。意

思就是说定义能用 1 个字节 char 型解决问题的,就不定义成 int 型,一方面节省随机存取存储器(RAM)空间,可以让其他变量或者中间运算过程使用,另外一方面,占空间小程序运算速度也快一些。

举个例子:我们需要使用一个变量,初始值是 123,在后续的程序中会将这个值改为 234。如果只看初始值,那么我们定义变量时可以定义一个 char 型的变量,因为 char 型的范围足够,123 在 –128 ~ 127 的范围内。但是如果考虑后期的数据变化,234 这个值明显大于 127,但是在小于 255 的范围里,那么就可以使用 unsigned char 型来定义,本质上还是只使用了 1 个字节的空间。(注意:如果后期改变的值大于 255,那么就只能使用更大范围的变量类型,比如 int 型和 unsigned int 型等。)

另外,比如说定义一个 char 型数据,然后赋值 128,这种情况会出现什么现象呢? char 型数据的范围是 –128 ~ 127,从最小到最大。那么 128 明显超出这个范围,超出的部分会被舍弃,超出的第 8 位代表的数据是 127,所以又从最小开始计起,第一个数就是 –128,因此当使用超出原本范围的数据时,会又从最低位开始计起。

1.3　宏定义与 typedef

在单片机的应用中,经常会出现#define、#include、#if、#ifndef、#else、#endif 等常见的定义。读者可能会好奇这个是用来做什么的,好像每个程序都必不可少的样子。在这里就为读者做一下简单的使用介绍,方便今后使用。

1.3.1　#include

#include 叫作文件包含命令,用来引入对应的头文件(. h 文件)。#include 也是 C 语言预处理命令的一种。它的处理过程很简单,就是将头文件的内容插入该命令所在的位置,从而把头文件和当前源文件连接成一个源文件,这与复制 – 粘贴的效果相同。

#include 的用法有以下两种:

#include ＜ stdHeader. h ＞

#include " myHeader. h"

使用尖括号“＜ ＞”和双引号“" "”的区别在于头文件的搜索路径不同:使用尖括号,编译器会到系统路径下查找头文件;而使用双引号,编译器首先在当前目录下查找头文件,如果没有找到,再到系统路径下查找。也就是说,使用双引号比使用尖括号多了一个查找路径,它的功能更为强大。

前面一直使用尖括号来引入标准头文件,现在也可以使用双引号,如下所示:

#include " stdio. h"

#include " stdlib. h"

stdio. h 和 stdlib. h 都是标准头文件,它们存放于系统路径下,所以使用尖括号和双引号都能够成功引入;而自己编写的头文件,一般存放于当前项目的路径下,所以不能使用尖括号,只能使用双引号。当然,也可以把当前项目所在的目录添加到系统路径,这样就可以使用尖括号,但是一般很少这么做,因为这样会导致系统路径下库函数的紊乱,不利于后期开发管理。

在以后的编程中,大家既可以使用尖括号来引入标准头文件,也可以使用双引号来引入标准头文件。使用双引号来引入自定义头文件(自己编写的头文件)的一个好处是一眼就能看出哪一个头文件是系统库里的,哪一个是自己编写的。

关于#include用法的注意事项:一个#include命令只能包含一个头文件,多个头文件需要多个#include命令。同一个头文件可以被多次引入,多次引入的效果和一次引入的效果相同,因为头文件在代码层面有防止重复引入的机制。文件包含允许嵌套,也就是说在一个被包含的文件中又可以包含另一个文件。

1.3.2 #define

#define叫作宏定义命令,它也是C语言预处理命令的一种。所谓宏定义,就是用一个标识符来表示一个字符串,如果在后面的代码中出现了该标识符,那么就全部替换成指定的字符串。宏定义是由源程序中的宏定义命令#define完成的,宏替换是由预处理程序完成的。宏定义的一般形式如下:

#define 宏名 字符串

#表示这是一条预处理命令,所有的预处理命令都以#开头。宏名是标识符的一种,命名规则和变量相同。字符串可以是数字、表达式、if语句、函数等。这里所说的字符串是一般意义上的字符序列,不要和C语言中的字符串等同,它不需要双引号。程序中反复使用的表达式就可以使用宏定义,例如:

#define M(n∗n+3∗n)

它的作用是指定标识符M来表示(n∗n+3∗n)这个表达式。在编写代码时,所有出现(n∗n+3∗n)的地方都可以用M来表示,而对源程序编译时,将先由预处理程序进行宏代替,即用(n∗n+3∗n)去替换所有的宏名M,然后再进行编译。

#define用法的几点说明:

(1)宏定义是用宏名来表示一个字符串,在宏展开时又以该字符串取代宏名,这只是一种简单粗暴的替换。字符串中可以含任何字符,它可以是常数、表达式、if语句、函数等,预处理程序对它不做任何检查,如有错误,只能在编译已被宏展开后的源程序时发现。

(2)宏定义不是说明或语句,在行末不必加分号,如加上分号则连分号也一起替换。

(3)宏定义必须写在函数之外,其作用域为宏定义命令起到源程序结束。

应注意用宏定义表示数据类型和用typedef定义数据说明符的区别。宏定义只是简单的字符串替换,由预处理器来处理;而typedef是在编译阶段由编译器处理的,它并不是简单的字符串替换,而是给原有的数据类型起一个新的名字,将它作为一种新的数据类型。

1.3.3 typedef和#define的区别

typedef在表现上有时候类似于#define,但它和宏替换之间存在一个关键性的区别。正确理解这个问题的方法就是把typedef看成一种彻底的"封装"类型,声明之后不能再往里面增加别的东西,具体如下:

(1)可以使用其他类型说明符对宏类型名进行扩展,但对typedef所定义的类型名却不能这样做。如下所示:

#define INTERGE int

unsigned INTERGE n;   //没问题

typedef int INTERGE;

unsigned INTERGE n;   //错误,不能在 INTERGE 前面添加 unsigned

(2)在连续定义几个变量的时候,typedef 能够保证定义的所有变量均为同一类型,而 #define则无法保证。例如:

#define PTR_INT int *

PTR_INT p1,p2;

经过宏替换以后,第二行变为

int * p1,p2;

这使得 p1、p2 成为不同的类型:p1 是指向 int 类型的指针,p2 是 int 类型。相反,下面代码中的 p1、p2 类型相同,它们都是指向 int 类型的指针。

typedef int * PTR_INT

PTR_INT p1,p2;

1.3.4 #if 的用法

#if 用法的一般格式为

#if 整型常量表达式 1

　　程序段 1

#elif 整型常量表达式 2

　　程序段 2

#elif 整型常量表达式 3

　　程序段 3

#else

　　程序段 4

#endif

它的意思是:如常"表达式 1"的值为真(非 0),就对"程序段 1"进行编译,否则就计算 "表达式 2",结果为真就对"程序段 2"进行编译,为假就继续往下匹配,直到遇到值为真的 表达式,或者遇到#else。这一点和 if else 非常类似。

需要注意的是,#if 命令要求判断条件为"整型常量表达式",也就是说,表达式中不能 包含变量,而且结果必须是整数;而 if 后面的表达式没有限制,只要符合语法就行。这是#if 和 if 的一个重要区别。

1.3.5 #ifdef 的用法

#ifdef 用法的一般格式为

#ifdef 宏名

　　程序段 1

#else

　　程序段 2

#endif

它的意思是如果当前的宏已被定义过,则对"程序段 1"进行编译,否则对"程序段 2"进

行编译。这个命令常常用在代码移植上,因为不同的系统可能是不一样的程序编写方式,写法自然有所区别。例如:

#ifdef WINDOWS

　　程序段 1

#elif LINUX

　　程序段 2

#endif

这个例子的意思就是,如果检测判断到系统是 Windows 系统,那么就编译程序段 1,删除程序段 2 的代码;如果检测到系统是 Linux 系统,就编译程序段 2,删除程序段 1 的代码。这样就可以让代码的生存性、可移植性得到大大的加强。

1.3.6　#ifndef 的用法

#ifndef 用法的一般格式为

#ifndef 宏名

#define

　　程序段

#endif

与#ifdef 相比,仅仅是将#ifdef 改为#ifndef。它的意思是,如果当前的宏未被定义,先定义当前宏,然后执行程序段;如果已经定义了宏,则不再执行下面的内容。

这个命令一般用在.h 文件上,用来防止重复定义。表 1.4 为部分#指令总结表。

表 1.4　部分#指令总结表

指令	说明
#	空指令,无任何效果
#include	包含一个源代码文件
#define	定义宏
#undef	取消已定义的宏
#if	如果给定条件为真,则编译下面代码
#ifdef	如果宏已经定义,则编译下面代码
#ifndef	如果宏没有定义,则编译下面代码
#elif	如果前面的#if 给定条件不为真,当前条件为真,则编译下面代码
#endif	结束一个#if...#else 条件编译块

1.4　运　算　符

在单片机中,用得较多的运算符有" + "" - "" * ""/""%"" < < "" > > ""&""|""^"

"!"等。加减乘除是常见的数学运算,C 语言当然支持,不过 C 语言中的运算符号与数学中的略有不同,见表 1.5。

表 1.5　数学与 C 语言运算符对照

类别	加法	减法	乘法	除法	求余数(取余)
数学	+	−	×	÷	无
C 语言	+	−	*	/	%

C 语言中的加号、减号与数学中的一样,乘号、除号不同;另外 C 语言还多了一个取余数的运算符,就是%。在 C 语言中,加减乘法运算和现实生活中的应用是一样的,但是除法不一样,举个例子:5/2 = 2;5%2 = 1。读者在书中也会见到像 i + + 、+ + i、a/ = 2、a + = 1 之类的写法,具体如下:

▶i + + 等价于先使用 i 的值,再将 i + 1 赋给 i;

▶ + + i 等价于先将 i + 1 的值赋给 i,再使用 i 的值;

▶a/ = 2 等价于 a = a/2,但是在单片机计算上会快一点;

▶a + = 1 等价于 a = a + 1。

1.4.1　&

& 为与符号,在单片机中,1 代表真,0 代表假,那么两个数相与就好比数学上的"真真为真",例如:a = 1,b = 5,c = a&b。那么这三个数怎么计算呢? 具体如下:

二进制下: 　　a = 0011

二进制下:&　　b = 0101

二进制下: 　　c = 0001

只有两者都为 1,相与出来的结果才为 1,否则为 0。

1.4.2　|

| 为或符号,在单片机中,1 代表真,0 代表假,那么两个数相或就好比数学上的"假假为假",例如:a = 1,b = 5,c = a|b。具体计算如下:

二进制下: 　　a = 0011

二进制下:|　　b = 0101

二进制下: 　　c = 0111

只有两者都为 0,相或出来的结果才为 0,否则为 1。

1.4.3　~

~ 为非符号,在单片机中,非的意思就是取反,原本为 1,非之后就变成 0,原本为 0,非之后就变成 1。举个例子:二进制下 a = 1001 , ~ a = 0110。

1.4.4　< <

< <为左移符号,代表数据左移几位。举个例子:a = 1,a < < = 2,求 a 值。

二进制下:a = 0001,a = a < < 2,即 a = 0100。

1.4.5　＞＞

＞＞为右移符号,代表数据右移几位。举个例子:a = 8,a ＞＞ = 2,求 a 值。

二进制下:a = 1000,a = a ＞＞2,即 a = 0010。

1.5　循　环　结　构

循环结构是什么意思? 循环就是周而复始地执行某命令。在单片机里,循环结构的意思就是起循环作用的结构,这样的结构可以让程序开发变得更加的方便快捷,更加的简单,通俗易懂。

在单片机中,常见的循环结构有 for 循环,while 循环,do...while 循环等。

1.5.1　for 循环语句

for 循环是单片机中经常使用到的一个语句,可以起到计次循环、无限循环等作用,它不仅仅可以用来做延时,更重要的是用来做一些循环运算。for 语句的一般形式如下:

for(表达式1;表达式2;表达式3)

｛

　　语句;

｝

其执行过程是:首先执行且只执行一次表达式1,表达式1通常用来初始化条件;然后执行表达式2,表达式2通常用于判定条件,如果表达式2条件成立,就执行语句;接下来执行表达式3;再判断表达式2,如成立,则执行 for 循环体内的语句;再执行表达式3……一直到表达式2不成立时,跳出循环继续执行循环后面的语句。

举个例子:

for(i = 0;i < 2;i + +)

｛

　　j + +;

｝

假设 j 的初始值是0。进入 for 循环后,i 被赋值为0,然后判断 i 是否小于2,0 显然小于2,所以条件成立,执行 j + +,j 的值就变成了1。然后执行 i + +,i 的值就变成了1。这时候就执行了一次循环语句。

接下来不再进行表达式1的初始化,执行表达式2,直接判断 i 的值是否小于2,显然条件又成立,所以 j 再次执行加1的操作,j 的值就变成了2,然后执行 i + +,i 的值变成2。这时候执行了两次循环语句。

最后,执行表达式2,发现 i 的值是2,2 显然不小于2,所以条件不成立,不再执行循环结构里面的内容。

for 语句除了这种标准用法,还有几种特殊用法。

例如:for(i = 0;i < 30000;i + +),这一句中没有加需要执行的语句,没有加的话,就是

什么都不操作。但是什么都不操作的话,这个 for 语句循环判断了 30000 次,程序执行是会用掉时间的,所以就起到了延时的作用。

还有一种写法:for(;;),这样写后,这个 for 循环就变成了无限循环,不停地执行需要执行的语句。

1.5.2 while 循环

while 循环在单片机 C 语言编程的时候,在每个主程序都会固定地加一句 while(1),这条语句就可以起到无限循环的作用。while 语句的一般形式为

while(表达式)
{
　　　循环体语句;
}

在 C 语言里,通常表达式符合条件,叫作真;不符合条件,叫作假。比如前边 i < 30000,当 i 小于或者等于 30000 的时候,那这个条件成立,就是真;如果 i 大于 30000 的时候,条件不成立,就叫作假。另外,对于机器来说,0 就是假,非 0 就是真。while(表达式)中括号里的表达式为真的时候,就会执行循环体语句;当为假的时候,就不执行。一般来说,while 循环都是先判断括号里的表达式是否成立,成立则执行大括号里的内容,不成立则不执行。这一点与 do...while 是不同的。

还有另外一种情况,就是 C 语言里面,除了表达式外,还有常数。习惯上,我们把非 0 的常数都认为是真,只有 0 认为是假,所以程序中使用了 while(1),这个数字 1,改成 2,3,4 等都可以,都是一个无限循环,不停地执行循环体的语句,但是如果把这个数字改成 0,那么就不会执行循环体的语句了。

通过学习 for 循环和 while 循环,大家是不是会产生一个疑问:为何有的循环加上大括号"{}",而有的循环却没加呢?什么时候需要加,什么时候不需要加呢?

在 C 语言中,分号表示语句的结束,而在循环语句里大括号表示的是循环体的所有语句,如果不加大括号,则只循环执行一条语句,即第一个分号之前的语句,而加上大括号后,则会执行大括号中所有的语句。下面以一个闪烁小灯程序为例,如下所示。

程序一:
```
while(1)
{
    LED = 0;  //点亮 LED 灯
    for(i = 0;i < 30000;i + +);  //延时等待一段时间
    LED = 1;  //关闭 LED 灯
    for(i = 0;i < 30000;i + +);  //延时等待一段时间
}
```
程序二:
```
while(1)
    LED = 0;
    for(i = 0;i < 30000;i + +);
    LED = 1;
```

for(i = 0 ; i < 30000 ; i + +) ;

程序一中大括号包含了全部程序,程序的内容和注释一致,目的是一直循环实现闪烁功能。程序二中没有加大括号,从语法上来看是没有任何错误的,写到 Keil 里编译一下也不会报错。但是从逻辑上来讲,程序二只会不停地循环"LED = 0;"这条语句,实际上和程序三效果是相同的。

程序三:

```
while(1)
{
    LED = 0;
}
for( i = 0 ; i < 30000 ; i + + ) ;
LED = 1;
for( i = 0 ; i < 30000 ; i + + ) ;
```

程序执行到 while(1) 已经进入无限循环了,所以后边三条语句是执行不到的。因此为了防止出类似的逻辑错误,我们推荐不管循环语句后边是一条还是多条语句,都加上大括号以防出错。

1.5.3 do...while 循环

在单片机 C 语言编程的时候,do...while 循环和 while 循环类似,但区别是,do...while 循环无条件先执行一遍大括号里的语句,再判断 while 括号里的表达式是否成立,成立则继续执行循环体语句,不成立则不再执行。对于 do...while 语句来说,它的一般形式为

```
do
{
    循环体语句
}while(表达式)
```

以闪烁小灯为例:

```
do
{
    LED = 0;   //点亮 LED 灯
    for( i = 0 ; i < 30000 ; i + + ) ;   //延时等待一段时间
    LED = 1;   //关闭 LED 灯
    for( i = 0 ; i < 30000 ; i + + ) ;   //延时等待一段时间
}while(1);
```

这段程序的效果和 while 循环里面的循环闪烁小灯的效果是一样的,区别只是先执行判断是否符合条件,还是先执行程序语句再判断条件是否成立。总的来说,就是 do...while 语句比 while 多执行了 1 次程序内容。

1.6　结　构　体

在单片机中,结构体用得不多,但是在后期的集成库整理中会用得比较多。相信读者通过 C 语言中的数组已经对结构体有了一定的了解,数组在内存中存储的是连续的相同类型的数据,但是,有时候需要使用不同类型的数据,因此就有了结构体。

1.6.1　结构体的定义

在 C 语言中,可以使用结构体(struct)来存放一组不同类型的数据。结构体的定义形式为
struct 结构体名
{

　　结构体所包含的变量或数组

};
结构体是一种集合,它里面包含了多个变量或数组,它们的类型可以相同,也可以不同,每个这样的变量或数组都称为结构体的成员(member)。请看下面的例子:
struct stu
{

　　char * name;　//姓名
　　int num;　//学号
　　int age;　//年龄
　　char group;　//所在学习小组
　　float score;　//成绩

};
stu 为结构体名,它包含了 5 个成员,分别是 name、num、age、group、score。结构体成员的定义方式与变量和数组的定义方式相同,只是不能初始化。注意大括号后面的分号";"不能少,这是一条完整的语句。

结构体也是一种数据类型,它由程序员自己定义,可以包含多个其他类型的数据。像 int、float、char 等是由 C 语言本身提供的数据类型,不能再进行分拆,我们将其称为基本数据类型;而结构体既可以包含多个基本类型的数据,也可以包含其他的结构体,我们将它称为复杂数据类型或构造数据类型。

1.6.2　结构体变量

既然结构体是一种数据类型,那么就可以用它来定义变量。例如:
struct stu stu1,stu2;
定义了两个变量 stu1 和 stu2,它们都是 stu 类型,都由 5 个成员组成。stu 就像一个"模板",定义出来的变量都具有相同的性质;也可以将结构体比作"图纸",将结构体变量比作"零件",根据同一张图纸生产出来的零件的特性都是一样的。注意关键字 struct 不能少。

也可以在定义结构体的同时定义结构体变量,将变量放在结构体定义的最后即可,具体如下:

```
struct stu
{
    char * name；  //姓名
    int num；  //学号
    int age；  //年龄
    char group；  //所在学习小组
    float score；  //成绩
} stu1，stu2；
```

如果只需要 stu1、stu2 两个变量,后面不需要再使用结构体名定义其他变量,那么在定义时也可以不给出结构体名。这样书写更加简单,但是因为没有结构体名,后面就没法用该结构体定义新的变量。具体如下所示:

```
struct  //没有写 stu
{
    char * name；  //姓名
    int num；  //学号
    int age；  //年龄
    char group；  //所在学习小组
    float score；  //成绩
} stu1，stu2；
```

理论上讲结构体的各个成员在内存中是连续存储的,与数组非常类似,例如上面的结构体变量 stu1、stu2,共占用 4 + 4 + 4 + 1 + 4 = 17 个字节。但是在编译器的具体实现中,各个成员之间可能会存在缝隙,对于 stu1、stu2,成员变量 group 和 score 之间就存在 3 个字节的空白填充。这样算来,stu1、stu2 其实占用了 17 + 3 = 20 个字节。

1.6.3　成员的获取和赋值

结构体与数组类似,也是一组数据的集合,整体使用没有太大的意义。数组使用下标[ ]获取单个元素,结构体使用点号“.”获取单个成员。获取结构体成员的一般格式为

结构体变量名. 成员名；

下面举例说明对结构体变量进行赋值,具体如下:

```
stu1. name = "Tom"；
stu1. num = 12；
stu1. age = 18；
stu1. group = 'A'；
stu1. score = 136. 5；
```

除了可以对成员进行逐一赋值外,也可以在定义时整体赋值,例如:

```
struct
{
    char * name；  //姓名
    int num；  //学号
```

```
    int age；   //年龄
    char group；  //所在小组
    float score；  //成绩
}stu1，stu2={"Tom"，12，18，'A'，136.5}；
```

　　整体赋值仅限于定义结构体变量,在使用过程中只能对成员逐一赋值,这与数组的赋值非常类似。需要注意的是,结构体是一种自定义的数据类型,是创建变量的模板,不占用内存空间;结构体变量才包含了实实在在的数据,需要内存空间来存储。

1.7　函 数 思 想

1.7.1　什么是函数思想

　　当程序内容不多、代码量较少时,一般写程序会把内容都写在一个函数里面。但是当程序内容非常多时,代码量自然会变得非常多,这时候写在同一个函数里面很显然是非常不方便的一件事,就很有必要将内容拆分出来,分门别类地写成多个不同功能的函数,这就是函数思想。

　　举个例子:一个人打篮球时,可以自由发挥,可以根据个人喜好随便玩,但是一群人一起打篮球时,就需要每个人负责一个职位,比如前锋、后卫等,来进行合理分工,这样玩起来才不会产生混乱。

1.7.2　函数的形式

　　函数的形式一般如下:
　　函数返回值类型 函数名(形式参数列表)
　　{
　　　　函数体
　　}
　　1. 函数返回值类型
　　在我们后边的程序中,会有很多函数中出现 return x,这个返回值也就是函数本身的类型。还有一种情况,就是这个函数只执行操作,不需要返回任何值,那么这个时候它的类型就是空类型 void,这个 void 按道理来说是可以省略的,但是一旦省略,Keil 软件会报一个警告,所以我们通常也不省略。
　　2. 函数名
　　函数名可以由任意的字母、数字和下画线组成,但数字不能作为开头。函数名不能与其他函数或者变量重名,也不能是关键字。什么是关键字呢? 关键字就是 C 语言编程系统里面使用的标准基础标志字符,后边我们慢慢接触,比如 char、if、while、typedef……都是关键字,是我们程序中具备特殊功能的标识符,这些字符不可以用来命名函数、作为变量名或其他成分使用,只能作为标识符使用。

3. 形式参数列表

形式参数列表也叫作形参列表,是函数调用时传递数据用的。有的函数,我们不需要传递参数给它,那么可以用 void 来替代,void 同样可以省略,但是括号是不能省略的。

4. 函数体

函数体包含了声明语句部分和执行语句部分。声明语句部分主要用于声明函数内部所使用的变量,执行语句部分主要包括一些函数需要执行的语句。特别注意,所有的声明语句部分必须放在执行语句之前,否则编译的时候会报错。

一个工程文件必须有且仅有一个 main 函数,程序执行的时候,都是从 main 函数开始的。关于形参和实参的概念,我们后面再总结。

本小节的意义在于,让读者对于函数有一定的了解,形成一定的函数思想,而不是像 C 语言一样,把程序都写在主函数里面。以闪烁灯为例:

```c
void delay(int xms)    //延时 x ms 函数
{
    int x,y;
    for(x=0;x<xms;x++)
        for(y=0;y<125;y++);
}

void led_control(int i)    //LED 灯控制全亮或者全灭
{
    if(i==1)
        P1=0x00;
    else if(i==0)
        P1=0xff;
}

void main()
{
    while(1)    //让 LED 灯亮灭循环
    {
        led_control(1);
        delay(1000);
        led_control(0);
        delay(1000);
    }
}
```

上面的程序内容,就是想表达一个思想——尽量把程序都封装成函数,就像 led_control 函数和 delay 函数一样,不要全部都放在 main 函数里面,这样才能够保证具有良好的编程风格。

1.8 Keil4 的安装和编译环境简介

1.8.1 Keil4 的安装

学习任何一款芯片,都要有相应的软件来进行编程,在这里我们使用意法半导体集团开发的 Keil4 软件进行程序的编写。

单片机开发,首要的两个软件,一个是编程软件,一个是下载软件。编程软件我们用 Keil μVision4(简称 Keil4)的 51 版本,也叫作 Keil C51,先讲解如何安装,再讲解软件的使用。软件包在网络上可以轻松找到,在这里就不做过多介绍。Keil4 安装步骤具体如下:

①首先准备 Keil4 安装源文件,双击安装文件,弹出安装欢迎界面,如图 1.14 所示。

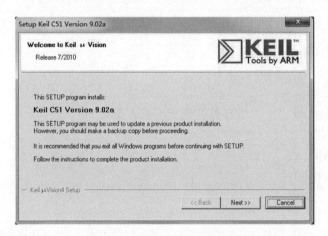

图 1.14 Keil C51 安装欢迎界面

②点击"Next"按钮,弹出"License Agreement"对话框,如图 1.15 所示。这里显示的是安装许可协议,需要在"I agree to all the terms of the preceding License Agreement"处打勾。

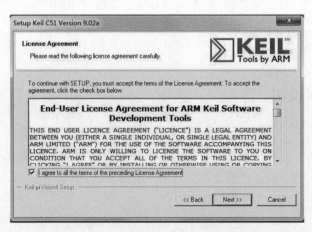

图 1.15 "License Agreement"对话框

③点击"Next"按钮,弹出"Folder Selection"对话框,如图 1.16 所示。这里可以设置安装路径,默认安装路径在"C:\Keil"文件夹下。点击"Browse..."按钮,可以修改安装路径,这里建议大家用默认的安装路径,如果要修改,也必须使用英文路径,不要使用包含中文字符的路径。

图 1.16 "Folder Selection"对话框

④点击"Next"按钮,弹出"Customer Information"对话框,如图 1.17 所示,输入用户名、公司名称及 E-mail 地址即可。

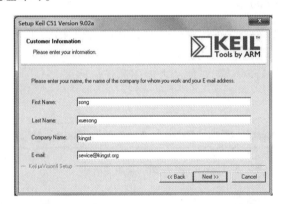

图 1.17 "Customer Information"对话框

⑤单击"Next",就会自动安装软件,如图 1.18 所示。

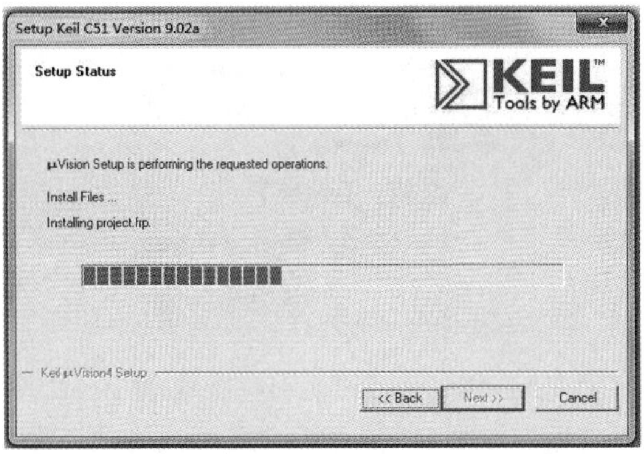

图 1.18 安装过程

⑥安装完成后,弹出安装完成对话框,如图1.19所示,并且出现几个选项,大家刚开始把这几个选项的对号全部去掉就可以了,先不用关注有什么作用。

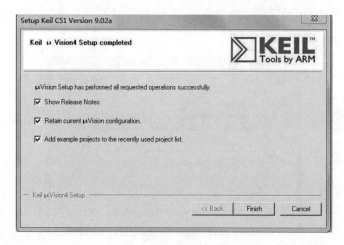

图1.19 安装完成

⑦最后,点击"Finish",Keil C51编程软件开发环境就安装好了。

1.8.2 编译环境简介

软件的使用至关重要,不会使用软件,即使知道程序的内容也无济于事,因此下面就介绍一下Keil4的菜单栏(图1.20)、工具栏(图1.21)、工程管理区(图1.22)、代码区(图1.23)及信息输出窗口(图1.24)等,方便读者使用和记忆理解。

图1.20 菜单栏

图1.21 工具栏

图1.22 工程管理区

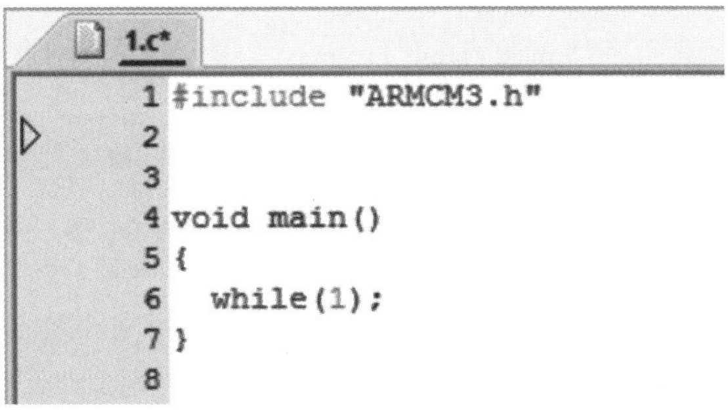

1.c*
1 #include "ARMCM3.h"
2
3
4 void main()
5 {
6 while(1);
7 }
8

图 1.23　代码区

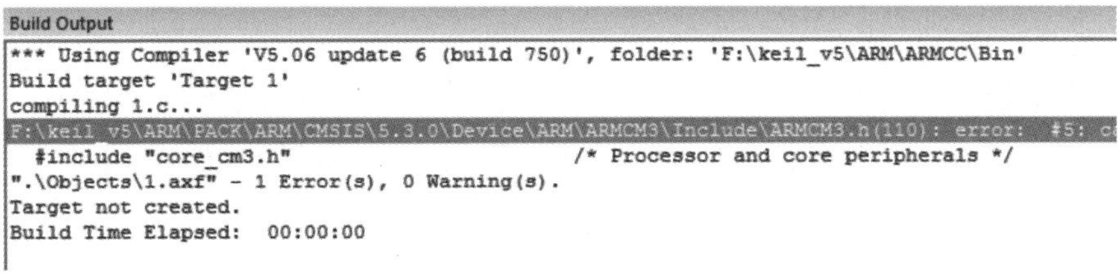

Build Output
*** Using Compiler 'V5.06 update 6 (build 750)', folder: 'F:\keil_v5\ARM\ARMCC\Bin'
Build target 'Target 1'
compiling 1.c...
F:\keil_v5\ARM\PACK\ARM\CMSIS\5.3.0\Device\ARM\ARMCM3\Include\ARMCM3.h(110): error: #5: c
#include "core_cm3.h" /* Processor and core peripherals */
".\Objects\1.axf" - 1 Error(s), 0 Warning(s).
Target not created.
Build Time Elapsed: 00:00:00

图 1.24　信息输出窗口

①菜单栏:用来新建工程,修改这个软件的参数时使用,在以后的使用中,我们会逐步进行讲解。

②工具栏:主要用来新建代码文件,以及在代码编写过程中辅助使用。

③工程管理区:顾名思义,就是管理程序员写出来的所有工程文件,在这个区内,建议使用模块化编程,这样程序不会显得很拥挤。

④代码区:用来给程序员写代码的地方,程序员的每一个.c 文件、每一个.h 文件都是在这里面编写的。

⑤信息输出窗口:在学习 STC12C5A60S2 的阶段,这个窗口主要用来观看程序是否有语法错误,以及错误在什么地方。

1.8.3　主要图标按钮介绍

图 1.25 给出了软件菜单栏及功能按钮界面,各个按钮图标功能如下。

1
2
3 4 5 6
µVision4
File Edit View Project Peripherals Tools SVCS Window Help
7 8 9 10 11 12
13 14
15
16

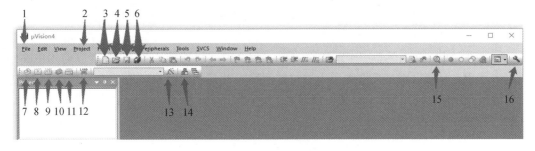

图 1.25　图标功能指示图

1—文件功能(其中的功能包含有3,4,5,6,后面继续介绍);

2—为工程的意思,其下的New μVision Project...用于建立新工程,Open Project...用于打开工程;

3—添加空白文件;

4—打开文件;

5—保存当前文件;

6—保存所有文件;

7—编译当前文件(单个文件编译);

8—编译目标文件(对修改过的文件进行编译);

9—编译所有目标文件(全局编译);

10—编译多个工程文件(多工程);

11—停止编译;

12—下载软件;

13—工程目标选项(配置);

14—单工程管理;

15—打开/关闭调试;

16—配置。

1.8.4　工程创建与 hex 下载文件生成

①点击菜单栏的 Project→New μVision Project...,如图 1.26 所示。

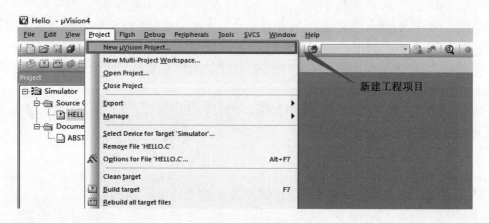

图 1.26　新建工程图

②这时弹出一个对话框,用于建立工程,工程文件名尽可能用英文(笔者以前用中文给工程文件命名时曾出现过文件编译不通过的问题),建议将工程文件存放在特定的地方,方便以后查找(图 1.27)。给工程文件命好名后,点击"保存"后会出现一个选择芯片的界面。

图1.27 地址存放

③市场上有很多芯片公司,每家公司都会为自己生产的芯片匹配不同的规格型号,这里我们选择 Atmel 公司的 AT89C51 芯片(图 1.28)。

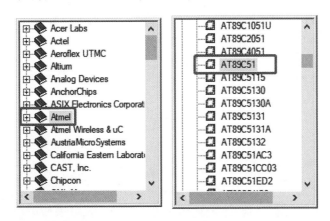

图1.28 芯片选择

④这时会弹出一个对话框,询问是否需要在工程中加入 asm(汇编)代码,用的是 C 语言代码,所以点击"否"就行了,这个文件添不添加对于新建工程是没有影响的(图 1.29)。

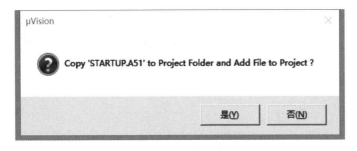

图1.29 是否加入汇编代码文件

⑤工程创建之后,框架就搭载好了,接下来就往工程中添加.c文件。首先要做的是添加空白文件。点击工具栏第一个图标(空白纸),新建空白文件(图1.30)。

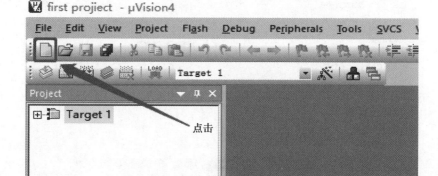

图1.30　新建空白文件

⑥点击工具栏的"保存"按钮,出现一个对话框,输入文件名,初学者最好将文件和工程文件放在一起,文件名后缀必须为.c(以后会用到后缀为.h的文件),输完后点击"保存"(图1.31)。

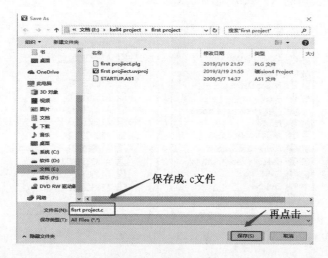

图1.31　保存.c文件

工程建好了,.c文件也生成了,那么下一步肯定是把这两者关联起来。其实这也是大部分建模类、画图类、编程类软件的建立工程步骤。

⑦选中工程管理栏的Source Group 1,点击右键,选择将该.c文件加入工程文件夹中(图1.32)。

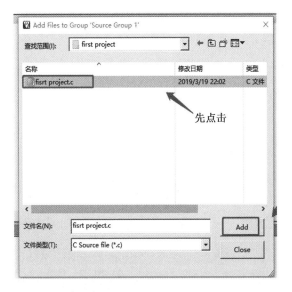

图 1.32　添加工程文件(.c 文件)

⑧这时会弹出一个对话框。找到刚刚创建的.c 文件,选中它,点击"Add",然后记得关闭对话框,这样就可以开始编写程序了(图 1.33)。

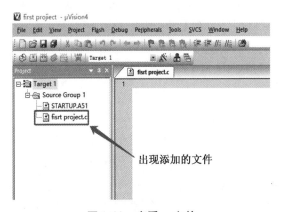

图 1.33　查看.c 文件

下面是流水灯的程序,供测试使用。读者可不深究,直接将下面的代码写到新建的.c 文件里。

```
#include "reg52.h"
#include <intrins.h>
void Delay(unsigned int t)   //延时函数
{
    while( - -t);
}
    void main()
{
    unsigned char b,i = 0;
```

STC单片机原理与应用开发——实例精讲(从入门到开发)

```
b = 0xfe;  //让 LED 灯中的 L0 亮
while(1)
{
    P1 = b;
    Delay(50000);  //用于延时
    b = _crol_(b,1);  //用 <intrins.h> 提供的右移一位函数
}
}
```

⑨当你编写好程序之后,如何将这个程序烧写进芯片中呢? 这时就需要软件生成的 hex 文件,接下来让我们了解一下如何生成 hex 文件。

点击工具栏中的"魔术棒"——工程目标选项(配置),如图1.34 所示。

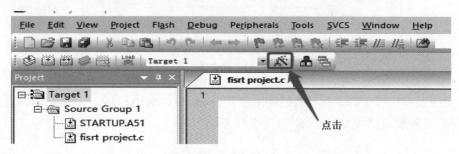

图1.34　选择"魔术棒"

⑩这时会弹出一个窗口,在上边栏中选择第三项"Output",在目录下"Create HEX File"前打上勾,点击"OK"(图1.35)。

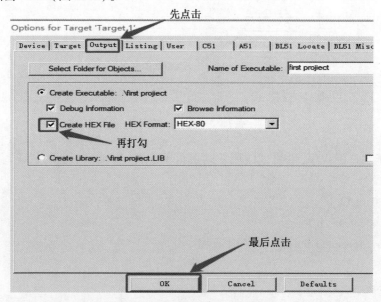

图1.35　勾选创建 hex 文件栏

⑪最后需要编译所有目标文件(图1.36)。

30

图 1.36　编译生成 hex 文件

⑫如果编写的程序没有错误也没有警告,就会在信息输出窗口提示"0 Error(s),0 Waring(s)"和"creating hex file…"(图 1.37)。

```
linking...
Program Size: Code=3072 RO-data=336 RW-data=12 ZI-data=1324
FromELF: creating hex file...
"..\OBJ\test.axf" - 0 Error(s), 0 Warning(s).
Build Time Elapsed:  00:00:07
```

图 1.37　查看是否有语法错误

1.9　USB 转串口驱动程序的安装与校验

①打开 CH340 驱动(图 1.38)。

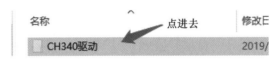

图 1.38　打开 CH340 驱动

②打开 SETUP. EXE 文件(图 1.39)。

图 1.39　点击打开 CH340

③直接点击"安装"(图 1.40)。

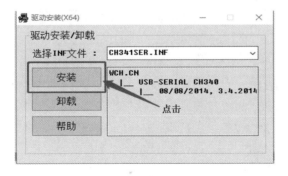

图 1.40　安装 CH340

④用开发板自带的烧入线将单片机和计算机通过 USB 线连接起来。通过打开电脑的设备管理器,可以看到在通用串行总线控制器中有接入的单片机设备(COMx),这个就是开发板所用的端口号(图 1.41)。注意:必须先连接上 USB 线才能看到端口号,没连接是看不到的。

图 1.41　查看串口

1.10　下载软件的使用

当有了单片机和由 Keil4 生成的 hex 文件,就可借助烧录软件 stc - isp - 15xx - v6.80exe 将 hex 文件下载到单片机中,具体步骤如下。

①把单片机和计算机用烧入线连接起来。

②打开 STC 烧录软件→stc - isp - 15xx - v6.80exe(图 1.42、图 1.43)。

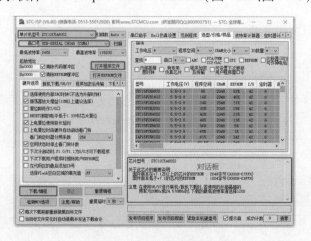

图 1.42　STC15 烧录软件

stc-isp-15xx-v6.80.exe　　　　2014/10/9 17:42　　　应用程序

图1.43　STC15烧录软件图标

③在单片机型号那里选好用的芯片STC12C5A60S2（图1.44）（先找到STC12C5A602/LE5A60S23,点击一下,再找到STC12C5A60S2）。

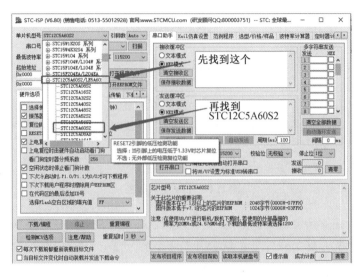

图1.44　芯片选型

④在串口号那里选择含有"CH340"这几个关键字的COM口（图1.45）。

图1.45　选择串口

⑤点击"打开程序文件"（图1.46）。

图1.46　选择编译好的程序文件

⑥选中已经编译好的文件(XXX.hex),点击打开(图1.47)。

图1.47 hex文件选择

⑦点击下载,在对话窗口中会出现"正在检测目标单片机⋯",这时要"冷启动"一下,即重启一下单片机,此时这个软件平台就会开始下载程序了,下载完成后就会有流水灯的现象了(图1.48)。

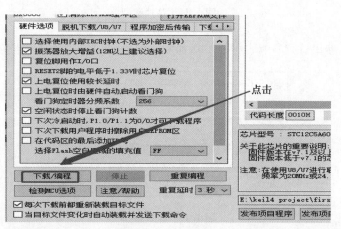

图1.48 下载程序

1.11 本章小结

本章对单片机软件方面的基础知识进行了介绍,包括C语言中的进制转换、数据类型、宏定义、运算符、循环结构、结构体及编程的思想等,同时还介绍了单片机开发软件 Keil4 的安装及编译环境、程序的下载工具及方法等。通过本章学习,初学者可掌握单片机编程的基本软件知识。

思　考　题

1. 请将下面的十进制数转化为二进制数。

(1)526　　　　　　　　(2)128　　　　　　　　(3)63

2. 请问下面的变量占多少字节的存储空间?

(1)int a;　　　　　　(2)unsigned b;　　　　　(3)double c;

3. 请问"#define MAX(a,b) (a>b)? a: b;"这个宏定义的功能是什么?

4. 请问"#define M(A,B) A##25##B"这个宏定义的意思是什么?

5. 请问下面的函数输出的结果是什么?

```
void main()
{
    int a = 10;
    while(a - -);
    printf("%d",a);
}
```

6. 请问下面的函数输出的结果是什么?

```
void main()
{
    int a = 10;
    for(a = 5;a < 8;a + +)
    printf("%d",a);
}
```

7. 请问下面的结构体总共占据了多少内存空间?

```
(1) struct                      (2) struct
    {                               {
        int number;                     char name[5];
        char name[20];                  double number;
    } num1;                         } num2;
```

第 2 章　硬件电路基础

本章学习要点：
1. 了解不同元器件的标识符及电气属性；
2. 看懂硬件原理图的连接线路；
3. 了解单片机的命名及封装。

一个单片机控制系统要正常运行，除了单片机芯片外还需要外围电路。本章介绍单片机周边常用的基础元器件和它们的电气属性，熟练掌握这些知识，有助于读者动手做作品，解析别人的电路，对电路设计也大有帮助。希望读者仔细研读，结合数字电路、模拟电路的知识，设计出令人满意的产品。

2.1　元器件基础知识

2.1.1　电阻

1. 电阻的分类

(1)碳膜电阻

如图 2.1 所示，碳膜电阻是将结晶碳沉积在陶瓷棒骨架上制成的。碳膜电阻器成本低、性能稳定、阻值范围宽、温度系数和电压系数较大，是目前应用最广泛的电阻器。

(2)金属膜电阻

如图 2.2 所示，金属膜电阻是用真空蒸发的方法将合金材料蒸镀于陶瓷棒骨架表面制成的。金属膜电阻比碳膜电阻的精度高、稳定性好、噪声和温度系数小，在仪器仪表及通信设备中大量采用，适用于高频。

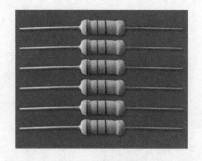

图 2.1　碳膜电阻

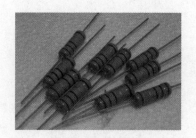

图 2.2　金属膜电阻

(3)线绕电阻器

如图 2.3 所示，线绕电阻器用高阻合金线绕在绝缘骨架上制成，外面涂有耐热的釉绝缘层或绝缘漆。绕线电阻具有较低的温度系数,阻值精度高、稳定性好、耐热、耐腐蚀,主要用作精密大功率电阻,缺点是高频性能差,不能用于高频(50 kHz 以上)。

(4)水泥电阻

如图2.4所示,水泥电阻是一种陶瓷绝缘功率型线绕电阻,特点是功率大、散热好、阻值稳定、绝缘性强,主要应用于彩色电视机、计算机及精密仪器仪表中。

图2.3　线绕电阻器

图2.4　水泥电阻

(5)敏感电阻器

敏感电阻器主要包括压敏电阻器、热敏电阻器、光敏电阻器、力敏电阻器、气敏电阻器和湿敏电阻器。

2.电阻的参数和标注方法

电阻的主要参数有标称阻值、允许误差、额定功率和温度系数等。

(1)色环标注法

色环标注法如图2.5所示。

当电阻为四环时,最后一环必为金色或银色,前两位为有效数字,第三位为乘数,第四位为偏差;当电阻为五环时,最后一环与前面四环距离较大,前三位为有效数字,第四位为乘数,第五位为偏差。

(2)数字标注法

贴片电阻大多采用数字标注法,如:275 表示 2700000 Ω,即 2.7 MΩ,100 表示 10 Ω,51R 表示 5.1 Ω,10R 表示 1.0 Ω,9R1 表示 9.1 Ω,2R7 表示 2.7 Ω。

3.额定功率

额定功率通常有 1/8 W、1/4 W、1/2 W、1 W、2 W、5 W、10 W 等。

2.1.2　电容

1.电容的分类

(1)铝电解电容器

如图2.6所示,铝电解电容器是用浸有糊状电解质的吸水纸夹在两条铝箔中间卷绕而成,薄的氧化膜作为介质的电容器。因为氧化膜有单向导电性质,所以电解电容器具有极性、容量大、能耐受大的脉动电流等特性,但容量误差大,泄漏电流大,不适于高频和低温下的应用。

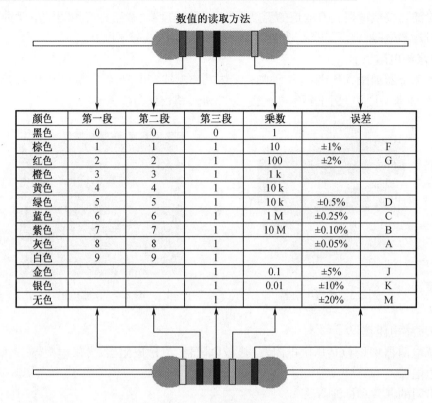

图 2.5　色环标注法

（2）钽电容器

用烧结的钽块作为正极,电解质使用固体二氧化锰,其温度特性、频率特性和可靠性均优于普通电解电容器,特别是漏电流极小,贮存性良好,寿命长,容量误差小,而且体积小。

（3）瓷介电容器

如图 2.7 所示,穿心式或支柱式结构瓷介电容器的一个电极就是安装螺丝。引线电感极小,频率特性好,介电损耗小,因有温度补偿作用而不能做成大的容量,受振动会引起容量变化,特别适用于高频旁路。

图 2.6　铝电解电容器

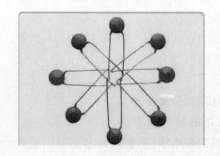

图 2.7　瓷介电容器

（4）独石电容器

如图 2.8 所示,独石电容器是多层陶瓷电容器在若干片陶瓷薄膜坯上覆以电极浆材料,叠合后一次绕结成一块不可分割的整体,外面再用树脂包封而成的小体积、大容量、高可靠

38

和耐高温的新型电容器。高介电常数的低频独石电容器性能稳定,体积极小,品质因数 Q 值高,容量误差较大,常用于噪声旁路、滤波器、积分和振荡电路。

（5）涤纶电容器

涤纶电容器如图2.9所示。

图2.8　独石电容器　　　　　图2.9　涤纶电容器

2.电容器的主要参数

电容器的主要参数有标称容量、允许误差、工作电压及绝缘电阻。使用时外加电压一定要小于电容器的额定工作电压,绝缘电阻越大,漏电流越小,电容器质量越好。

3.电容器的标注方法

电容的基本单位有法拉（F）、毫法（mF）、微法（μF）、纳法（nF）、皮法（pF）。1 F = 10^3 mF = 10^6 μF = 10^9 nF = 10^{12} pF。容量大的电容器容量值在电容上直接标明,如10 μF/16 V,容量小的电容器容量值在电容上用字母或数字表示。

（1）字母表示法

1 mF = 1000 μF,1 μF = 1000 nF,1 nF = 1000 pF。

（2）数字表示法

一般用三位数字表示容量大小,前两位表示有效数字,第三位数字是倍率。如102表示 10×10^2 pF = 1000 pF,224表示 22×10^4 pF = 0.22 μF,682J表示6800 pF,允许误差为 $\pm5\%$。

（3）误差

误差用符号 F、G、J、K、L、M 表示,分别代表允许误差 $\pm1\%$、$\pm2\%$、$\pm5\%$、$\pm10\%$、$\pm15\%$、$\pm20\%$。

2.1.3　电感器

1.电感器分类

电感器主要有空心电感器、铁芯电感器、磁芯电感器、铜芯电感器和永磁芯电感器等。

2.电感线圈的主要参数

（1）电感量

电感的基本单位为亨（H）、毫亨（mH）、微亨（μH）,1 H = 10^3 mH = 10^6 μH。

（2）品质因数 Q

品质因数 Q 的大小表示线圈损耗的大小,Q 值越大,线圈的损耗就越小,反之就越大。 $Q = 2\pi fL/R$。

（3）分布电容

匝与匝之间、层与层之间、线圈与参考地之间等都存在一定的电容,分布电容的存在使

线圈的 Q 值减小,稳定性变差,因而线圈的分布电容越小越好。

(4)标称电流值

标称电流值是指允许通过的最大电流值。

3.电感器的标注方法

电感器的标注一般有直标法和色标法,色标法与电阻的类似。

2.1.4 二极管

二极管按结构材料不同可分为硅二极管(导通电压 0.6 ~ 0.7 V)和锗二极管(导通电压 0.2 ~ 0.3 V),按功能不同可分为发光二极管、稳压二极管、磁敏二极管、压敏二极管、温敏二极管、光敏二极管、变容二极管等。二极管在电路中的符号为"VD"或"D",稳压二极管的符号为"ZD"。

1.整流二极管

常用的整流二极管有 IN4001—IN4007(1 A/50 ~ 1000 V),IN5391—IN5399(1.5 A/50 ~ 1000 V),IN5400—IN5408(3 A/50 ~ 1000 V),整流桥内部由 4 个整流二极管组成,如图 2.10 所示。

图 2.10　整流桥

2.快恢复/超快恢复二极管

此二极管具有开关特性好、反向恢复时间短、正向电流大等特性,可作为高频、大电流的整流、续流二极管,在开关电源、脉宽调制器、高频加热、交流电机变频调速等电路中应用。

3.硅高速开关二极管

典型产品有 IN4148 和 IN4448(100 V/0.2 A/4 ns),平均电流只有 150 mA,所以适用于高频小电流的工作条件下使用,不能在开关稳压电源等高频大电流电路中使用。

4.肖特基二极管

此二极管属于低功耗、大电流、超高速半导体器件,正向导通压降仅 0.4 V,整流电流可达几千安。

5.稳压二极管

此二极管又称齐纳二极管,常见产品有 IN4729—IN4753,最大功耗 1 W,稳压电压 3.6 ~ 36 V,最大工作电流 26 ~ 252 mA。

6. 变容二极管

此二极管是一种电压控制元件,通常用于振荡电路,改变变容二极管两端的电压,便可改变二极管电容大小,从而改变振荡频率。

7. 发光二极管

①单色发光二极管:通常有红、橙、黄、绿、青、蓝、紫色,工作电压为 1.5 ~ 3 V,电流 10 mA 左右,超过 30 mA 就有可能把发光二极管烧坏;

②变色发光二极管;

③红外发光二极管;

④激光二极管;

⑤红外接收二极管。

2.1.5　晶体三极管

1. 晶体三极管

晶体三极管又称双极型晶体管。三极管的作用是放大、开关、调节,按材料不同分为锗管和硅管,按半导体基片材料不同分为 PNP 型和 NPN 型,有三个极,分别为 B 极(基极)、C 极(集电极)、E 极(发射极),三极管在电路中的符号是"VT""Q"或"V"。晶体管是电流控制元件,主要有放大作用和开关作用。

2. 主要参数

晶体三极管的主要参数有放大倍数、截止频率、集电极最大电流、集电极最大功耗等。

3. 种类

PNP 管常用型号有 8550、9012、9015。

NPN 管常用型号有 8050、9018、9016、9014、9013、9011。

对管:两个管子工作性能必须一样,一个为 NPN,另一个为 PNP,进行配对。如 8050 为硅材料 NPN 型三极管,8550 为硅材料 PNP 型三极管,它们组成的电路也可以叫差分电路。

4. 三极管 B 极、C 极、E 极的辨别

(1)先判定 B 极

用万用表 $R \times 100$ 或 $R \times 1k$ 挡测量三极管三个电极中每两个极之间的正、反向电阻值。当用第一根表笔接某一电极,而用第二根表笔先后接触另外两个电极均测得低阻值时,则第一根表笔所接的那个电极即为 B 极。这时,要注意万用表表笔的极性,如果红表笔接的是 B 极,黑表笔分别接在其他两极时,测得的阻值都较小,则可判定被测三极管为 PNP 型管;如果黑表笔接的是 B 极,红表笔分别接触其他两极时,测得的阻值较小,则被测三极管为 NPN 型管。

(2)判断 C 极和 E 极

以 NPN 为例:把黑表笔接至假设的 C 极,红表笔接到假设的 E 极,并用手握住 B 和 C 极,读出表头所示 C、E 电阻值,然后将红、黑表笔反接重测,若第一次电阻比第二次小,说明原假设成立。

2.1.6　场效应管

1. 种类和特性

场效应管按材料不同可分为结型场效应管和绝缘栅场效应管(也称 MOS 场效应管)。

如图2.11所示,场效应管与三极管一样有三个极,为源极(S极)、栅极(G极)和漏极(D极)。它具有输入阻抗高、开关速度快、高频特性好、热稳定性好、噪声小等优点。场效应管属于电压控制型半导体器件。

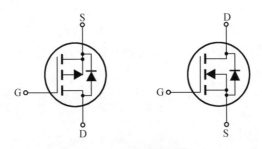

图2.11 场效应管的种类

2.管脚的判别

结型场效应管的管脚S极、G极、D极的辨别:首先用测量电阻的方法找出两个有电阻值的管脚,也就是S极和D极,余下两个脚为第一栅极(G1极)和第二栅极(G2极)。把先用两表笔测的S极与D极之间的电阻值记下来,对调表笔再测量一次,把其测得的电阻值记下来,两次测得阻值较大的一次,黑表笔所接的电极为D极,红表笔所接的电极为S极。用这种方法判别出来的S、D极,还可以用估测其管的放大能力的方法进行验证,即放大能力大的黑表笔所接的是D极,红表笔所接的是S极,两种方法检测结果应一致。当确定了D极、S极的位置后,按D、S极的对应位置装入电路,一般G1、G2极也会依次对准位置,这就确定了两个栅极(G1、G2极)的位置,从而就确定了D、S、G1、G2管脚的顺序。

判定S极、D极:在源-漏之间有一个PN结,根据PN结正、反向电阻存在差异可识别S极与D极。用交换表笔法测两次电阻,其中电阻值较低(一般为几千欧至十几千欧)的一次为正向电阻,此时黑表笔接的是S极,红表笔接的是D极。

2.1.7 晶闸管

晶闸管是晶体闸流管的简称,以前被简称为可控硅(图2.12)。晶闸管是PNPN四层半导体结构,它有三个极:阳极(A极)、阴极(K极)和门极(G极);只有当单向晶闸管A极与K极之间加有正向电压,同时G极与K极间加上所需的正向触发电压时,方可被触发导通。

图2.12 晶闸管

2.1.8 数码管

数码管按段数可分为七段数码管和八段数码管,八段数码管比七段数码管多一个发光二极管单元(多一个小数点显示);按能显示多少个"8"可分为 1 位、2 位、4 位等数码管;按发光二极管单元连接方式可分为共阳极数码管和共阴极数码管。

图 2.13 所示是一个共阳极数码管。数码管可以看作 8 个发光二极管(LED)的组合体。共阳极的意思就是这 8 个 LED 的正极都接在一起,就在图 2.13 的 3 号引脚和 8 号引脚处。而 LED 的附近通过 a - dp 引脚引出来,如果要使数码管上的 LED 发亮,那么就需要将相应的引脚置低电平。如果需要使用数码管显示一个"1",根据图 2.13,应该将 3 号引脚和 8 号引脚接在高电平,7 号引脚和 9 号引脚接在低电平,剩下的脚接在高电平上,这样就可以显示想要的数值"1"。

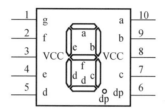

图 2.13　共阳极数码管

2.1.9　晶振

晶振是采用石英晶体的振荡器,它的精度很高,而且能产生非常稳定的频率,热稳定性也要好于分立元件式振荡器。石英晶体振荡器分非温度补偿式晶体振荡器、温度补偿式晶体振荡器(TCXO)、电压控制式晶体振荡器(VCXO)、恒温控制式晶体振荡器(OCXO)和数字化/μp 补偿式晶体振荡器(DCXO/MCXO)等几种类型。晶振又分为有源晶振和无源晶振(图 2.14)。无源晶振只有两个引脚,没有所谓的正负极;有源晶振需要接电源才能工作,一般有 4 个引脚,其中有两个电源输入引脚,有正、负极之分。

(a) 无源晶振　　　　　　　　　　　　(b) 有源晶振

图 2.14　无源晶振与有源晶振

2.1.10　三端稳压管

三端稳压管(图 2.15)是一种直到临界反向击穿电压前都具有很高电阻的半导体器件。稳压管在反向击穿时,在一定的电流范围内(或者说在一定功率损耗范围内),端电压几乎不变,表现出稳压特性,因而广泛应用于稳压电源与限幅电路之中。

三端稳压管主要有两种,一种输出电压是固定的,称为固定输出三端稳压管;另一种输出电压是可调的,称为可调输出三端稳压管,二者基本原理相同,均采用串联型稳压电路。

例如:

①78 系列是正电压输出:7805、7809、7812、7815 等,表示正 × × V 输出;

②79 系列是负电压输出:7905、7909、7912、7915 等,表示负 × × V 输出;

③可调稳压管:LM137、LM317 等。

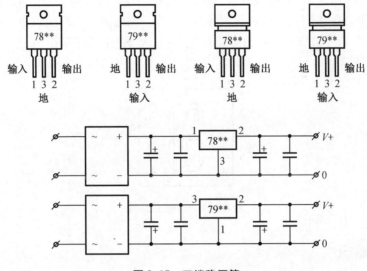

图 2.15　三端稳压管

一般来说,78 系列为 DC – DC 型电压源,芯片的作用是将 8 ~ 12 V 输入电压转化输出为其他固定电压的芯片,它的电源地引脚为 3 号,1 号为输入端电压引脚,2 号为输出端电压引脚。一般生活中使用较多的是 7805 芯片,用于 12 V 电压降为 5 V 电压给芯片使用。如图 2.15 所示,交流电源接在一个变压整流器上,将电压从 220 V 交流电降压为 12 V 输入电压。在整流过程中不可避免地会出现电压纹波,即电压会在 12 V 上下产生一定的波动。所以在输入端会加入两个电容来起到滤波、平缓电压变化的作用,一般这两个电容的值为 10 μF 和 100 pF 左右。电压经过 7805 的转化后,也会产生一定的开关纹波,所以也是需要加上电容来进行平缓电压变化,一般输出端的电容为 3.3 μF 和 100 pF 左右。

2.2　原理图符号标识

单片机系统电路通常会以原理图的形式出现,我们应该了解元器件在原理图中的符号,这样才能读懂原理图。下面是常用的元器件在原理图中的符号。

2.2.1　二极管符号

二极管符号如图 2.16 所示。在生活中,二极管的使用非常普遍,比如光电二极管、整流二极管、稳压二极管、发光二极管等。它的特点就是具有单向导电性,电流只能从一端流入,另一端流出,不可以逆向流动。像稳压二极管、整流二极管就是根据二极管的特性制成的。

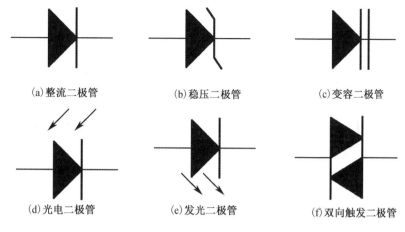

(a)整流二极管   (b)稳压二极管   (c)变容二极管

(d)光电二极管   (e)发光二极管   (f)双向触发二极管

图 2.16 二极管符号

2.2.2 电阻

电阻符号如图 2.17 所示。

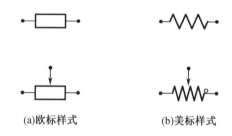

(a)欧标样式   (b)美标样式

图 2.17 欧式电阻和美式电阻

生活中使用较多的电阻图标为欧式电阻和美式电阻,图标与图 2.17 所示一致,上面的是定值电阻,下面的为可调电阻。所有电路中,电阻的使用都是必不可少的,电阻一般用于分流、限流、分压、偏置、滤波(与电容配合使用)、阻抗匹配等。

2.2.3 电容

原理图中出现较多的是美式电容,有时候也会使用欧式电容图标。如图 2.18 所示,上面的是无极性电容,一般为瓷介电容等;下面的为有极性电容,常见的有电解质电容、钽电容等。电容的作用是耦合、滤波、退耦、高频消振、谐振、旁路、中和、定时、积分、微分、分频、负载电容等。

2.2.4 三极管

图 2.19 从左到右依次是 NPN 三极管、PNP 三极管、P 型 CMOS 管、N 型 CMOS 管。晶体管有两种类型,NPN 和 PNP、放大电信号、做电子开关;晶闸管也可以用来做电子开关,但不能用来放大信号,它用来做开关比晶体管好,因为它的导通电阻比晶体管的低,能通大电流。

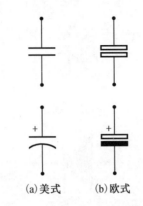

(a)美式   (b)欧式

图 2.18　美式电容和欧式电容

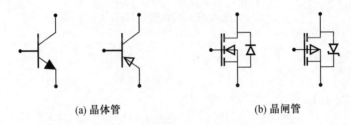

(a) 晶体管   (b) 晶闸管

图 2.19　晶体管和晶闸管

2.2.5　晶振、扬声器、按键

如图 2.20 所示,从左到右依次是晶振、扬声器、按键。

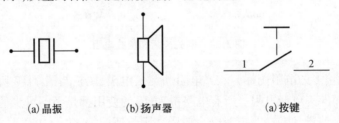

(a)晶振   (b)扬声器   (a)按键

图 2.20　晶振、扬声器、按键

2.3　如何看懂原理图

以图 2.21 为例,结合 2.1 和 2.2 的知识可以知道,原理图基本上都是由最为基础的一个个元器件组成的,平时在遇见不认识的电气符号时,可以自行上网搜索对比。有标注的元器件一般不难理解,不加标注的元器件就需要通过前面的基础符号来比较了。

图 2.21 中的电路是一个由两个 555 振荡器构成的闪灯电路,U1_2 作为触发源,当 U1_2 有输入信号时,U1_3 先输出高电平,U2_3 先输出低电平,大约 200 ms 后输出高电平。当 U1_2 没有输入触发源时,U1_3 和 U2_3 均输出低电平。

再举个例子,如图 2.22 及图 2.23 所示,由于接线过多,如果全部用实线连接起来,会让原理图看起来到处都是线,这样不利于使用者观察,因此出现图 2.21 的接线方式,在两个元器件的引脚处放置一样的网络标号,代表这两处在实际中是连接在一起的,这样就改变了原理图连接线过多时过于烦乱的局面。

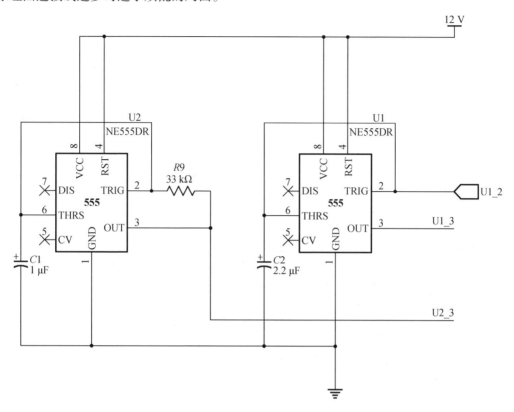

图 2.21 555 定时器闪灯电路

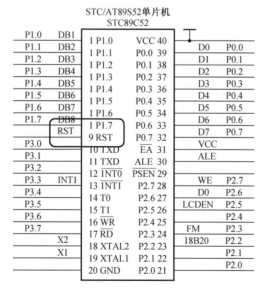

图 2.22 STC89C52

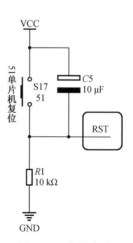

图 2.23 复位电路

47

STC单片机原理与应用开发——实例精讲(从入门到开发)

2.4　单片机命名规则介绍

单片机的选型对于一个产品的设计非常重要,什么芯片适用于什么场合,价格合不合理、使用方不方便等都是很关键的问题,所以通过芯片的命名规则去读懂它,对以后做设计时选择合适的芯片非常关键。

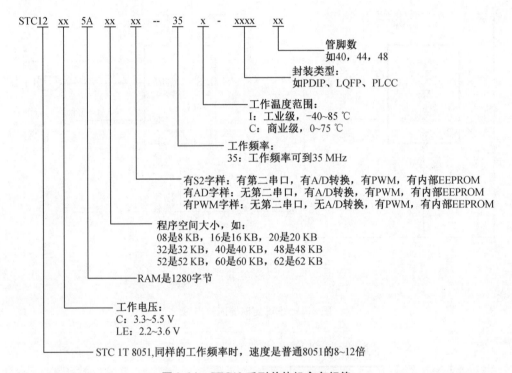

图 2.24　STC12 系列单片机命名规律

以本书所讲解的 STC12C5A60S2 芯片为例,芯片名称中包含的信息就是:在同样工作频率下,STC12C5A60S2 芯片的速度是 STC 1T 8051 芯片的 8～12 倍,它的工作电压为 3.3～5.5 V,RAM 为 1280 字节,程序空间大小为 60 KB,有第二串口,有 A/D 转换,有 PWM,有内部 EEPROM。

2.5　单片机封装介绍

2.5.1　双列直插式封装

所谓双列直插式封装(DIP,图 2.25),是指采用双列直插形式封装的集成电路芯片,绝大多数中小规模集成电路(IC)均采用这种封装形式,其引脚数一般不超过 100 个。采用 DIP 封装的中央处理器(CPU)芯片有两排引脚,需要插入具有 DIP 结构的芯片插座上。DIP 封装的芯片在从芯片插座上插拔时应特别小心,以免损坏引脚。因为直插封装更便于使

48

用,所以通常都选用直插式 DIP – 40 封装的单片机进行学习。

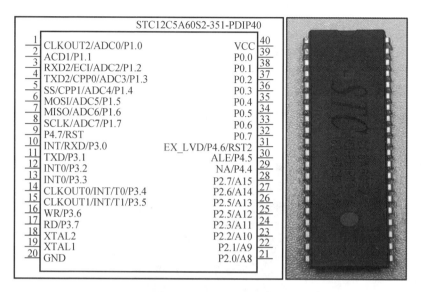

图 2.25　双列直插式封装

2.5.2　环形贴片封装

如图 2.26 所示,环形贴片封装(LQFP,low – profile quad flat package)也就是薄型 QFP,指封装本体厚度为 1.4 mm 的 QFP,是日本电子机械工业会制定的新 QFP 外形规格所用的名称。QFP 的中文含义为四方扁平式封装技术(quad flat package),该技术实现的 CPU 芯片引脚之间距离很小,管脚很细。一般大规模或超大规模集成电路采用 LQFP,其引脚数一般都在 100 以上。该技术封装 CPU 时操作方便,可靠性高;而且其封装外形尺寸较小,寄生参数减小,适合高频应用;该技术主要用于表面贴装技术(SMT)在印刷电路板(PCB)上安装布线。

图 2.26　环形贴片封装

2.5.3　双列贴片式封装

双列贴片式封装(SOP,图2.27)是一种元件封装形式,常见的封装材料有塑料、陶瓷、玻璃、金属等,现在基本采用塑料封装,应用范围很广,主要用在各种集成电路中。

SOP的应用范围很广,而且以后逐渐派生出J型引脚小外形封装(SOJ)、薄小外形封装(TSOP)、甚小外形封装(VSOP)、缩小型SOP(SSOP)、薄的缩小型SOP(TSSOP)及小外形晶体管(SOT)、小外形集成电路(SOIC)等,在集成电路中都起到了举足轻重的作用。像主板的频率发生器就是采用的SOP。

图2.27　双列贴片式封装

2.6　本 章 小 结

本章介绍了一些常用元器件的标识符及电气属性、电路原理图的一些基本知识,以及单片机的命名规则和封装方法。通过本章学习,再加上一些数字电路、模拟电路基础,基本上就具有学习单片机的硬件基础了。

思 考 题

1. 现有一未知阻值电阻,其上的色环颜色为绿棕棕金,请问这个电阻的阻值是多少?
2. 请问电容104代表电容的容量是多少?
3. 图2.28中,请问哪一个是PNP三极管,哪一个是NPN三极管?

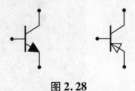

图2.28

4. 图 2.29 中,请问图中的数码管是共阳极数码管还是共阴极数码管?

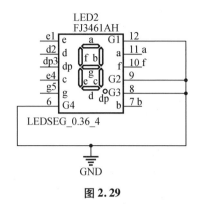

图 2.29

5. 根据单片机命名规则,说出下面单片机型号代表的含意。

(1)STC15LE5A08AD – 35I – PDIP40

(2)STC12C5A60S2 – 35I – PDIP40

第3章 单片机 I/O 结构及应用

本章学习要点：

1. 理解单片机寄存器的概念与配置；
2. 熟练使用 I/O 的驱动配置；
3. 了解流水灯、矩阵键盘的原理；
4. 掌握常用译码芯片的使用环境和控制方式；
5. 理解动态数码管和静态数码管的区别。

从本章开始，读者就需要结合前面的知识举一反三地练习单片机的编程。一本书不可能将所有的知识和可能出现的问题讲清楚、说明白。比起死的知识，更重要的是掌握解决问题的能力。万事开头难，遇见难题不要气馁，静下心来，捋好思路，分析造成问题的原因，遇到不懂的多向互联网寻求答案，持之以恒，能力就可以得到提高。

3.1 寄存器讲解

最基础也最常见的 STC 系列单片机莫过于 8051 系列单片机，其他单片机大都是基于相同的硬件结构进行扩展的。8051 系列的寄存器有 21 个，8052 系列的寄存器有 26 个。但是经典 8051 系列的单片机相对来说已经比较落后，体现在 I/O 口工作方式死板、硬件资源少、工作速度较慢等方面。因此本书讲解所使用的单片机是 STC12C5A60S2 系列单片机，它是宏晶科技公司生产的单时钟/机器周期(1T)的单片机。它是高速、低功耗、超强抗干扰的新一代 8051 单片机，指令代码完全兼容传统 8051，但速度快 8 ~ 12 倍。它内部集成 MAX810 专用复位电路，2 路 PWM，8 路高速 10 位 A/D 转换(250 k/s[①])，针对电机控制，强干扰场合做了优化。相对经典 51 系列 21 个寄存器，STC12C5A60S2 系列共有 72 个寄存器，在后面会逐一进行讲解。以传统的 8051 芯片举例，STC 系列单片机的寄存器按其使用功能可分为 5 类：

①CPU 控制寄存器：ACC、B、PSW、SP、DPL、DPH；

②中断控制寄存器：IP、IE；

③定时器/计数器：TMOD、TCON、TL0、TH0、TL1、TH1；

④并行 I/O 口：P0、P1、P2、P3；

⑤串行口控制：SCON、SBUF、PCON。

在这里做一下简单的引导介绍：在汇编代码编写中，CPU 控制寄存器用得非常多，因为汇编代码是通过指令来实现单片机编程的，而在 C 语言编写代码的过程中，不需要轻易去调用 CPU 控制寄存器，而是调用程序的头文件，直接以 C 语言的写法就可以轻松做到单片

---

① 250 k/s 表示 25 万次每秒。

机控制。因此在配置单片机方面的学习重点应该放在并行 I/O 口工作方式寄存器、中断控制寄存器、定时器/计数器、串行口控制寄存器等上面。

下面是相应的寄存器所对应的地址及功能介绍,对照右边的程序头文件可以发现,其实在 C 语言中,出厂商已经把那些难以记忆的寄存器地址归纳整理好,并以程序头文件 reg51.h 的方式集成到库中,我们使用时可以直接使用寄存器名,比如定时器的 TCON、TMOD 等,而不需要记忆寄存器的地址(图 3.1)。

符号	地址	功能介绍		/*	BYTE	Register
B	F0H	B寄存器		sfr	P0	= 0x80;
ACC	E0H	累加器		sfr	P1	= 0x90;
PSW	D0H	程序状态字		sfr	P2	= 0xA0;
IP	B8H	中断优先级控制寄存器		sfr	P3	= 0xB0;
P3	B0H	P3口锁存器		sfr	PSW	= 0xD0;
IE	A8H	中断允许控制寄存器		sfr	ACC	= 0xE0;
P2	A0H	P2口锁存器		sfr	B	= 0xF0;
SBUF	99H	串行口锁存器		sfr	SP	= 0x80;
SCON	98H	串行口控制寄存器		sfr	DPL	= 0x82;
P1	90H	P1口锁存器		sfr	DPH	= 0x83;
TH1	8DH	定时器/计数器1(高8位)		sfr	PCON	= 0x87;
TH0	8CH	定时器/计数器0(高8位)		sfr	TCON	= 0x88;
TL1	8BH	定时器/计数器1(低8位)		sfr	TMOD	= 0x89;
TL0	8AH	定时器/计数器0(低8位)		sfr	TL0	= 0x8A;
TMOD	89H	定时器/计数器方式控制寄存器		sfr	TL1	= 0x8B;
TCON	88H	定时器/计数器控制寄存器		sfr	TH0	= 0x8C;
DPH	83H	数据地址指针(高8位)		sfr	TH1	= 0x8D;
DPL	82H	数据地址指针(低8位)		sfr	IE	= 0xAB;
SP	81H	堆栈指针		sfr	IP	= 0xB8;
P0	80H	P0口锁存器		sfr	SCON	= 0x98;
PCON	87H	电源控制寄存器		sfr	SBUF	= 0x99;

图 3.1　8051 单片机寄存器符号对应表和 8051 程序头文件映射表

接下来就进入本章学习的重点——单片机 I/O 的寄存器介绍。

在 STC12C5A60S2 的 DIP40 封装中(图 3.2),I/O 口共有 5 组,分别是 P0、P1、P2、P3、P4。这是单片机对外显露出来的控制引脚,我们是通过控制它们的高低电平输出来对外部设备进行自动化控制处理的。

那么涉及 I/O 口的控制寄存器有几个呢?这几个寄存器的名称分别是 Px、PxM1、PxM0、P4SW 和 AUXR1,在接下来的内容中我们将对其做详细的讲解。

3.1.1　Px、PxM1、PxM0

新一代的 8051 系列芯片中引入模式配置的概念,支持设定每一个 I/O 口的工作模式,这些模式分别是准双向口/弱上拉(标准 8051 输出模式)、强推挽输出/强上拉、仅为输入(高阻)和开漏输出功能。

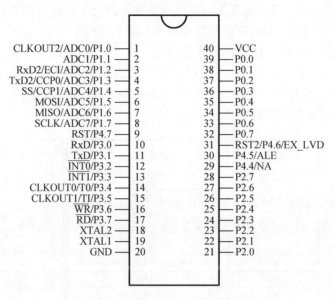

图 3.2　STC12C5A60S2 引脚图

①准双向口/弱上拉的特点是在不用配置寄存器的条件下既可作为输入,也可作为输出。这种模式一般用在信号控制场合。

②强推挽输出/强上拉的特点是有较强的电流驱动能力,例如通过配置相应的寄存器位使 I/O 口输出高电平点亮一个 LED,这种直接用 I/O 口输出高电平点亮 LED 在准双向 I/O 中是很难办到的。这种模式一般用在负载需要比较大电流的场合。

③仅为输入(高阻)的特点是只能作为输入使用,在输入信号的过程中这种模式的 I/O 口会有很高的阻抗,一般在使用 A/D 时被使用的 I/O 口设置为此类型。

④开漏输出的特点是内部没有上拉电阻,若想实现输出则应该在 I/O 口外部加上拉电阻(通常为 4.7 kΩ ~ 10 kΩ 的电阻),当然在加了上拉电阻后也可以读取外部状态。这种模式一般用在不同电平之间的信号交互或者不同电平负载的控制场合。

3.1.2　Px

对应单片机的 P0 ~ P4 口,每一个 Px 口都有 8 个引脚(Px7 ~ Px0),其中 Px7 是引脚的最高位,Px0 是最低位。单片机上电默认全部引脚输出高电平。比如:让 P1 口的最低位输出高电平,其他引脚输出低电平,就可以写成 P1 = 0x01;让 P1 口的最低位输出低电平,其他引脚输出高电平,就可以写成 P1 = 0xfe。若对这句话不理解,可以将上面的 0x01 和 0xfe 转换成二进制,再结合 STC12C5A60S2 的 DIP40 封装图进行理解。

3.1.3　PxM1、PxM0

单片机的引脚模式配置寄存器,专门用来配置每一个引脚的模式,这两个寄存器必须同时出现,配合使用。单片机上电时默认这两个寄存器都为 0x00,也就是所有 I/O 口都默认为准双向口模式。

观察图 3.3,你看懂了吗?

举个例子辅助理解:

P0口设定＜P0.7，P0.6，P0.5，P0.4，P0.3，P0.2，P0.1，P0.0口＞(P0口地址：80 H)		
P0M1[1:0]	P0M0[1:0]	I/O口模式
0	0	准双向口(传统8051 I/O口模式, 弱上拉)，灌电流可达20 mA, 拉电流为230 μA，由于制造误差，实际为250~150 μA
0	1	推挽输出(强上拉输出，可达20 mA, 要加限流电阻)
1	0	高阻输入(电流既不能流入，也不能流出)
1	1	开漏(open drain), 内部上拉电阻断开

图3.3 I/O口模式位配置

将单片机的P17口配置成推挽输出(图3.4)，并输出高电平，其他引脚口配置成高阻输入，输出低电平：P1M1 =0x3f(0111 1111)，P1M0 =0x10(1000 0000)，P1 =0x10(1000 0000)。

P1 register(可位寻址)

SFR name	Address	bit	B7	B6	B5	B4	B3	B2	B1	B0
P1	90H	name	P1.7	P1.6	P1.5	P1.4	P1.3	P1.2	P1.1	P1.0

P1M1 register(不可位寻址)

SFR name	Address	bit	B7	B6	B5	B4	B3	B2	B1	B0
P1M1	91H	name	P1M1.7	P1M1.6	P1M1.5	P1M1.4	P1M1.3	P1M1.2	P1M1.1	P1M1.0

P1M0 register(不可位寻址)

SFR name	Address	bit	B7	B6	B5	B4	B3	B2	B1	B0
P1M0	92H	name	P1M0.7	P1M0.6	P1M0.5	P1M0.4	P1M0.3	P1M0.2	P1M0.1	P1M0.0

图3.4 I/O口配置相关寄存器

3.1.4 P4SW

在STC12C5A60S2系列单片机中，P4口比较特殊，它不仅可以当成普通的引脚来使用，还拥有特殊的第二功能(图3.5)。上电时默认不启用这三个引脚的普通I/O功能，而是作为第二功能使用，若是需要将其扩展为普通I/O，需要将这个寄存器的4~6位置高电平。

由P4SW寄存器设置(NA/P4.4，ALE/P4.5，EX_LVD/P4.6)三个端口的第二功能										
Mnemonic	Add	Name	7	6	5	4	3	2	1	0	Reset Value
P4SW	BBH	Port-4 switch	-	LVD_P4.6	ALE_P4.5	NA_P4.4					x000,xxxx

NA/P4.4: 0，复位后P4SW.4=0，NA/P4.4脚是弱上拉，无任何功能
　　　　 1，通过设置P4SW.4=1，将NA/P4.4脚设置成I/O口(P4.4)
ALE/P4.5: 0，复位后P4SW.5=0，ALE/P4.5脚是ALE信号，只有在用MOVX指令访问片外扩展器件时
　　　　 才有信号输出
　　　　 1，通过设置P4SW.5=1，将ALE/P4.5脚设置成I/O口(P4.5)
EX_LVD/P4.6: 0，复位后P4SW.6=0，EX_LVD/P4.6是外部低压检测脚，可使用查询方式或设置
　　　　 成中断来检测
　　　　 1，通过设置P4SW.6=1，将EX_LVD/P4.6脚设置成I/O口(P4.6)

图3.5 P4SW寄存器的介绍

另外,将 P4.7 脚作为普通 I/O 时,需要在烧录器上勾选图 3.6 中圈起来的一项。

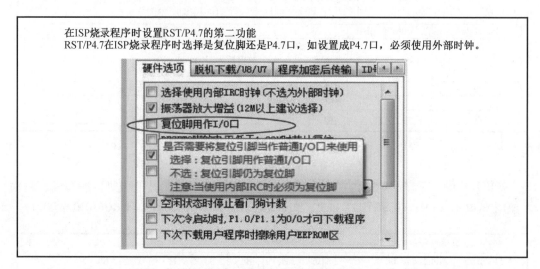

图 3.6　STC – ISP 配置 P4.7 脚

3.1.5　AUXR1

在单片机中,一个引脚的功能是可以重定义到另一个引脚上的,这个寄存器的 4~6 位就是将单片机的特殊功能从 P1 口转移到 P4 口使用(图 3.7)。上电默认为将特殊功能分配在 P1 口。

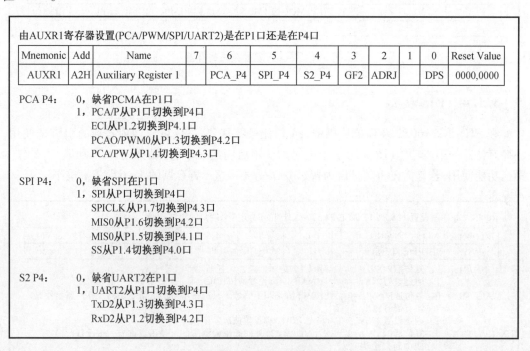

图 3.7　AUXR1 寄存器

一般这种特殊功能的重定义用得极少,只有在引脚布局不合理且引脚紧张时才会使用,这里就不做过多解释了。

3.2 STC12C5A60S2 单片机引脚功能介绍

单片机的引脚都具有特定的功能,引脚的标号通常是其功能的英文缩写,读者可以配合引脚的标号来辅助记忆,下面参照图3.8的数字标号来进行说明。

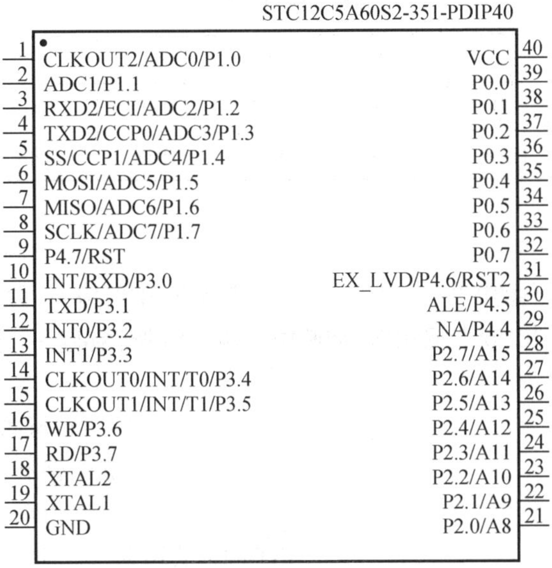

STC12C5A60S2-351-PDIP40

```
 1 ─ CLKOUT2/ADC0/P1.0              VCC ─ 40
 2 ─ ADC1/P1.1                      P0.0 ─ 39
 3 ─ RXD2/ECI/ADC2/P1.2            P0.1 ─ 38
 4 ─ TXD2/CCP0/ADC3/P1.3           P0.2 ─ 37
 5 ─ SS/CCP1/ADC4/P1.4             P0.3 ─ 36
 6 ─ MOSI/ADC5/P1.5                P0.4 ─ 35
 7 ─ MISO/ADC6/P1.6                P0.5 ─ 34
 8 ─ SCLK/ADC7/P1.7                P0.6 ─ 33
 9 ─ P4.7/RST                      P0.7 ─ 32
10 ─ INT/RXD/P3.0      EX_LVD/P4.6/RST2 ─ 31
11 ─ TXD/P3.1                 ALE/P4.5 ─ 30
12 ─ INT0/P3.2                 NA/P4.4 ─ 29
13 ─ INT1/P3.3               P2.7/A15 ─ 28
14 ─ CLKOUT0/INT/T0/P3.4     P2.6/A14 ─ 27
15 ─ CLKOUT1/INT/T1/P3.5     P2.5/A13 ─ 26
16 ─ WR/P3.6                 P2.4/A12 ─ 25
17 ─ RD/P3.7                 P2.3/A11 ─ 24
18 ─ XTAL2                   P2.2/A10 ─ 23
19 ─ XTAL1                    P2.1/A9 ─ 22
20 ─ GND                      P2.0/A8 ─ 21
```

图 3.8 STC12C5A60S2 芯片引脚图

引脚 1:标准 I/O 口 P1.0、ADC0 模数转换通道 0、CLKOUT2 波特率发生器的时钟输出

引脚 2:标准 I/O 口 P1.1、ADC1 模数转换通道 1

引脚 3:标准 I/O 口 P1.2、ADC2 模数转换通道 2、ECIPCA 计数器的外部脉冲输入

引脚 4:标准 I/O 口 P1.3、ADC3 模数转换通道 3、CCP0 外部信号捕获

引脚 5:标准 I/O 口 P1.4、ADC4 模数转换通道 4、SSSPI 同步串行接口从机选择信号、CCP1 外部信号捕获

引脚 6:标准 I/O 口 P1.5、ADC5 模数转换通道 5、MOSISPI 同步串行接口主出从入

引脚 7:标准 I/O 口 P1.6、ADC6 模数转换通道 6、MISOSPI 同步串行接口主入从出

引脚 8:标准 I/O 口 P1.7、ADC7 模数转换通道 7、SCLKSPI 同步串行接口的时钟信号

引脚 9:标准 I/O 口 P4.7、RST 复位脚

引脚 10:标准 I/O 口 P3.0、RxD 串口 1 数据接收端

引脚 11:标准 I/O 口 P3.1、TxD 串口 1 数据发送端

引脚 12:标准 I/O 口 P3.2、INT0 外部中断 0

引脚 13:标准 I/O 口 P3.3、INT1 外部中断 1

引脚 14:标准 I/O 口 P3.4、T0 计数器 0 外部输入、CLKOUT0 计数器 0 时钟输出

引脚 15:标准 I/O 口 P3.5、T1 计数器 1 外部输入、CLKOUT1 计数器 1 时钟输出

引脚 16:标准 I/O 口 P3.6、WR 外部数据存储写脉冲

引脚 17:标准 I/O 口 P3.7、RD 外部数据存储读脉冲

引脚 18:外接晶振 XTAL2

引脚 19:外接晶振 XTAL1

引脚 20:接地 GND

引脚 21:标准 I/O 口 P2.0、高 8 位地址总线 A[8]

引脚 22:标准 I/O 口 P2.1、高 8 位地址总线 A[9]

引脚 23:标准 I/O 口 P2.2、高 8 位地址总线 A[10]

引脚 24:标准 I/O 口 P2.3、高 8 位地址总线 A[11]

引脚 25:标准 I/O 口 P2.4、高 8 位地址总线 A[12]

引脚 26:标准 I/O 口 P2.5、高 8 位地址总线 A[13]

引脚 27:标准 I/O 口 P2.6、高 8 位地址总线 A[14]

引脚 28:标准 I/O 口 P2.7、高 8 位地址总线 A[15]

引脚 29:标准 I/O 口 P4.4

引脚 30:标准 I/O 口 P4.5、ALE 地址锁存允许

引脚 31:标准 I/O 口 P4.6、EX_LVD 外部低压检测中断、RST2 第二复位引脚

引脚 32:标准 I/O 口 P0.7、低 8 位地址总线 A[7]

引脚 33:标准 I/O 口 P0.6、低 8 位地址总线 A[6]

引脚 34:标准 I/O 口 P0.5、低 8 位地址总线 A[5]

引脚 35:标准 I/O 口 P0.4、低 8 位地址总线 A[4]

引脚 36:标准 I/O 口 P0.3、低 8 位地址总线 A[3]

引脚 37:标准 I/O 口 P0.2、低 8 位地址总线 A[2]

引脚 38:标准 I/O 口 P0.1、低 8 位地址总线 A[1]

引脚 39:标准 I/O 口 P0.0、低 8 位地址总线 A[0]

引脚 40:VCC 电源

3.3 单片机晶振电路和省电模式

3.3.1 STC12C5A60S2 系列单片机的时钟选择

STC12C5A60S2 系列是 1T 的 8051 单片机,系统时钟兼容传统 8051。STC12C5A60S2 系列单片机有两个时钟源:内部电阻电容振荡电路(R/C)振荡时钟和外部晶体时钟。现出厂标准配置是使用外部晶体或时钟。内部振荡时钟受温度影响较大,机器周期不稳定,不建议使用内部时钟。

图 3.9 为时钟外部晶振电路,一般 $C1$、$C2$ 选取 30 pF,晶振选择 11.0592 MHz。

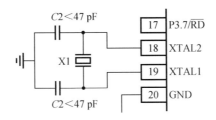

图 3.9　时钟外部晶振电路

3.3.2　STC12C5A60S2 系列单片机的省电模式

STC12C5A60S2 系列单片机可以运行 3 种省电模式以降低功耗,它们分别是空闲模式、低速模式和掉电模式,具体如下。

(1)空闲模式:在空闲模式下,仅 CPU 无时钟停止工作,但是外部中断、外部低压测电路、定时器、A/D 转换、串行口等正常运行。

(2)低速模式:在低速模式下,通过对时钟源进行分频,从而降低时钟。

(3)掉电模式:掉电模式也叫停机模式。进入掉电模式后,内部时钟停振,由于无时钟源,CPU、定时器、看门狗、A/D 转换、串行口等停止工作,外部中断继续工作。

3.4　复位方式与电路

STC12C5A60S2 系列单片机有 5 种复位方式:外部 RST 引脚复位,外部低压检测复位(新增第二复位功能脚 RST2 复位,实现外部可调复位门槛电压复位),软件复位,掉电复位/上电复位(并可选择增加额外的复位延时 200 ms,也叫 MAX810 专用复位电路,其实就是在上电复位后增加一个 200 ms 复位延时),看门狗复位。

3.4.1　外部 RST 引脚复位

如果没有在烧录软件上特殊设置,默认 P4.7/RST 就是芯片复位的输入脚。将该引脚拉高 24 个时钟加 10 μs 后单片机就会进入复位状态,将 RST 复位引脚拉回低电平后,单片机结束复位状态并从用户程序区的 0000H 处开始正常工作。如若采用这种方式,可参考图3.10。

从图 3.10 可以看到,电解质电容 $C1$ 一般选择 10 μF,电阻 $R1$ 选择 10 kΩ,就构成了一个上电复位电路;同时还看到一个按键,这个按键可以对电容进行放电,这样就可以在不断电的情况下对芯片进行手动复位,按键这个部分可以加,也可以不加。

3.4.2　外部低压检测复位

在时钟晶振频率高于 12 MHz 时,建议使用第二复位功能脚 RST2。一般硬件上设计成外部低压检测复位后,在烧录程序时要注意在烧录软件上的复位脚改成第二复位脚复位。

外部低压检测复位电路如图 3.11 所示,在图中芯片采用的是 5 V 供电,而 RST2 引脚复位需要满足条件:RST2 引脚的外部电平低于 1.33 V,因此选择 20 kΩ 电阻和 10 kΩ 电阻进行分压(图 3.12)。若电源供电正常,RST2 引脚的外部电平为 1.67 V 左右。当电源供电低于 4 V 时,RST2 引脚的外部电平将低于 1.33 V,从而进行芯片的复位。当电源供电有纹波时,建议加上瓷介电容 100 nF(104)和电解质电容 10 μF(耐压 16 V)并联后再给芯片供电,防止芯片因为纹波的缘故自动复位。

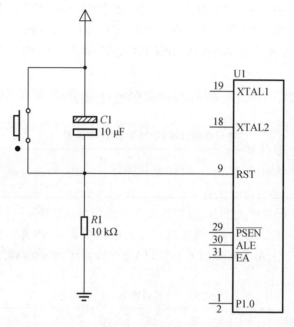

图 3.10 复位电路

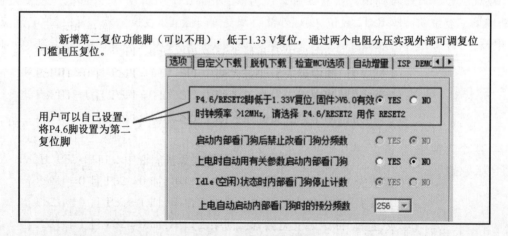

图 3.11 外部低压检测复位

3.4.3 软件复位

用户应用程序在运行过程当中,有时会有特殊需求,需要实现单片机系统软复位,传统的 8051 单片机由于硬件上不支持此功能,用户必须用软件模拟实现,实现起来较麻烦。现 STC 新推出的增强型 8051 根据客户要求增加了 IAP_CONTR 特殊功能寄存器,实现了此功能。用户只需简单地控制 IAP_CONTR 特殊功能寄存器的其中两位 SWBS/SWRST 就可以

系统复位了,具体如下:

①SWBS = 0,SWRST = 1:程序从用户应用程序区启动;

②SWBS = 1,SWRST = 1:程序从 ISP 程序区启动。

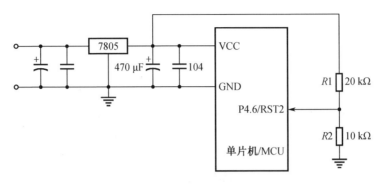

图3.12　供电电路

3.4.4　上电复位/掉电复位

当芯片掉电后重新上电,供电电压恢复正常时,芯片自动延时 32768 个时钟周期后(有关时钟周期的概念以后会继续普及),上电复位/掉电复位结束。

3.4.5　看门狗复位

在工业控制、汽车电子、航空航天等需要高可靠性的系统中,为了防止"系统在异常情况下受到干扰,MCU/CPU 程序跑飞,导致系统长时间异常工作",通常引进看门狗,如果MCU/CPU 不在规定的时间内按要求访问看门狗,就认为 MCU/CPU 处于异常状态,看门狗就会强迫 MCU/CPU 复位,使系统重新从头开始按规律执行用户程序。STC12C5A60S2 系列单片机内部也引进了此看门狗功能,使单片机系统可靠性设计变得更加方便、简捷。用户只需控制特殊功能寄存器 WDT_CONTR 进行操作即可(表 3.1)。

表 3.1　WDT_CONTR:看门狗(Watch – Dog – Timer)控制寄存器

SFR name	Address	bit	B7	B6	B5	B4	B3	B2	B1	B0
WDT_CONTR	0C1H	name	WDT_FLAG	—	EN_WDT	CLR_WDT	IDLE_WDT	PS2	PS1	PS0

表 3.1 中每个符号对应的功能如下:

①WDT_FLAG:看门狗溢出标志位,当溢出时,该位由硬件置 1,可用软件将其清"0"。

②EN_WDT:看门狗允许位,当设置为"1"时,看门狗启动。

③CLR_WDT:看门狗清"0"位,当设为"1"时,看门狗将重新计数,硬件将自动清"0"此位。

④IDLE_WDT:看门狗"IDLE"模式位,当设置为"1"时,看门狗定时器在"空闲模式"计数;当清"0"该位时,看门狗定时器在"空闲模式"时不计数。

⑤PS2、PS1、PS0:看门狗定时器预分频值,如图 3.13 所示。

设时钟为11.0592 MHz:

看门狗溢出时间=(12×Pre-scale×32768)/11059200=Pre-scale×393216/1105920

PS2	PS1	PS0	Pre-scale	WDT overflow Time @11.0592 MHz
0	0	0	2	71.1 ms
0	0	1	4	142.2 ms
0	1	0	8	284.4 ms
0	1	1	16	568.8 ms
1	0	0	32	1.1377 ms
1	0	1	64	2.2755 ms
1	1	0	128	4.5511 ms
1	1	1	256	9.1022 ms

图 3.13 看门狗溢出时间计算

3.5 I/O 口的使用配置

3.5.1 点亮一个灯

点亮一个灯,听起来就好像使用家里的开关打开日常照明灯一样。从第 2 章我们知道,LED 在 1.5 V 以上就会被点亮,在 1.5 ~ 3 V 时亮度变化比较明显,在 3 ~ 5 V 时变化不明显。另外 LED 的正常驱动电流为 10 mA 左右,一般我们都控制在 5 ~ 10 mA。观察一下图 3.14 所示的电路。

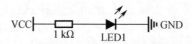

图 3.14 普通 LED 电路

这是一个简单的 LED 电路,VCC 一般选择 5 V,电阻 1 kΩ,那么通过 LED 的电流在 5 mA 左右,这是一个常亮电流,只要电源不断电,LED 就一直工作着。再观察一下图 3.15 所示的电路。

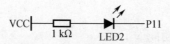

图 3.15 LED 基础电路

当把电线接地端 GND 换成单片机的一个引脚时,通过控制引脚输出高电平,那么 LED 两端的电压都为 5 V,不存在电势差,LED 就无法点亮;反之,通过控制引脚输出低电平,LED 两端形成了电势差,LED 就如上面的常亮电路一般被点亮。这样就轻松实现了 LED 的可控亮灭。注意:在这里电阻选择要适宜,电阻过大,流过 LED 的电流过小,无法点亮 LED;电阻过小,则容易烧毁 LED,或者由于灌电流过大而烧毁单片机芯片(单片机的灌电流一般控制在 15 mA 以下)。

原理很好懂,接下来就讲一下程序的步骤:

①引入头文件。没有头文件的程序不是不能执行,只是缺乏系统的对寄存器的定义,小程序还可以解决,一旦程序稍微复杂一点,程序员就会因为查找寄存器地址而浪费很多时间。STC 系列所有芯片都有配套的头文件,完全可以直接调用这些头文件,节省时间。

②做初始化准备工作,配置相关的寄存器,包括引脚的输入输出模式、第二功能等。单片机上电默认配置为准双向口模式,输出高电平。虽然刚开始写的程序大部分都采用上电默认模式,但是作为初学者,还是建议在程序开始的地方写一下模式配置,了解配置的原理。

③编写主体功能程序,点亮一个 LED。

④思考总结,自我提升。

点亮 LED 参考程序:

```
#include <stc12c5a60s2.h>    //第一步,引入头文件,节约用户查手册寻址时间
#define u8 unsigned char     //用 u8 来代替无符号字符型数据
#define u16 unsigned int     //用 u16 来代替无符号整型数据
void main()
{
    //以上一页的电路原理图为例
    //第二步,初始化工作,将 P1 口配置成双向口模式
    P1M1 = 0x00;
    P1M0 = 0x00;
    P1 = 0xff;    //输出高电平,使 LED 两边压差相等,从而起到灭灯的效果

    //第三步,程序的主体功能
    P1 = 0xfd;    //1111 1101 对于 P11 口
    while(1);    //让程序卡死在这里,控制 LED 一直亮灯
}
```

思考:

①结合 3.5.1 参考程序里面的延时函数,思考一下,怎么写才能实现让 LED 一会儿亮一会儿灭(闪烁灯)?

②将 3.5.1 参考程序中的 P1M1、P1M0 这两个寄存器删掉,会不会影响程序的执行?

闪烁灯参考程序:

```
#include <stc12c5a60s2.h>    //第一步,引入头文件,节约用户查手册寻址时间
#define u8 unsigned char
#define u16 unsigned int
void delay_ms(u16 xms)    //延时函数,起到延时大约 x ms 的作用
{
    u16 i,j;
    for(i = 0;i < xms;i ++)
        for(j = 0;j < 110;j ++);
```

```
    }
void main( )
{
    P1M1 = 0x00;
    P1M0 = 0x00;
    P1 = 0xff;  //输出高电平,使 LED 两边压差相等,从而起到灭灯的效果

    //第三步,程序的主体功能
    while(1)   //确保程序一直在 while 循环
    {
        P1 = 0xfd;  //1111 1101 对于 P11 口
        delay_ms(500);  //延时大约 500 ms
        P1 = 0xff;  //1111 1111 对于 P11 口
        delay_ms(500);  //延时大约 500 ms
    }
}
```

闪烁灯的程序是非常简单的。只要控制连接 LED 的单片机芯片引脚隔一段时间输出高电平,再隔一段时间输出低电平,两者之间往复循环就可以了。

思考:

①尝试改变一下 delay_ms 的值,将其改为 100 和 1000,各试试效果。若将其改为 1 呢?

②为什么当延时函数的参数很小时,我们看到的现象是 LED 常亮,但是 LED 的亮度比较暗呢?

3.5.2 玩转流水灯(引入左右移函数及其概念)

流水灯,顾名思义,就是让一排 LED 从一端逐个亮起来,然后每次移动一个灯,让 LED 从一端逐个亮到另一端,过程看起来就好像流水一般,因此叫作流水灯。

写程序之前,先讲解一下什么是算术移位、逻辑移位、循环移位。

1. 算术右移、逻辑右移的差别

左移和右移大家都不陌生,就是将一个数向左移动或者向右移动。一般来说,移动后溢出的数据位我们会舍弃,那么空出来的位呢? 要填 1 还是 0 呢? 由此引出"算术右移"和"逻辑右移"这两个名词。

①逻辑左移和算术左移用法是一致的,都是右边空缺的位统一填 0;

②逻辑右移,左边空缺的位统一填 0;

③算数右移,左边空缺的位添加的数和符号有关。

以 1010101010 举例子,其中[ ]是添加的位,具体如下:

逻辑左移一位:010101010[0]

算数左移一位:010101010[0]

逻辑右移一位:[0]101010101

算数右移一位:[1]101010101

2. 循环左移和循环右移

循环移动操作和传统意义上的左移和右移是不一样的。它是程序开发人员写出来的两个函数,一般保存在头文件<intrins.h>中。

①循环左移:在发生移位操作时,所有数据位往左移位,然后将左边溢出的数据位补全到右边空缺的位上。函数名为_cror_(int,int),第一个参数代表要移位的数据,第二个形参代表要移动的位数。

②循环右移:在发生移位操作时,所有数据位往右移位,然后将右边溢出的数据位补全到左边空缺的位上。函数名为_crol_(int,int),用法同循环左移函数一致。

还是以1010101010举例子,其中[ ]是添加的位,具体如下:

循环左移一位:010101010[1]

循环右移一位:[0]0101010101

3. 流水灯的实现

现在,学习完这些概念,再结合电路原理图看看下面的流水灯程序(图3.16),会不会发现程序其实也没想象中那么难呢?

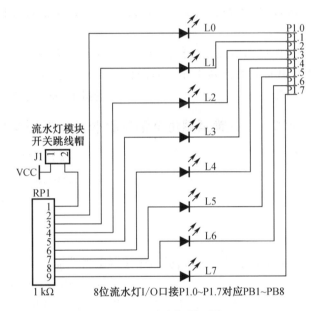

图3.16 流水灯原理图

从图3.16中可以看出,其实这张图和上一小节的点亮一个LED的原理图相差不大,只是LED的数目从1个变成了8个而已。结合上面讲解的循环右移函数,思路就很简单了,我们只需要从上到下逐个点亮LED并且让它延时亮一段时间即可。注意:不加延时函数编译程序不会报错,但是现象就会变成全部灯都不亮或者全部都亮,只是亮度比平时暗很多。一般延时函数延时时间在100~500 ms比较合适。

流水灯参考程序:

```
#include "reg52.h"
#include <intrins.h>
void delay_ms(u16 xms);    //延时函数,起到延时大约 x ms 的作用


void main()
```

```
    }
        unsigned char b,i = 0;
        b = 0xfe;   //1111 1110
        while(1)
        {
            P1 = b;   //让芯片的 P1 口输出一个低电平
            delay(50000);   //用于延时
            b = _crol_(b,1);   //用 < intrins. h > 提供的右移一位函数
        }
    }
    void delay_ms(u16 xms)   //延时函数,起到延时大约 x ms 的作用
    {
        u16 i,j;
        for(i = 0;i < xms;i + +)
            for(j = 0;j < 110;j + +);
    }
```

从上到下的流水灯多练几次就可以学会,那么举一反三,从下到上的流水灯呢? 从上到下再从下到上呢? 抑或亮一个隔一个再亮一个的方式呢?

3.5.3 按键控制灯(引入消抖的概念)

从这一章的第一小节开始,我们就举过开关灯的例子,而这一小节,讲的就是如何通过按键去控制 LED 的亮灭,实现类似生活中开关灯的原理。下面先观察一下通过按键控制 5 V 驱动 LED 亮灭的原理图(图 3.17)。

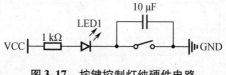

图 3.17　按键控制灯纯硬件电路

电路非常简单,按下按键,LED 就亮起来,松开按键,LED 就灭掉。电阻的作用是限流,不让流过 LED 的电流过大导致 LED 烧毁,电容的作用是消除抖动,也叫消抖。再观察一下由单片机芯片控制的原理图(图 3.18)。

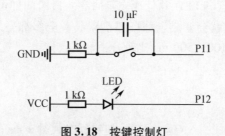

图 3.18　按键控制灯

可以发现,其实就是把上面的按键控制电路拆分成两个基础电路,单片机起到媒介的

作用。已经学会任意控制 LED 的你应该明白,如果是图 3.17 的电路,LED 只能随着按键的按下而点亮,随按键的松开而熄灭。而图 3.18 的电路,有了单片机的参与,不仅可以实现图 3.17 的功能,还可以像家庭电路一样,按一下亮灯,再按一下熄灭灯。进阶版的话,可以按一下快闪灯,再按一下慢闪灯,再按一下常亮灯,等等。只要脑洞够大,想要 LED 怎么亮都行。再进阶的话,比如用 LED 的超高速快闪来传递信息等,当然慢闪也可以,只是信息的传输比较慢而已。话不多说,先说简单的图 3.17 功能如何通过单片机来实现吧,实现原理具体如下。

第一步,引入芯片的头文件。

第二步,先初始化引脚:单片机 P1 口配置成准双向口模式,并将 P11、P12 设置成高电平。

第三步,再编写功能实现函数:一直在扫描 P11 口的电平状态。当检测到 P11 口的电平为低电平时,说明按键已经按下,这时候 P12 口输出低电平,点亮 LED。当检测到 P11 口电平为高电平时,说明按键已经松开,这时候 P12 口输出高电平,熄灭 LED。

按键控制灯参考程序 1:

```c
#include "reg52.h"
sbit KEY = P1^1;   //用 KEY 来代替下面函数中出现的 P11 口
sbit LED = P1^2;   //用 LED 来代替下面函数中出现的 P12 口
void main()
{
    KEY = 1;
    LED = 1;
    while(1)   //让程序一直在检测单片机的 P11 口
    {
        if(KEY == 0)   //如果有按键按下
        {
            LED = 0;   //点亮 LED
        }
        else   //如果没有按键按下
        {
            LED = 1;   //熄灭 LED
        }
    }
}
```

思考一下,如何实现像家庭电路一样,按一下亮灯,再按一下灭灯呢?

按键控制灯参考程序 2:

```c
#include "reg52.h"
sbit KEY = P1^1;   //用 KEY 来代替下面函数中出现的 P11 口
sbit LED = P1^2;   //用 LED 来代替下面函数中出现的 P12 口
void main()
{
    KEY = 1;
```

```
    LED = 1;
    while(1)    //让程序一直在检测单片机的 P11 口
    {
        if( KEY = =0)    //如果有按键按下
        {
            LED = ~ LED;    //LED 输出取反操作
        }
    }
}
```

有一个要注意的地方:每个程序的功能都是对应着原理图来写的,如果稍微有一点不同,程序可能就会出问题。

举个例子:对比图 3.19 和图 3.20,只是相差一个电容。以家庭电路的控制程序举例,思路是一样的,相信很多人也会像参考程序 2 一样编写。但是这时候会出现一个问题,就是按键怎么时灵时不灵的,有时候灯是熄灭的,按下还是没亮;有时候灯是亮着的,按下还亮着。这是什么原因呢?

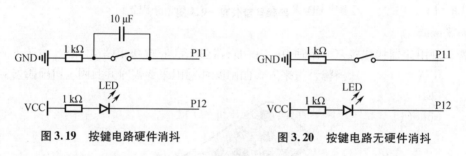

图 3.19 按键电路硬件消抖   图 3.20 按键电路无硬件消抖

从宏观上来看,思路没问题。但是我们的操作对象是谁? 单片机,一秒钟执行一百万次,一眨眼的工夫,可以比人多做多少次计算?

而人在按按键时,按一次按键时间是 80 ~ 200 ms。从手指接触到按键开始,按键在按下的过程中,会有一个 5 ~ 15 ms 的抖动过程,之后才是按键完全按下,大约 100 ms 后手指才离开按键。而这个 5 ~ 15 ms 的抖动过程被单片机检测到了,因此就执行程序亮灭灯。抖动过程中,抖动次数是不可控的,因此亮灭灯是随机的,会出现时灵时不灵的现象,其实只是单片机执行太快的结果(图 3.21)。

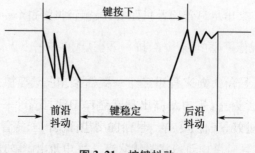

图 3.21 按键抖动

一般解决这个问题有两种方式:

①硬件消抖:如图3.19所示,在按键上并联一个电容,利用电容的充放电特性来过滤掉这个抖动的过程。

②软件消抖:当芯片检测到有按键按下时,不是立马执行程序,而是等待15~30 ms 的时间,然后重新检测按键是否有按下,若有按键按下,执行相应的程序;若没有按键按下,则是误识别,毕竟没有谁能够在 20 ms 内按一次按键。这样做的目的是错开那一段按键抖动的时间,从而实现按一下亮灯,再按一下熄灭灯的目的。实现原理如下。

第一步,引入芯片对应型号的头文件。

第二步,先初始化引脚:单片机 P1 口配置成准双向口模式,并将 P11、P12 设置成高电平。

第三步,再编写功能实现函数:一直在扫描 P11 口的电平状态。当检测到 P11 口的电平为低电平时,说明按键已经按下,再延时 20 ms 左右,然后再次检测按键是否有按下,若有,将 P12 口置高,这时候 P12 口输出低电平,点亮 LED。当检测到 P11 口电平为高电平时,说明按键已经松开,这时候 P12 口输出高电平,熄灭 LED。

按键控制灯参考程序 3:

```c
#include "reg52.h"
sbit KEY = P1^1;    //用 KEY 来代替下面函数中出现的 P11 口
sbit LED = P1^2;    //用 LED 来代替下面函数中出现的 P12 口
void delay_ms(u16 xms)    //延时函数,起到延时大约 x ms 的作用
{
    u16 i,j;
    for(i = 0;i < xms;i + +)
        for(j = 0;j < 110;j + +);
}
void main()
{
    KEY = 1;
    LED = 1;
    while(1)    //让程序一直在检测单片机的 P11 口
    {
        if(KEY = =0)    //如果有按键按下
        {
            delay_ms(20);    //消除抖动
            if(KEY = =0)    //如果有按键按下
            {
                LED = ~ LED;    //LED 输出取反操作
                while(KEY = =0);    //手不松开的话,按键就一直为 0,程序停止在
这里
            }
        }
    }
}
```

思考:按键可以控制 LED,那么按键可以控制流水灯吗? 以后我们还会学习更多的新知识,可不可以也用按键来控制呢?

注意:在单片机用作读取外部数据输入时,一定要先对那一个读取外部数据的引脚写1。内部输出写1,经过反相器取反之后就是0,这样三极管就不会导通,内部输入才能够读取到外部输入数据。如图3.22所示,单片机内部使用的是 CMOS 管,这里使用 NPN 管来代替,只是为了方便读者理解,请读者不要有所疑惑。

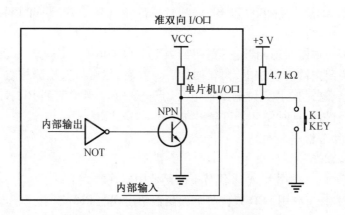

图 3.22　准双向 I/O 口的内部结构图

3.5.4　矩阵键盘(逐行扫描法和行反转法)

上一小节我们所讲的键盘在单片机中有一个专门的词来形容它,叫作独立键盘,就是一个按键对应一个引脚。而一块双列直插式单片机基本上是 40 个引脚左右,除去一部分用来控制电器设备,一部分用来做特殊功能,留给按键的引脚一般不会太多。如果出现了需要大量按键的情况怎么办呢? 观察独立按键原理图(图 3.23)。

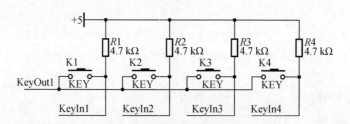

图 3.23　独立按键原理图

由图 3.23 我们可以看出,当 KeyOut1 输出高电平时,由于按键两边没有电势差,无论按键有没有按下,KeyIn1 ~ KeyIn4 都只能读取到高电平。而当 KeyOut1 输出低电平时,无论K1 ~ K4 哪一个按键被按下,电流都会流入 KeyOut1,KeyIn × 就可以读取到低电平。哪一个读取到,就代表哪一个按键被按下。再观察一下下面的矩阵键盘图(图 3.24)。

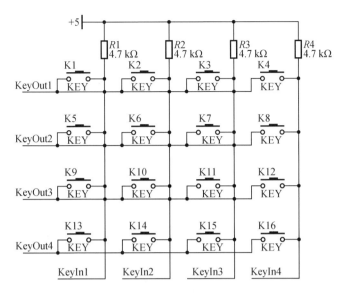

图 3.24 上拉式矩阵键盘原理图

图 3.24 像矩阵一样排列,其行和列都是接在单片机的引脚上,使用了 8 个引脚,但是却扩展出来 16 个按键。这就是矩阵键盘的优点:节约单片机引脚的资源。

那么矩阵键盘怎么判断是哪一个按键按下了呢? 这种有自带上拉电阻的按键一般使用逐行扫描法来对其进行按键判断。

1. 逐行扫描法

以图 3.24 的原理图为例,KeyOut1 输出低电平,KeyOut2、KeyOut3、KeyOut4 输出高电平,与后对 KeyIn1 ~ KeyIn4 进行判断,如果 KeyOut1 这一行哪一个按键被按下,那么相应的 KeyIn × 就会读取到低电平。如果没有读取到低电平,证明没有按键被按下。那么将 KeyOut2 输出低电平,KeyOut1、KeyOut3、KeyOut4 输出高电平,与上面的步骤一样,再次对其进行读取判断。这样一行一行输出、判断,周而复始,就可以判断到底是哪一行哪一列的按键被按下。

假设 KeyIn1 ~ KeyIn4 对应单片机的 P3.0 ~ P3.3,KeyOut1 ~ KeyOut4 对应单片机的 P3.4 ~ P3.7,然后使用 P1 口的 8 个 LED 作为显示。P1.0 ~ P1.3 代表行,P1.4 ~ P1.7 代表列。

那么要实现逐行扫描法的程序逻辑就是:

①引入头文件。

②初始化芯片的引脚,KeyIn1 ~ KeyIn4 要先置高电平,不然读取不了外部输入数据。

③逐行将 KeyOut × 输出低电平,其他 3 个 KeyOut × 输出高电平,然后读取 KeyIn1 ~ KeyIn4 的电平状态,如果有按键按下,就会在相应的 KeyIn × 读取到低电平。如果没有按键按下,则进入下一行的键盘扫描。

逐行扫描法参考程序:

假设 KeyIn1 ~ KeyIn4 对应单片机的 P3.0 ~ P3.3,KeyOut1 ~ KeyOut4 对应单片机的 P3.4 ~ P3.7,然后使用 P1 口的 8 个 LED 作为显示。P1.0 ~ P1.3 代表行,P1.4 ~ P1.7 代表列。

```c
#include "reg52.h"
sbit KeyIn1 = P3^0;
sbit KeyIn2 = P3^1;
sbit KeyIn3 = P3^2;
sbit KeyIn4 = P3^3;
sbit KeyOut1 = P3^4;
sbit KeyOut2 = P3^5;
sbit KeyOut3 = P3^6;
sbit KeyOut4 = P3^7;
void delay_ms(u16 xms)   //延时函数,起到延时大约 x ms 的作用
{
    u16 i,j;
    for(i=0;i<xms;i++)
    for(j=0;j<110;j++);
}
void main()
{
    KeyIn1 =1;   //将其置1才能读取外部输入的电平
    KeyIn2 =1;   //将其置1才能读取外部输入的电平
    KeyIn3 =1;   //将其置1才能读取外部输入的电平
    KeyIn4 =1;   //将其置1才能读取外部输入的电平
    while(1)   //让程序一直在检测单片机的 P11 口
    {
        KeyOut1 =0;KeyOut2 =1;KeyOut3 =1;KeyOut4 =1;   //第一行
        delay_ms(10);   //等待配置生效,同时起到消抖的作用
        if(KeyIn1 ==0)
            P1 =0xee;   //1110 1110   第一行第一列
        else if(KeyIn2 ==0)
            P1 =0xed;   //1110 1101   第一行第二列
        else if(KeyIn3 ==0)
            P1 =0xeb;   //1110 1011   第一行第三列
        else if(KeyIn4 ==0)
            P1 =0xe7;   //1110 0111   第一行第四列

        KeyOut1 =1;KeyOut2 =0;KeyOut3 =1;KeyOut4 =1;   //第二行
        delay_ms(10);   //等待配置生效,同时起到消抖的作用
        if(KeyIn1 ==0)
            P1 =0xde;   //1101 1110   第一行第一列
        else if(KeyIn2 ==0)
            P1 =0xdd;   //1101 1101   第一行第二列
```

```
        else if( KeyIn3 = =0)
            P1 =0xdb;   //1101 1011   第一行第三列
        else if( KeyIn4 = =0)
            P1 =0xd7;   //1101 0111   第一行第四列

        KeyOut1 =1;KeyOut2 =1;KeyOut3 =0;KeyOut4 =1;   //第三行
        delay_ms( 10);   //等待配置生效,同时起到消抖的作用
        if( KeyIn1 = =0)
            P1 =0xbe;   //1011 1110   第一行第一列
        else if( KeyIn2 = =0)
            P1 =0xbd;   //1011 1101   第一行第二列
        else if( KeyIn3 = =0)
            P1 =0xbb;   //1011 1011   第一行第三列
        else if( KeyIn4 = =0)
            P1 =0xb7;   //1011 0111   第一行第四列

        KeyOut1 =1;KeyOut2 =1;KeyOut3 =1;KeyOut4 =0;   //第四行
        delay_ms( 10);   //等待配置生效,同时起到消抖的作用
        if( KeyIn1 = =0)
            P1 =0x7e;   //0111 1110   第一行第一列
        else if( KeyIn2 = =0)
            P1 =0x7d;   //0111 1101   第一行第二列
        else if( KeyIn3 = =0)
            P1 =0x7b;   //0111 1011   第一行第三列
        else if( KeyIn4 = =0)
            P1 =0x77;   //0111 0111   第一行第四列
    }
}
```

逐行扫描法的优点是方便理解,缺点是程序太多,写起来比较烦琐,而且比较费时。

2. 行反转法

上面的程序主要针对的是上拉式矩阵键盘,那么非上拉式矩阵键盘呢？观察一下下面的矩阵键盘图(图3.25)。

像这种4×4的矩阵键盘,也可以使用上面的逐行扫描法进行判断,但是一般我们不使用这种方法,而是使用行反转法,也叫线反转法。

在图3.25所示的4×4矩阵键盘中,将P3.0～P3.3置低电平,再将P3.4～P3.7置高电平,当S1按下时,P3口读取到的数据是11100000,也就是P3.3这个I/O口的电平被拉低了。这时候,用一个变量将这个数据记录下来,然后将P3.0～P3.3置高电平,再将P3.4～P3.7置低电平,再次读取P3口的值,这时候由于手还没有松开,读取到的值为00001110。再将这个值和变量相或,得出的结果将会有16种,对应16个按键。

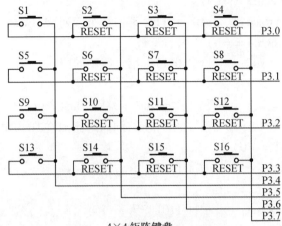

4×4 矩阵键盘

图 3.25 非上拉式矩阵键盘

行反转法参考程序:

假设行对应单片机的 P3.0 ~ P3.3,列对应单片机的 P3.4 ~ P3.7,然后使用 P1 口的 8 个 LED 作为显示。P1.0 ~ P1.3 代表行,P1.4 ~ P1.7 代表列。

```
#include "reg52.h"
typedef unsigned int u16;    //对数据类型进行声明定义
typedef unsigned char u8;
#define key P3    //宏定义 P3 口为 key
u8 flag = 0;    //用来记录按键值
void delay(u16 xms);    //延时函数
void key_scan();    //扫描键盘函数
void main()    //主函数
{
    u8 j;
    P1 = 0xff;    //关闭所有 LED
    while(1)
    {
        key_scan();    //获取按键值,并存储在全局变量 flag 中
        P1 = flag;    //用 P1 显示出来
    }
}
void delay(u16 xms)    //延时 x ms
{
    u16 j,k;
    for(k = xms;k > 0;k --)
        for(j = 110;j > 0;j --);
}
```

```
void key_scan( )    //扫描键盘函数
{
    key = 0xf0；   //高四位置高,低四位置低
    if( key！ = 0xf0)   //读取按键是否按下
    {
        delay(10)；   //延时 10 ms 进行消抖
        if( key！ = 0xf0)
        {
            flag = key；   //获取哪一行按键被按下的数据
            key = 0x0f；   //高四位置低,低四位置高
            flag | = key；   //获取哪一列按键被按下的数据并和行的数据相或
        }
    }
}
```

在生活中,如果真的出现矩阵键盘,一般我们习惯用上面介绍的两种方式来获取按键的值。这两种方法也是目前程序员普遍使用的方式。在近年的计算机等级考试中,特别是全国计算机等级考试(3 级)中,可以说获取键盘值这一题型是必不可少的,因此要求读者熟练掌握这两种方法的使用。

思考:行反转法中,一般都是一半引脚置高电平,一半引脚置低电平,然后读取高电平的引脚是否被拉低为低电平,从而判断按键是否被按下。那么可不可以反过来,判断低电平的引脚是否被拉高呢? 如果可以,要怎么做;如果不可以,为什么?

3.6 常用译码芯片

3.6.1 74HC138 译码器

在我们设计单片机电路的时候,单片机的 I/O 口数量是有限的,有时满足不了我们的设计需求。比如 STC89C52 一共有 32 个 I/O 口,但是为了控制更多的器件,就要使用一些外围的数字芯片,这种数字芯片由简单的输入逻辑来控制输出逻辑。74HC138 这个三八译码器,就是经常使用在单片机外设电路上的一款芯片(图 3.26)。

从三八译码器这个名字来分析,就是把 3 种输入状态翻译成 8 种输出状态。从图 3.26 中可以看出来,74HC138 有 1 ~ 6 一共 6 个输入引脚,但是其中 4,5,6 这 3 个引脚是使能引脚。这 3 个引脚如果不符合规定的输入要求,Y0 到 Y7 不管输入的 1,2,3 引脚是什么电平状态,总是高电平。所以要想让这个 74HC138 正常工作,ENLED 那个输入位置必须输入低电平,然后可以通过控制 ADDR3 输入高电平或者低电平来控制这个译码器的使能与否。

这类逻辑芯片,大多都是有使能引脚的,使能符合要求,芯片才会工作。那下面就要研究控制逻辑了。对于数字器件的引脚,如果 1 个引脚输入的时候有 0 和 1 两种状态,那么 2 个引脚输入的时候就会有 00,01,10,11 这 4 种状态,3 个引脚输入的时候就会出现 8 种状态。大家可以看下边的这个真值表(图 3.27),其中输入是 A2、A1、A0 的顺序,输出是 Y0 ~

Y7 的顺序。

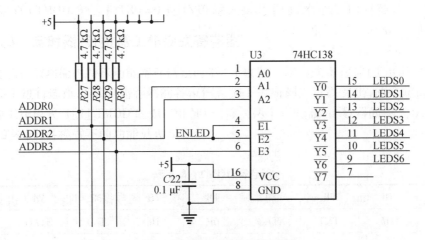

图3.26 74HC138 应用原理图

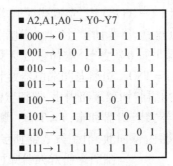

图3.27 74HC138 真值表

可以看出,在任一输入状态下,只有一个输出引脚是低电平,其他的引脚都是高电平。一般在使用 74HC138 译码器时,更多的是将其连接在 NPN 三极管上,通过控制三极管的导通与否来控制外围电路。如果想要输出端在任意输入状态下只有一个输出引脚是高电平,其他引脚为低电平,那么可以选用 74HC238 译码器。74HC138 译码器和 74HC238 译码器的功能、使用方法相同,不同之处在于它他们的输出电平是相反的。

74HC138 译码器的 1~3 引脚交给单片机来输入,4~5 引脚一般直接接 GND。6 引脚看用户需求,如果只是使用一块译码器,那么可以直接将这个引脚接在 VCC。输出要注意,在使能正确时,任意时刻都是只有一个引脚输出低电平,其他引脚输出高电平。输出引脚通常作为开关信号去控制 NPN 型三极管构成的外围电路。

3.6.2　74HC573 译码器

如果说 74HC138 译码器主要用在单片机 I/O 口不够用时,那么 74HC573 译码器就主要用在使用一个单片机引脚控制两个不同的设备时。

观察一下 74HC573 锁存器芯片的引脚图(图3.28)。

这款芯片总共有 20 个引脚,OE 引脚是这款芯片的输出使能引脚,通俗来说就是控制 Q0~Q7 的,当这个引脚为高电平时,Q0~Q7 输出高阻态,电阻无限大,既不为高电平也不为低电平,外部电气没法对引脚造成影响。当这个引脚为低电平时,Q0 ~ Q7 的输出与 D0 ~ D7的输入一致。一般我们直接把这个引脚连接在 GND 上。

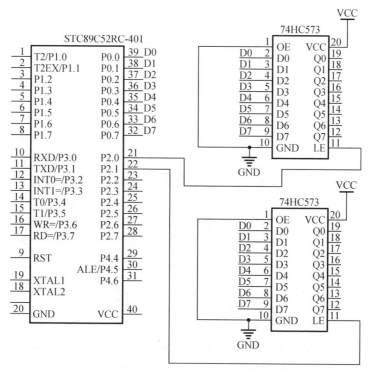

图 3.28　74HC573 锁存器引脚图

LE 引脚是这款芯片的输入使能引脚,当 LE 引脚为高电平时,D0 ~ D7 输入有效,在这个时候,Q0 ~ Q7 的输出随 D0 ~ D7 的输入变化而变化。当 LE 引脚为低电平时,74HC573 芯片锁存住 D0 ~ D7 的电平状态,Q0 ~ Q7 的输出固定为 D0 ~ D7 的电平状态,这时候无论 D0 ~ D7 输入是否发生改变,Q0 ~ Q7 的输出都不发生改变。一般我们都是使用一个引脚来控制这个引脚的。

这款芯片一般都是应用在数码管之类的场合,采用 10 个单片机引脚,控制两块 74HC573 芯片。两块 74HC573 芯片的输入使能 LE 脚各用一个单片机引脚控制,两块 74HC573 的 D0 ~ D7 同时接在单片机的 8 个引脚上。

3.7　静态数码管

数码管种类繁多,一般以数码管能显示几个数字来划分,显示几个数字就是几位数码管。

如图 3.29 至图 3.31 所展示的一样,其实一位数码管就是由 8 个 LED 按照"8"字排列拼成的。而 LED 的一端用来控制,一端接 GND 或者 VCC。接 GND 的叫作共阴极数码管,接 VCC 的叫作共阳极数码管。这两者的使用差别不大,但是显示时就需要注意共阴极和共阳极的区别。

77

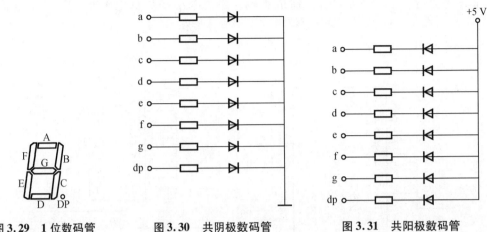

图 3.29 1 位数码管   图 3.30 共阴极数码管   图 3.31 共阳极数码管

举个例子:以图 3.29 为例,要让数码管显示一个数字"1",那么需要将 B、C 亮起来,其他的 LED 熄灭。如果这个数码管是共阴极接法,那么从 a ~ dp 的控制引脚应该是 01100000;而如果是共阳极数码管,那么要使得数码管亮起来,从 a ~ dp 的控制就应该是 10011111。这就是共阴极和共阳极的区别。

接下来言归正传,一般我们只需要收藏一个共阴极的数码管码表或者一个共阳极的数码管码表就可以了,因为 C 语言中有一个比较方便的操作叫作取反。共阴极和共阳极的码表是完全相反的。比如表 3.2 就是一个共阳极的数码管码表。

图 3.2 共阳极数码管码表

字符	0	1	2	3	4	5	6	7
数值	0xC0	0xF9	0xA4	0xB0	0x99	0x92	0x82	0xF8
字符	8	9	A	B	C	D	E	F
数值	0x80	0x90	0x88	0x83	0xC6	0xA1	0x86	0x8E

接下来观察一个 6 位共阴极数码管的电路原理图(图 3.32)。

图 3.32 中,使用了两个 74HC573 芯片,使能引脚分别是 P2.6、P2.7,此外,还有 WE1 ~ WE6 这 6 个控制数码管显示的位,将哪一个位置低电平,该位的数码管就可以通过 ABCDEFGH 输出高电平来控制显示数字。

为什么要用两块 74HC573 芯片呢? 直接连接在单片机上不行吗? 其实,一个一位数码管里面就有 8 个 LED,一个 6 位数码管里面有 48 个 LED,而我们说过,单片机每个引脚最多只能输出 20 mA,而且最多同时支持 6 个。分给这些 LED 使用根本就不够,电流和电压不够,数码管怎么可能会亮起来呢? 这个原因在专业上解释为单片机引脚驱动力不足以驱动比较大功率的负载设备。而且像上面的电路原理图所表示的一样,不看其他,6 位数码管本身控制引脚就需要 14 个,这对于单片机来说就是一个比较大的负担。直接连接在单片机上是不合理的。

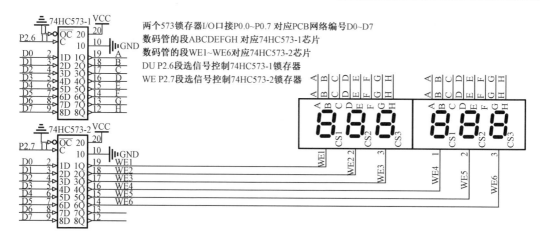

两个573锁存器I/O口接P0.0~P0.7 对应PCB网络编号D0~D7
数码管的段ABCDEFGH 对应74HC573-1芯片
数码管的段WE1~WE6对应74HC573-2芯片
DU P2.6段选信号控制74HC573-1锁存器
WE P2.7段选信号控制74HC573-2锁存器

图3.32　6位共阴极数码管电路原理图

像上一小节所说,只要脑洞够大,这些都不是问题。74HC573 除了可以节省单片机的 I/O 口以外,本身的输出引脚的驱动力也比单片机强上好几倍。用在这里非常合适,刚好可以解决上面所提到的两个问题。

作为一个 6 位共阴极数码管,程序应该怎么写呢?

第一步,引入头文件;

第二步,初始化引脚配置,这个程序比较关键的引脚为 P2.6、P2.7,还有用来控制 74HC573 的 D0 ~ D7 的引脚;

第三步,主函数借用数码管码表,控制数码管循环显示数字 0 ~ 9。

数码管参考程序:

```
#include "reg52. h"
typedef unsigned int u16；    //对数据类型进行声明定义
typedef unsigned char u8；
sbit we = P2^7；  //将单片机的 P2.7 端口定义为位选
sbit du = P2^6；  //将单片机的 P2.6 端口定义为段选
void delay(u16 xms)；  //延时函数
void main()   //主函数
{
    u8 k[10] = {0x3f,0x06,0x5b,0x4f,0x66,0x6d,0x7d,0x07,0x7f,0x6f}；   //显示段码值 0 ~ 9
    u8 i；
    we = 1；  //打开位选
    P0 = 0x00；  //6 个数码管的位选全部打开
    we = 0；  //关闭位选
    while(1)
    {
        for(i = 9;i > = 0&&i < 10;i − −)   //10 个数循环显示
        {
```

```
                du = 1;  //打开段选
                P0 = k[i];  //送入段选信号
                du = 0;  //关闭段选
                delay(3000);  //约3 s
            }
        }
    }

    void delay(u16 xms)
    {
        u16 j,k;
        for(k = xms;k > 0;k - -)
            for(j = 110;j > 0;j - -);
    }
```

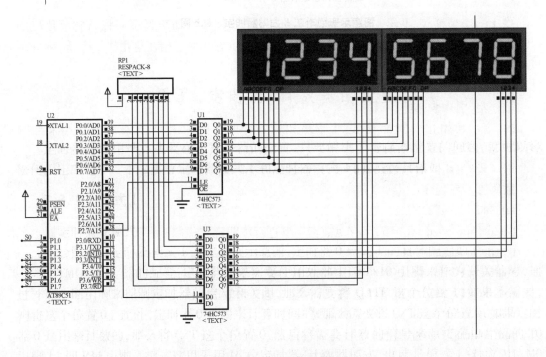

图 3.33　数码管仿真图

上面这段程序的功能现象就是:6 位数码管同时显示 0,隔 3 s 显示 1,隔 3 s 显示 2,隔 3 s……这样一直循环显示下去。然而在生活中,数码时钟还是比较常见的,我们可以看到数码时钟上显示的其实是不同的数值。这是为什么呢? 这里普及一个知识概念,就是静态数码管和动态数码管。

①静态数码管:从控制的角度解释,就是直接锁存住 WE1～WE6 的值,然后通过单片机控制输出 ABCDEFGH 的值来显示在数码管上。

②动态数码管:从控制的角度解释,就是依次控制 WE1 到 WE6,并且显示我们需要显示的数字,这个显示时间非常短,通常只有几十毫秒,但是 1 s 内显示的次数比较多,可能

1 s 需要循环执行几十次。效果就如图 3.33 这张仿真图的效果一般。

思考:①思考一下动态数码管的原理,提前预习下一小节;

②掌握数码管使用后,可不可以和按键结合起来? 可不可以使用矩阵键盘,按相应的按键,显示对应的键值?

3.8 动态数码管

上一小节开始提及动态数码管,在开始学习动态数码管之前,先了解一下"视觉暂留效应",也叫"余晖效应"。

视觉暂留效应:物体在快速运动时,当人眼所看到的影像消失后,人眼仍能继续保留其影像 0.1～0.4 s 的图像,这种现象称为视觉暂留现象,这是人眼具有的一种性质。也就是说,在 0.1 s 内的视觉画面会被我们的眼睛叠加在一起,形成一个叠加画面。动态数码管就是基于这个原理。上一小节我们学习到,想要控制数码管在合适的位显示相应的数字,必须先控制打开 74HC573 - 2 相应的 WE×,关闭其他的 WE×,然后再通过控制 74HC573 - 1 让数码管显示相应的数值。

动态数码管就是在 0.1 s 内,快速地从第一位数码管显示一个数字,然后切换到第二位数码管显示第二个数字,再快速切换到第三位数码管显示第三个数字,一直快速切换显示到最后一位,再回到第一位继续显示第一位数字,一直这样循环切换显示下去。这样一个或者多个循环过程应该控制在 0.1 s 内。这样在人眼看起来,就会因为视觉暂留效应而看到数码管显示不同的数值。

仔细思考之后,尝试着编写一个程序体验一下吧。比如,编写一个从 0 显示到 99 的程序,从 0 开始,每隔 1 s 左右就自动加 1。观察下面的程序,理解学习怎么实现动态数码管。

动态数码管参考程序:

```
#include "reg52. h"
typedef unsigned int u16;    //对数据类型进行声明定义
typedef unsigned char u8;
sbit we = P2^7;    //将单片机的 P2.7 端口定义为位选
sbit du = P2^6;    //将单片机的 P2.6 端口定义为段选
void delay(u16 xms);    //延时函数
void display(u16 number);    //数码管显示函数
void main()    //主函数
{
    u8 i,j;    //无符号字符型数据的范围在 0～255 之间
    we = 1;    //打开位选
    P0 = 0xff;    //6 个数码管的位选全部关闭
    we = 0;    //关闭位选
    while(1)
    {
```

```
            for(i = 0;i < 100;i + + )    //从 0 ~ 99 逐次加 1
                for(j = 0;j < 10;j + + )    //显示 10 次
                    display(i);    //显示数码管函数
    }
}
void delay(u16 xms)
{
    u16 j,k;
    for(k = xms;k > 0;k - - )
        for(j = 110;j > 0;j - - );
}
void display(u8 number)    //数码管显示函数
{
    u8 k[10] = {0x3f,0x06,0x5b,0x4f,0x66,0x6d,0x7d,0x07,0x7f,0x6f};    //数码管
码值 0 ~ 9
    //如果 number 在 10 或者 10 以上,99 以下,执行这个条件
    if(number > = 10&&number < 100)
    {
        du = 1;    //打开段选
        P0 = k[number/10];    //获取十位数数值并送入 P0 口
        du = 0;    //关闭段选

        we = 1;    //位选打开
        P0 = 0x2F;    //打开第五位数码管
        we = 0;    //位选关闭
        delay(50);
        number% = 10;    //获取个位数数值,给下一个 if 使用条件
    }
    //如果 number 在 10 以下,0 以上,执行这个条件
    if(number > = 0&&number < 10)
    {
        du = 1;    //打开段选
        P0 = k[number];    //送入段选信号
        du = 0;    //关闭段选

        we = 1;    //位选打开
        P0 = 0x1f;    //只打开第 6 位数码管
        we = 0;    //位选关闭
        delay(50);
```

```
        }
    }
```

动态数码管比较有趣,但对于初学者来说是一个小难点,需要理解并多加练习。在生活中数码管的应用有很多,比如手表、时钟等任何需要显示数字的地方。之所以应用这么广泛是因为它具有价格低廉、使用简便的特点。

上面讲解了单片机I/O口的应用实例,读者也开始编写程序了,我们对单片机程序编写再总结一下:

第一步,引入头文件和宏定义申明等,这一步不写一般会报非常多的错误,程序报错很多时一般也是从这里开始检查。

第二步,编写初始化函数,一定要养成写初始化函数的习惯,无论初始化函数有多么简单,甚至不需要初始化,也要先做好这些准备工作,这样可以节省后期开发的大量查找报错时间。

第三步,编写程序的主体功能模块函数,每一个功能写成一个函数,当程序过少时可以忽略这一步。

第四步,主函数调用前面编写的主体功能模块,当程序过少时可以直接写在主函数里。

坚持好的编程习惯,虽然开始不太习惯,需要比较多的编程时间,但是这有利于编写稳定性好、可读性强的程序,并且以后移植也方便。

3.9 本 章 小 结

本章对单片机与I/O口相关控制寄存器及配置方法、I/O口功能及应用实例等做了介绍,并给出了相应的源代码,通过本章的学习,读者可学会单片机I/O口的控制及一些常用的应用,比如流水、键盘检测及数码管等。

思 考 题

1. 在STC12C5A60S2芯片中,单片机共有几组I/O口,每组有几个?

2. STC12C5A60S2芯片相比较于STC89C52芯片而言,它的I/O口功能更加强大,适用范围更加广泛。那么请问STC12C5A60S2芯片的I/O口共有几种模式,分别是什么,由哪几个寄存器控制配置?

3. 当晶振为12 MHz,STC12C5A60S2单片机处于1T模式下,为了达到延时1 s的目的,请问单片机需要检测到晶振振荡多少次才能达到目标?

4. 请问在"P1M1 = 0xf3;P1M0 = 0xf7;"这种情况下,单片机的P12口处于什么模式?P13呢? 除了P12、P13,其他I/O口呢?

5. 请问通常情况下,TXD和RXD都有什么功能?

6. 在单片机的使用中,很多时刻单片机都处于不工作状态,请问该怎么降低单片机的功耗问题呢? 这几种降低功耗的方式分别叫什么?

7.单片机在调试过程中经常会出现问题,这时候一般可以通过复位单片机来观察现象,从而找出程序中不合理之处。那么请问单片机的复位方式有几种,分别叫什么?

8.在本章中,使用了 crol 函数和 cror 函数,它们位于哪一个头文件之中?它们和左移符号、右移符号又有什么相同点、不同点?

9.在按键电路中,有时候我们会看见在按键旁边有一个小电容,请问这个电容的作用是什么?

10.请问软件消抖的原理是什么?动态数码管的原理是什么?

11.请问矩阵键盘中,逐行扫描法和行反转法是如何执行的?它们的优缺点在哪里?

第4章 中断系统

本章学习要点:
1. 理解、掌握中断系统的结构;
2. 结合中断系统结构学习、理解寄存器的配置;
3. 掌握中断函数的编写。

中断系统是单片机最核心的部分,学习单片机没学中断系统,那么单片机就算没学到家,可见单片机中断系统有多么重要。这一部分也难倒了很多的初学者。但是在本书中,会尽量以最通俗易懂的方式将它诠释在读者面前,让读者理解并熟练掌握它。

4.1 中断结构

4.1.1 什么是中断?

中断就是打断单片机中正在进行的程序,先执行比较重要的程序,执行完之后再让单片机继续执行原来的程序。一般分为几个步骤:中断请求→记录现在的状态→中断响应→中断返回,恢复之前的状态。

用最简单的话来说,就是你在干一件事,在这期间突然电话响了,这时你放下手中的活去接电话,接完之后又回去干之前干的活。上述的这个事例中,电话响了可以看作是中断请求,放下手中的活是记录现在的状态,去接电话是中断响应,接完电话之后又回去干之前的活可视为中断返回,具有这些特性的事件称之为中断,其过程如图4.1所示。

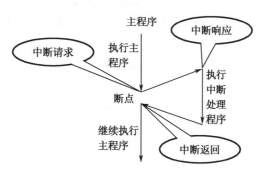

图4.1 中断流程图

4.1.2 中断的作用及优先级

STC12C5A60S2 单片机内部有个 CPU,它每次只能处理一个事件,想象一下,如果单片机的主函数(main 函数)中有一段接收数据的函数时,就必须用 while 语句来判断是否接收到数据。我们都知道,只要 while 语句的判断条件不成立,程序将会在 while 语句中不断循环,这样程序就不会继续执行下去,CPU 也会处于一个等待的过程,就得不到有效的利用。而中断却能解决这个问题,只要将接收数据的函数写在中断服务函数中(下面会介绍),当单片机接收到数据的时候,就会立刻跳到中断服务函数进行数据的接收,这样就不会出现 CPU 等待的过程,从而提高 CPU 的利用率。

单片机的中断系统就是单片机的核心,很多非常重要的功能都离不开中断系统的支持。说了这么久中断系统,那么中断系统的中断源都有什么呢?

如表 4.1 所示,STC12C5A60S2 系列芯片的中断源共有 10 个,它们的优先级按照表 4.1 从上到下依次递减。值得注意的是它们的中断请求标示位和中断允许控制位。当这 10 种中断中某一种中断被触发时,它们相应的中断请求标志位就会变成"1",我们可以通过查询或者编写中断服务函数的方式进行数据的交流。同理,中断允许控制位负责相应的中断的开启和关闭。观察表 4.1 可以看出,每个中断允许控制位都包含了 EA,EA 相当于一个总开关的功能,同时每个中断还有一个属于自己的中断允许控制位,这一个位和 EA 同时为"1"时,开启相应的中断,任何一个为"0"都无法开启相应的中断。

表 4.1　中断入口、触发源、允许控制位

各中断源响应优先级及中断服务函数入口			
中断源	中断向量地址	中断请求标志位	中断允许控制位
INIT0	0003H	IE0	EX0/EA
Timer0	000BH	TF0	ET0/EA
INIT1	0013H	IE1	EX1/EA
Timer1	001BH	TF1	ET1/EA
UART1	0023H	RI + TI	
ADC	002BH	ADC_FLAG	EADC/EA
LVD	0033H	LVDF	ELVD/EA
PCA	003BH	CF + CCF0 + CCF1	(ECF + ECCF1 + ECCF1)/EA
S2	0043H	S2T1 + S2RI	ES2/EA
SPI	004BH	SPIF	ESPI/EA

4.1.3　中断源

单片机的中断源种类繁多,有 INIT0 中断、INIT1 中断;定时器 0、定时器 1;串口 1 中断、串口 2 中断;ADC 中断、LVD、PCA 中断、SPI 中断等。中断源对应中文名称如下所示:

INIT0——外部中断 0,对应的引脚是 P3.2;

Timer0——定时器中断 0,对应的引脚是 P3.4;

INIT1——外部中断 1,对应的引脚是 P3.3;

Timer1——定时器中断 1,对应的引脚是 P3.5;

UART1——串口中断 1,对应的引脚是 P3.0 和 P3.1;

ADC——模拟量采集中断,对应的引脚是 P1 口;

LVD——低电压检测中断,对应的引脚是 P4.6;

PCA——可编程计数阵列中断,对应的引脚是 P1.2 ~ P1.4;

S2——串口中断 2,对应的引脚是 P1.2 和 P1.3;

SPI——高速串行口通信中断,对应的引脚是 P1.4 ~ P1.7。

此外,学习中断系统,必不可少的一点就是了解中断的系统结构,如图 4.2 所示。

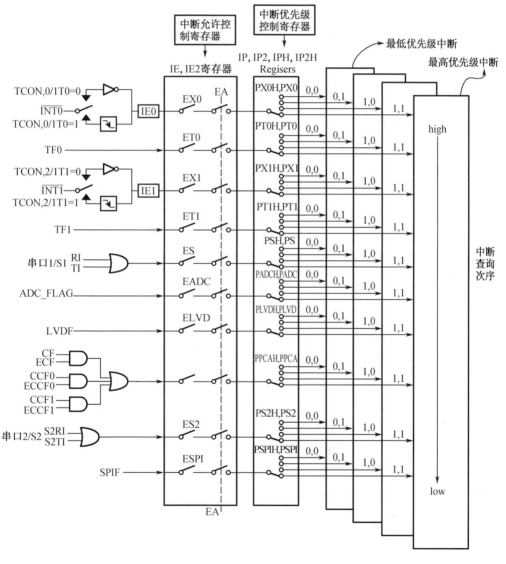

图 4.2 中断系统结构

以 $\overline{\text{INT0}}$ 为例,若要使硬件查询能够查到 $\overline{\text{INT0}}$ 的中断触发源,那么就需要将 TCON 寄存器上的 IT0 配置成 0 或 1,1 代表下降沿触发中断源,0 代表低电平触发外部中断。然后将

IE 寄存器上的 EX0 和 EA 配置 1,最后再将 IP 和 IPH 寄存器的 PX0H、PX0 配置成 0 或 1。默认不配置 IPH 和 IP 寄存器也是可以的,即所有的中断触发源按照表 4.1 的顺序,优先级从高到低向下排列。

只有将这些全部都配置好之后,外部中断信号才能从 $\overline{INT0}$ 这里进入,通过硬件查询得到。但凡有一个寄存器没有配置正确,使用时就会出现没有现象的情况。

在图 4.2 中,IT0 和 IT1 上电时默认就是低电平触发状态,IP 寄存器默认就是所有的中断源都是低优先级。一般在写程序时,我们默认不修改 IP 寄存器。而 IT0 和 IT1 则是看情况来配置 1 或者 0。注意,无论打开哪一个中断,都必须将 IE 寄存器中断和该中断相关的位置 1,否则该中断无法正常工作。

下降沿触发和低电平触发如图 4.3 所示。

下降沿:信号从高电平向低电平转变的过程,可以称为信号的下降沿。

上升沿:信号从低电平向高电平转变的过程,可以称为信号的上升沿。

高电平:信号为"1"时,称为高电平。

低电平:信号为"0"时,称为低电平。

图 4.3 下降沿触发和低电平触发示意图

现在市场上有很多数字型模块,比如红外模块、声敏模块等,它们在识别到物品或者声音响度达到一定值时,就会被触发,进而输出低电平。这种情况下,我们一般选择使用单片机的外部中断,模式设置为下降沿触发或者低电平触发,高电平则是关闭中断不触发。另外,按键的使用一般写在主函数里面,通过不断地进行扫描判断,但是这样极大地占用了单片机的 CPU 资源,所以大部分时候都是将按键连接在外部中断触发引脚上,将模式配置为下降沿触发模式,检测到外部中断的引脚从高电平被拉低为低电平时,触发中断。

4.2 中断寄存器

在上一小节中,引入了一个新的名词——寄存器。寄存器是 CPU 的重要组成部分。如果说 CPU 是一栋楼,那么寄存器就相当于里面的单元房。如同每一个房间都有自己的房号,每个寄存器也都有自己的名字;每一个楼道就相当于 CPU 与寄存器之间的联系纽带,每个寄存器与 CPU 之间通过数据总线连接;每一个单元房大小都一致,每一个寄存器都是 8 位大小的数据空间。

寄存器的功能主要有两个:暂存指令和数据、寻址。其主要作用如下:

①暂存在寄存器中的数据可以用来进行数学运算或者逻辑运算;

②暂存在寄存器中的地址可以用来指向内存中的某个位置;

③可以通过寄存器来进行 I/O 口的读写操作;

④可以通过对寄存器的置位判断中断源的触发。

4.2.1　定时器/计数器控制寄存器

定时器/计数器控制寄存器(TCON)为定时器/计数器 T0、T1 的控制寄存器,在特殊功能寄存器中的字节地址为 88H,位地址从低到高为 88H～8FH,TCON 是一个可进行位寻址操作的寄存器(表 4.2)。TCON 可以来用控制定时器和外部中断的启、停,标志定时器或者外部中断的溢出和中断情况。

表 4.2　TCON 参数

位序号	B7	B6	B5	B4	B3	B2	B1	B0
位符号	TF1	TR1	TF0	TR0	IE1	IT1	IE0	IT0
位地址	8FH	8EH	8DH	8CH	8BH	8AH	89H	88H

①TF1:T1 溢出中断标志。

T1 被允许计数以后,从初始值开始进行加一计数。当产生溢出时,由硬件将 TF1 置"1",向 CPU 请求中断,一直持续到 CPU 响应中断时,才由硬件清"0",也可由软件进行查寄存器操作来清"0"。

②TR1:定时器 1 的运行控制位。

TR1 =1,定时器 1 开始计数;

TR1 =0,定时器 1 停止计数。

③TF0:T0 溢出中断标志。使用方法同 TF1。

④TR0:定时器 0 的运行控制位。使用方法同 TR1。

⑤IE1:外部中断 1 请求源标志。

当 IE1 =1,外部中断向 CPU 请求中断,当 CPU 响应该中断时由硬件清"0"IE1 位。

⑥IT1:外部中断 1 中断源类型选择位。

IT1 =0,外部中断 1 为低电平触发方式;

IT1 =1,外部中断 1 为下降沿触发方式。

⑦IE0:外部中断 0 请求源标志。

当 IE0 =1,外部中断向 CPU 请求中断,当 CPU 响应该中断时由硬件清"0"IE0 位。

⑧IT0:外部中断 0 中断源类型选择位。

IT0 =0,外部中断 0 为低电平触发方式;

IT0 =1,外部中断 0 为下降沿触发方式。

4.2.2　中断允许寄存器 IE 和 IE2

STC12C5A60S2 系列单片机 CPU 对中断源的开放或屏蔽,每一个中断源是否被允许中断,是由内部的中断允许寄存器 IE(IE 为特殊功能寄存器,它的字节地址为 A8H)控制的,IE 寄存器就相当于所有中断的开关配置的地方,所有的中断都需要开启 IE 寄存器上相应的位才能够启用。其格式如下。

1. IE:中断允许寄存器(可位寻址)(表4.3)

表4.3　IE 寄存器(可位寻址)

位序号	B7	B6	B5	B4	B3	B2	B1	B0
位符号	EA	ELVD	EADC	ES	ET1	EX1	ET0	EX0
位地址	AFH	AEH	ADH	ACH	ABH	AAH	A9H	A8H

①EA:CPU 的总中断允许控制位。

EA =1,CPU 开放中断;

EA =0,CPU 屏蔽所有的中断申请。

EA 的作用是使中断允许形成两级控制,即各中断源首先受 EA 控制,其次还受各中断源自己的中断允许控制位控制。

②ELVD:低压检测中断允许位。

ELVD =1,允许低压检测中断;

ELVD =0,禁止低压检测中断。

③EADC:A/D 转换中断允许位。

EADC =1,允许 A/D 转换中断;

EADC =0,禁止 A/D 转换中断。

④ES:串行口 1 中断允许位。

ES =1,允许串行口 1 中断;

ES =0,禁止串行口 1 中断。

⑤ET1:定时/计数器 T1 的溢出中断允许位。

ET1 =1,允许 T1 中断;

ET1 =0,禁止 T1 中断。

⑥EX1:外部中断中断允许位。

EX1 =1,允许外部中断 1 中断;

EX1 =0,禁止外部中断 1 中断。

⑦ET0:T0 的溢出中断允许位。

ET0 =1,允许 T0 中断;

ET0 =0,禁止 T0 中断。

⑧EX0:外部中断 0 中断允许位。

EX0 =1,允许外部中断 0 中断;

EX0 =0,禁止外部中断 0 中断。

2. IE2:中断允许寄存器(不可位寻址:AFH)(表4.4)

表4.4　IE2 寄存器(不可位寻址)

位序号	B7	B6	B5	B4	B3	B2	B1	B0
位符号	—	—	—	—	—	—	ESPI	ES2

①ESPI:SPI 中断允许位。

ESPI = 1,允许 SPI 中断;

SPI = 0,禁止 SPI 中断。

②ES2:串行口 2 中断允许位。

ES2 = 1,允许串行口 2 中断;

ES2 = 0,禁止串行口 2 中断。

STC12C5A60S2 系列单片机复位以后,IE 和 IE2 被清"0",由用户程序置"1"或清"0"IE 和 IE2 相应的位,实现允许或禁止各中断源的中断申请。若使某一个中断源允许中断,必须同时使 CPU 开放中断(EA = 1)和打开中断源相关允许位。

4.2.3 中断优先级控制寄存器 IP、IP2 和 IPH、IP2H

传统 8051 单片机具有两个中断优先级,即高优先级和低优先级,可以实现两级中断嵌套。STC12C5A60S2 系列单片机通过设置新增的特殊功能寄存器(IPH 和 IP2H)中的相应位,可将中断优先级设置为 4 个;如果只设置 IP 和 IP2,那么中断优先级只有两级,与传统 8051 单片机两级中断优先级完全兼容。

一个正在执行的低优先级中断能被高优先级中断所中断,但不能被另一个低优先级中断所中断,一直执行到结束,遇到返回指令 RETI,返回主程序后再执行一条指令才能响应新的中断申请。以上所述可归纳为下面两条基本规则:

①低优先级中断可被高优先级中断所中断,反之,高优先级中断不可被低优先级中断所中断。

②任何一种中断,不管是高级还是低级,一旦得到响应,不会再被它的同级中断所中断。

STC12C5A60S2 系列单片机的各优先级控制寄存器具体如下。

1. IPH

IPH:中断优先级控制寄存器高(不可位寻址)(表4.5)。

表 4.5 IPH 寄存器(不可位寻址)

Address	bit	B7	B6	B5	B4	B3	B2	B1	B0
B7H	name	PPCAH	PLVDH	PADCH	PSH	PT1H	PX1H	PT0H	PX0H

2. IP

IP:中断优先级控制寄存器低(可位寻址)(表4.6)。

表 4.6 IP 寄存器(可位寻址)

Address	bit	B7	B6	B5	B4	B3	B2	B1	B0
B8H	name	PPCA	PLVD	PADC	PS	PT1	PX1	PT0	PX0

在 STC12C5A60S2 中,中断的优先级共有 4 级,最低级为 0,最高级为 3。由 IPH 寄存器

和 IP 寄存器共同控制。

以设置 PCA 中断优先级为例:

①当 PPCAH = 0 且 PPCA = 0 时,PCA 中断为最低优先级中断(优先级 0);

②当 PPCAH = 0 且 PPCA = 1 时,PCA 中断为较低优先级中断(优先级 1);

③当 PPCAH = 1 且 PPCA = 0 时,PCA 中断为较高优先级中断(优先级 2);

④当 PPCAH = 1 且 PPCA = 1 时,PCA 中断为最高优先级中断(优先级 3)。

同样的原理,IP2H、IP2 寄存器配置方式和 IPH、IP 寄存器的配置方式一致。

3. IP2

IP2:中断优先级控制寄存器(不可位寻址)(表 4.7)。

表 4.7 IP2 寄存器(不可位寻址)

SFR name	Address	bit	B7	B6	B5	B4	B3	B2	B1	B0
IP2	B5H	name	—	—	—	—	—	—	PSPI	PS2

4. IP2H

IP2H:中断优先级高字节控制寄存器(不可位寻址)(表 4.8)。

表 4.8 IP2H 寄存器(不可位寻址)

SFR name	Address	bit	B7	B6	B5	B4	B3	B2	B1	B0
IP2H	B6H	name	—	—	—	—	—	—	PSPIH	PS2H

以设置 SPI 为例:

当 PSPIH = 0 且 PSPI = 0 时,SPI 中断为最低优先级中断(优先级 0);

当 PSPIH = 0 且 PSPI = 1 时,SPI 中断为较低优先级中断(优先级 1);

当 PSPIH = 1 且 PSPI = 0 时,SPI 中断为较高优先级中断(优先级 2);

当 PSPIH = 1 且 PSPI = 1 时,SPI 中断为最高优先级中断(优先级 3)。

以设置串口 2 为例:

PS2H、PS2:串口 2 中断优先级控制位。

当 PS2H = 0 且 PS2 = 0 时,串口 2 中断为最低优先级中断(优先级 0);

当 PS2H = 0 且 PS2 = 1 时,串口 2 中断为较低优先级中断(优先级 1);

当 PS2H = 1 且 PS2 = 0 时,串口 2 中断为较高优先级中断(优先级 2);

当 PS2H = 1 且 PS2 = 1 时,串口 2 中断为最高优先级中断(优先级 3)。

中断优先级控制寄存器 IP、IP2、IPH 和 IP2H 的各位都由可用户程序置"1"和清"0"。但 IP 寄存器可位操作,所以可用位操作指令或字节操作指令更新 IP 的内容。IP2、IPH 和 IP2H 寄存器的内容只能用字节操作指令来更新。STC12C5A60S2 系列单片机复位后 IP、IP2、IPH 和 IP2H 均为 00H,各个中断源均为低优先级中断。

STC2C5A60S2 系列单片机各中断优先查询顺序如下:

中断源查询顺序

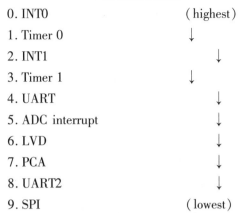

0. INT0	(highest)
1. Timer 0	↓
2. INT1	↓
3. Timer 1	↓
4. UART	↓
5. ADC interrupt	↓
6. LVD	↓
7. PCA	↓
8. UART2	↓
9. SPI	(lowest)

如果使用 C 语言编程,中断查询次序号就是中断号,例如:

void Int0_Routine(void)　　　interrupt 0;

void Timer0_Rountine(void)　interrupt 1;

void Int_Routine(void)　　　interrupt 2;

void Timer_Rountine(void)　interrupt 3;

void UART_Rountine(void)　interrupt 4;

void ADC_Routine(void)　　interrupt 5;

void LVD_Routine(void)　　　interrupt 6;

void PCA_Routine(void)　　　interrupt 7;

void UART2_Routine(void)　interrupt 8;

void SPI_Routine(void)　　　interrupt 9;

　　在 C 语言中,编写单片机中断函数名时,为了让单片机知道哪个是正常函数,哪个是中断函数,通常需要程序员在写中断程序时,根据中断类型的不同,在函数的末尾处加上"interrupt ×",在这里×代表中断查询次序号。注意,interrupt 和 × 之间有一个空格。

4.2.4　串行口控制寄存器

　　串行口控制寄存器(SCON 寄存器)中的 TI 位和 RI 位为中断触发标志位。通常开启串口中断后,程序员通过检测这两个位来判断是否有数据通信发生(表4.9)。

表 4.9　SCON 寄存器(可位寻址)

SFR name	Address	bit	B7	B6	B5	B4	B3	B2	B1	B0
SCON	98H	name	SM0/FE	SM1	SM2	REN	TB8	RB8	TI	RI

　　①RI:串行口 1 接收中断标志。

　　若串行口 1 允许接收且以方式 0 工作,则每当接收到第 8 位数据时自动置"1";

　　若以方式 1、方式 2、方式 3 工作且 SM2 = 0 时,则每当接收到停止位的中间时自动置"1";

　　当串行口以方式 2 或方式 3 工作且 SM2 = 1 时,则仅当接收到的第 9 位数据 RB8 为 1

后,同时还要接收到停止位的中间时自动置"1"。

RI 为 1 表示串行口 1 正向 CPU 申请中断(接收中断),RI 必须由用户的中断服务程序清"0"。

②TI:串行口 1 发送中断标志。

串行口 1 以方式 0 发送时,每当发送完 8 位数据,由硬件置"1";

若以方式 1、方式 2 或方式 3 发送时,在发送停止位的开始时置"1"。

TI =1 表示串行口 1 正在向 CPU 申请中断(发送中断)。

CPU 响应发送中断请求,转向执行中断服务程序时并不将 TI 清"0",TI 必须由用户在中断服务程序中清"0"。

SCON 寄存器的其他位与中断无关,在此不做介绍。

4.2.5 低压检测中断相关寄存器:电源控制寄存器

电源控制寄存器(PCON 寄存器)参数见表 4.10。

表 4.10 PCON 寄存器

SFR name	Address	bit	B7	B6	B5	B4	B3	B2	B1	B0
PCON	87H	name	SMOD	SMOD0	LVDF	POF	GF1	GF0	PD	IDL

LVDF:低压检测标志位,同时也是低压检测中断请求标志位。

在正常工作和空闲工作状态时,如果内部工作电压 VCC 低于低压检测门槛电压,该位自动置"1",与低压检测中断是否被允许无关。即在内部工作电压 VCC 低于低压检测门槛电压时,不管有没有允许低压检测中断,该位都自动为"1"。该位要用软件清"0",清"0"后,如内部工作电压 VCC 继续低于低压检测门槛电压,该位又被自动设置为"1"。

在进入掉电工作状态前,如果低压检测电路未被允许可产生中断,则在进入掉电模式后,该低压检测电路不工作以降低功耗。如果被允许可产生低压检测中断,则在进入掉电模式后,该低压检测电路继续工作,在内部工作电压 VCC 低于低压检测门槛电压后,产生低压检测中断,可将微控制单元(MCU)从掉电状态唤醒。

4.2.6 A/D 转换控制寄存器

A/D 转换控制寄存器(ADC_CONTR)参数见表 4.11。

表 4.11 A/D 转换控制寄存器

bit	B7	B6	B5	B4	B3	B2	B1	B0
name	ADC_POWER	SPEED1	SPEED0	ADC_FLAG	ADC_START	CHS2	CHS1	CHS0

①ADC_POWER:ADC 电源控制位。

当 ADC_POWER =0 时,关闭 ADC 电源;

当 ADC_PWOER =1 时,打开 ADC 电源。

②ADC_FLAG:ADC 转换结束标志位,可用于请求 A/D 转换的中断。

当 A/D 转换完成后,ADC_FLAG = 1,要用软件清"0"。

不管是 A/D 转换完成后由该位申请产生中断,还是由软件查询该标志位 A/D 转换是否结束,当 A/D 转换完成后,ADC_FLAG = 1,一定要软件清"0"。

③ADC_START:ADC 转换启动控制位,设置为"1"时,开始转换,转换结束后为"0"。

A/D 转换控制寄存器 ADC_CONTR 中的其他位与中断无关,在此不做介绍。

4.3　中断处理流程

上一小节寄存器都不要求读者记住,但是需要读者对单片机的寄存器有一个概念,只要知道寄存器到底是什么就可以了。以后在配置寄存器时再返回来看一看,查一查寄存器功能对应位就可以。

上面主要是介绍单片机的所有中断寄存器,接下来就介绍一下中断的运行机制。当某中断产生而且被 CPU 响应,主程序被中断,接下来将执行如下操作:

①当前正被执行的指令全部执行完毕。

②PC 值被压入栈。

③现场保护。

④阻止同级别其他中断。

⑤将中断向量地址装载到程序计数器 PC。

⑥执行相应的中断服务程序。

⑦中断服务程序 ISR 完成和该中断相应的一些操作。ISR 以 RETI(中断返回)指令结束,将 PC 值从栈中取回,并恢复原来的中断设置,之后从主程序的断点处继续执行。

注意:当"转去执行中断"时,引起中断的标志位将被硬件自动清"0"。

用最通俗的话来说,就是哪一个中断源引起中断,主函数就会停止执行程序,转去执行中断服务函数里面的内容,等到中断服务函数执行完毕后,再回到主函数继续执行原先的程序,并且原先引发中断的标志位会被自动清"0"。

4.4　中断的分类及配置思路

在 STC12C5A60S2 中,中断源共有 10 个,分别为 INT0、Timer0、INT1、Timer1、UART1、ADC、LVD、PCA、UART2、SPI。这 10 个中断源分属 6 种不同的配置方式。在这一小节会着重讲解如何将外部中断的配置思路全部写出来,结合图 4.2 来思考。

外部中断 0 配置思路:

①根据现实情况选择外部中断的触发方式为下降沿触发还是低电平触发。将 TCON 寄存器的 IT0 置"0",表示选择低电平触发;将 IT0 置"1",表示选择下降沿触发。

②打开外部中断允许控制位,将 IE 寄存器的 EX0 置"1"。

③配置中断优先级控制寄存器低 IP 和控制中断优先级控制管理器高 IPH,IPH 的 PX0H 和 IP 的 PX0 这两个位控制着外部中断 0 的中断优先级,如果不配置,默认是最低优先级。如果用户需要,也可以将这两个进行设置,提高优先级,具体配置方式可以查看 4.2.3 小节。

④打开总中断,将 IE 寄存器的 EA 位置"1"。

注意:外部中断 1 的配置思路和外部中断 0 一致,不同之处在于 IT0、EX0 变成了 IT1、EX1;IPH 的 PX0H 和 IP 的 PX0 变成了 IPH 的 PX1H 和 IP 的 PX1。除此之外没有其他区别。

4.5　中断方式与 I/O 检测的区别

生活中,外部中断可以应用的场合非常之多。举个例子,第 3 章讲过独立按键,独立按键需要主函数一直检测按键是否有按下,并且根据按下的按键去做相应的事情。以下面的图 4.4 为例进行讲解。

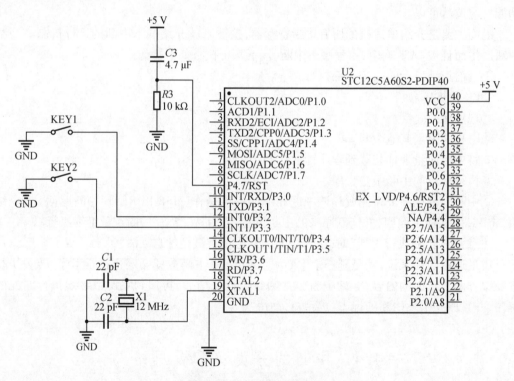

图 4.4　外部中断按键电路

4.5.1　把 P3.2 和 P3.3 作为普通 I/O 使用

编写按键函数时,部分代码如下:

```
#include <STC12C5A60S2.h>
sbit key1 = P3^2;
sbit key2 = P3^3;
void main()
{

    while(1)
    {
```

```
    if( key1 = =0)   //判断第一个按键是否有按下
    {
        //语句 1
    }
    else if( key2 = =0)   //判断第二个按键是否有按下
    {
        //语句 2
    }
}
}
```

上面是一段非常简单的按键扫描程序,一直在扫描两个按键是否有按下,如果有,就执行语句1,或者语句2。这样写可以解决大部分程序问题,但是仍然有一些问题是解决不了的,比如 key1 按下时,程序执行语句 1 的内容,如果此时语句 1 是一个函数,并且这个函数执行时间非常长,在执行这个函数期间,又有另一个按键按下,那么第二个按下的事件就会无法执行。

这时候,引入外部中断就很有必要了。常见的做法是把执行语句时间较长的函数放在主函数去做普通按键识别,把执行语句时间较短的函数放在外部中断服务函数里,这样就可以解决程序的事件时间冲突问题。

4.5.2　把 P32 引脚作为外部中断 0 引脚配置

下面给出一部分按键代码:

```
#include <STC12C5A60S2. h >
sbit key = P3^3;
void main( )
{
    P32 =1;   //首先需要将初始电平拉高,为后面的触发做准备(外部中断 0 引脚)
    IT0 =1;   //下降沿触发
    EX0 =1;   //开启外部中断 0
    EA =1;   //开启总中断
    while(1)
    {
        if( key = =0)   //判断按键是否有按下
        {
            //语句 1
        }
    }
}
void interrupt_0( )interrupt 0   //判断外部中断 0 引脚是否有按下
{
    //语句 2
```

```
    while(！P32)； //等待手指松开
}
```

上面这个程序把执行主体分成了两部分,一部分放在主函数中,另一部分放在外部中断0服务函数里,当程序检测到 key 按键时,程序会执行语句1的内容,这时候如果外部中断0的按键被按下,程序就会优先执行语句2的内容,当语句2的内容执行完毕后,程序回到语句1继续执行。

把程序主体放到中断服务函数还有一个好处:因为按键按下本身是一件未知事件,程序永远无法判断用户什么时候按下按键,所以放在中断服务里面,当被中断源触发时,程序就可以执行,没有被触发时,也不会影响主函数的主体运行程序内容,大大提高了资源的利用率。

4.6 实战应用与提高

红外线在生活中应用非常普遍,比如电视机的遥控器、空调的遥控器等。这一小节的内容就是帮助读者理解红外通信,并给出程序实战,练习解码红外线的数据包。

4.6.2 红外线发射、接收系统介绍

1. 什么是红外线

人的眼睛能看到的可见光按波长从长到短排列,依次为红、橙、黄、绿、青、蓝、紫。其中红光的波长范围为 $0.62 \sim 0.76$ μm;紫光的波长范围为 $0.38 \sim 0.46$ μm。比紫光波长还短的光叫紫外线,比红光波长还长的光叫红外线。红外线遥控就是利用波长为 $0.76 \sim 1.5$ μm之间的近红外线来传送控制信号的。

2. 红外线遥控的系统组成

红外线遥控器已被广泛使用在各种类型的家电产品上,它的出现给电器使用提供了很多的便利。红外线系统一般由红外发射装置和红外接收设备两大部分组成。红外发射装置又可由键盘电路、红外编码芯片、电源和红外发射电路组成。红外接收设备可由红外接收电路、红外解码芯片、电源和应用电路组成。

3. 红外系统的发射方式

红外系统的发射方式常用的有通过脉冲宽度来实现信号调制的脉宽调制(PWM)和通过脉冲串之间的时间间隔来实现信号调制的脉时调制(PPM)两种方法。

目前大量使用的红外发光二极管发出的红外线波长为 940 nm 左右,外形与普通φ5 mm 发光二极管相同,如图 4.5 所示。

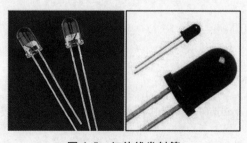

图 4.5 红外线发射管

如果要开发红外接收设备,一定要知道红外遥控器的编码方式和载波频率,我们才可以选取一体化红外接收头和制订解码方案。常用的载波频率为 38 kHz,这是由发射端所使用的 455 kHz 晶振来决定的。在发射端要对晶振进行整数分频,分频系数一般取 12,所以 455 kHz ÷ 12 ≈ 37.9 kHz ≈ 38 kHz。也有一些遥控系统采用 36 kHz、40 kHz、56 kHz 等,一般由发射端晶振的振荡频率来决定。所以,通常的红外遥控器是将遥控信号(二进制脉冲码)调制在 38 kHz 的载波上,经缓冲放大后送至红外发光二极管,转化为红外信号发射出去的。

4. 红外系统的发射、接收原理

红外系统的发射、接收原理如图 4.6 所示。

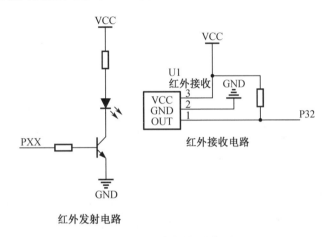

图 4.6　红外系统发送、接收原理图

近几年不论是业余制作还是正式产品,大多都采用成品红外接收头。成品红外接收头的封装大致有两种:一种采用铁皮屏蔽,一种是塑料封装。这两种均有 3 只引脚,即电源正(VDD)、电源负(GND)和数据输出(VOUT),如图 4.7 所示。在使用时注意成品红外接收头的载波频率,另外在遥控编码芯片输出的波形与接收头端收到的波形正好相反。

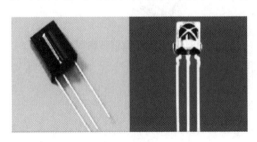

图 4.7　红外一体式接收管

5. 红外编码数据格式

数据格式包括引导码、用户码、数据码和数据反码,编码总占 32 位。数据反码是数据码反相后的编码,编码时可用于对数据的纠错。注意:第二段的用户码也可以在遥控应用电路中被设置成第一段用户码的反码(图 4.8)。

用户码或数据码中的每一个位可以是位"1",也可以是位"0"。"0"和"1"是利用脉冲的时间间隔来区分的,这种编码方式称为脉冲位置调制方式(PPM)。在接收数据码时,当接收到 0.56 ms 的低电平信号后,接收到 0.565 ms 高电平时,代表红外接收管接收到数据"0";当接收到 0.56 ms 低电平信号后,接收到 1.69 ms 高电平信号时,代表红外接收管接收到数据"1"(图 4.9)。

图 4.8   红外数据包格式

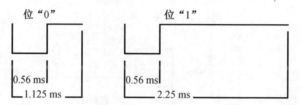

图 4.9   红外信号编码

在本节中,发射器采用 20 键迷你遥控器,如图 4.10 所示。这款发射器采用脉时调制的方式发送编码值。因此我们需要采用脉时调制的方式来进行解码。

图 4.10   20 键迷你摇控器

4.6.2   实验目的及设计方案

1. 实验目的

对红外发射器的每一个按键进行解码,并通过数码管显示出来。

2. 设计原理及思路

(1)发射部分

参照图 4.6,一般发射部分的电路需要一个三极管来放大信号,增强发射的距离,电阻用来保护负载。只需要一个普通 I/O 口控制输出高低电平,三极管就会导通或者截止,从而就可以控制红外二极管发送出我们想要的信号。在发送信号数据时,当发射端发送占空比为 50% 的信号时,接收端输出低电平。当发射端发送低电平信号时,接收端输出高电平。

(2)接收部分

由于接收端接在外部中断 0 引脚上,因此此处最好接一个上拉电阻在红外接收管的输出脚,把电平钳位在高电平,因为外部中断0引脚有两种触发方式,下降沿和低电平触发,这两种触发方式的前提都是先处于高电平才能够被触发。在接收数据时,当收到9 ms 低电平,接着又收到4.5 ms 高电平时,默认就是接收到数据信号,进入接收数据状态,开始接收数据;每次接收数据时,都会先收到一个0.56 ms 的低电平信号,接着接收到0.565 ms 或者1.69 ms 的高电平时间。高电平的时间决定了收到的数据是"0"还是"1"。因此在每次进入外部中断0服务函数时,需要先等待0.56 ms 的低电平时间,然后开始计算高电平时间,在这里取一个数值居中值0.8 ms,当高电平时间小于0.8 ms 时,即是收到数据"0",当高电平时间大于0.8 ms 时,即是收到数据"1"。每次进入外部中断服务函数都让程序读取32位数据,然后退出中断,并把读取到的数据存进缓冲数组里面,等待主函数的调用。

3. 源代码

```c
#include <STC12C5A60S2.h>   //此文件中定义了单片机的一些特殊功能寄存器
typedef unsigned int u16;   //对数据类型进行声明定义
typedef unsigned char u8;
sbit duan = P2^6;   //段选
sbit wei = P2^7;   //位选
sbit IRIN = P3^2;   //红外引脚(外部中断0引脚)
u8 IrValue[6];   //红外数据缓存区
u8 Time;   //时间计算变量
u8 DisplayData[8];   //数码显示数据
u8 code smgduan[17] = {
0x3f,0x06,0x5b,0x4f,0x66,0x6d,0x7d,0x07,
0x7f,0x6f,0x77,0x7c,0x39,0x5e,0x79,0x71,0x76};   //0、1、2、3、4、5、6、7、8、9、A、B、C、D、E、F、H 的数码管显示码值
void delay(u16 i)   //延时函数,延时10 μs
{
    while(i--);
}
void DigDisplay()   //数码管显示函数
{
    u8 i;
    for(i=0;i<3;i++)
    {
        switch(i)   //位选,选择点亮的数码管
        {
            case(0):
                wei=1;P0=0xfe;wei=0;break;   //显示第0位
            case(1):
                wei=1;P0=0xfd;wei=0;break;   //显示第1位
```

```
                case(2)：
                    wei = 1；P0 = 0xfb；wei = 0；break；   //显示第 2 位
            }
            P0 = 0x00；   //消隐
            duan = 1；
            P0 = DisplayData[i]；   //发送数据
            duan = 0；
            delay(100)；   //间隔一段时间扫描
            P0 = 0x00；   //消隐
        }
    }

void IrInit()   //初始化红外线接收
{
    IT0 = 1；   //下降沿触发
    EX0 = 1；   //打开中断 0 允许
    EA = 1；   //打开总中断
    IRIN = 1；   //初始化端口
}

void main()   //主函数
{
    IrInit()；   //初始化红外引脚(开启外部中断 0)
    while(1)
    {
        DisplayData[0] = smgduan[IrValue[2]/16]；   //取红外数据码码值高四位
        DisplayData[1] = smgduan[IrValue[2]%16]；   //取红外数据码码值低四位
        DisplayData[2] = smgduan[16]；   //把"h"赋给数码管数据缓存数组
        DigDisplay()；   //数码管显示数据缓存数组内容
    }
}

void ReadIr() interrupt 0   //读取红外数值的中断函数
{
    u8 j,k；
    u16 err；
    Time = 0；
    delay(700)；   //7 ms
    if(IRIN = = 0)   //确认是否真的接收到正确的信号
    {
        err = 1000；   //1000 * 10 μs = 10 ms,超过说明接收到错误的信号
```

/ * 当两个条件都为真时循环,如果有一个条件为假的时候跳出循环,免得程序出错的时候,程序死在这里 */

```
while((IRIN = =0)&&(err >0))   //等待前面 9 ms 的低电平过去
{
    delay(1);
    err - - ;
}
if(IRIN = =1)   //如果正确等到 9 ms 低电平
{
    err = 500;
    while((IRIN = =1)&&(err >0))   //等待 4.5 ms 的起始高电平过去
    {
        delay(1);
        err - - ;
    }
    for(k =0;k <4;k + +)   //共有 4 组数据
    {
        for(j =0;j <8;j + +)   //接收 1 组数据
        {
            err = 60;
            while((IRIN = =0)&&(err >0))   //等待 560 μs 低电平过去
            {
                delay(1);
                err - - ;
            }
            err = 500;
            while((IRIN = =1)&&(err >0))   //计算高电平的时间长度
            {
                delay(10);   //0.1 ms
                Time + + ;
                err - - ;
                if(Time >30)   //高电平时间超过 3 ms,数据接收出错
                {
                    return;   //退出中断服务函数
                }
            }
            IrValue[k] > > =1;   //数组成员最高位向低位移动一位
            if(Time > =8)   //如果高电平出现大于 565 μs,那么是 1
```

```
                    {
                        IrValue[k] |= 0x80;  //赋值 1 给最高位
                    }
                    Time = 0;  //用完时间要重新赋值
                }
            }
        }
        if(IrValue[2]! = ~IrValue[3])  //数据校验出错,直接退出中断函数
        {
            return;
        }
    }
}
```

4. 代码分析

①外部中断服务函数中,当识别到红外下降沿信号时,先延时 7 ms,如果是误识别,那么这时候电平信号为高电平,如果真的是初始信号,那么这时候电平信号为低电平。

②while((IRIN = =0)&&(err >0)) //等待前面 9 ms 的低电平过去

```
{
    delay(1);
    err - - ;
}
```

当电平进入高电平,或者 err =0 时,就会退出这个 while 循环函数,前者代表起始信号,后者代表程序异常。这种写法的好处就是,即使程序发生一次异常情况,也不会因为异常情况而卡死在某一个 while 循环里,导致整个程序崩溃,而是忽略本次异常信号,为下次信号接收做好准备。

③红外信号时序:起始信号,先收到 9 ms 低电平,再收到 4.5 ms 高电平,然后进入数据接收循环,每接收一个数据位,都要先将电平拉低 0.56 ms,再拉高 0.565 ms 或 1.69 ms,用来区别数据是"0"还是"1"。

④IrValue[k] > > =1; //数组成员最高位向低位移动一位

if(Time > =8) //如果高电平出现大于 565 μs,那么是 1

```
{
    IrValue[k] |= 0x80;  //赋值 1 给最高位
}
```

先将最高位右移一位,再判断接收到的数据是高电平还是低电平,若是高电平,给 IrValue[k] 的最高位置"1"。这段程序是放在两个 for 嵌套循环里面的,因此接收了 32 位的数据,并将数据存储在 IrValue 数组里。

⑤程序的总体思路:先开启外部中断服务函数,然后主函数一直扫描数组 IrValue,并通过数码管显示出来。初始时由于数组中没有获取到数值,所以数码管显示为 00H。外部中

断0服务函数负责获取红外数据,当获取到数据时,将数据存储进 IrValue 中,这时候数组中的值发生改变,因此主函数通过数码管显示出红外接收到的数据值。

4.7　本 章 小 结

本章详细介绍了中断系统的定义及其结构,中断系统的寄存器及其配置方法,并结合应用实例讲述了中断系统在红外线收发系统中的应用。通过本章的学习,读者了解了中断的概念,并掌握了中断的具体使用方法。

思 考 题

1. 中断是什么? 中断有几个中断源,它们的初始优先级是什么?

2. 如果需要修改某一个中断源的优先级,请问需要对哪个寄存器进行赋值操作,该赋值内容是什么?

3. 外部中断0和外部中断1的相关联引脚是什么? 外部中断的触发方式有几种,分别叫什么?

4. 外部中断涉及的寄存器有哪些,分别是它们中的哪一个位?

5. 请问红外发射电路以及红外接收电路的组成主要是什么?

6. 单片机中常用的红外发射、接收管的信号发送频率约为多少?

7. 请问红外的编码格式是什么?

第5章　定时器/计数器

本章学习要点：

1. 熟练掌握定时器的配置方法；

2. 掌握定时器 0 模式 1 和模式 2 的使用；

3. 掌握定时器 1 模式 1 和模式 2 的使用。

5.1　定时器/计数器的相关寄存器

5.1.1　计数及定时的概念

1. 计数的概念

从小学时掰指头计算加法开始，我们的生活就充满了计数的例子，例如：查电费的电表，汽车、摩托车和电车车头处的里程表，建筑工程上的长宽高，仓库货物的统计数量。时钟及秒表等，计数的应用何其之多。举个例子，我们都知道一年有 365 天，这个结论是怎么来的呢？古人以太阳东升西落为 1 天，二十四节气作为轮回，发现 365 天左右节气就会走完一轮，这就是古人计数的概念，将时间和计数结合起来，就有了年的概念。

同样的例子还有，跑步机是怎么知道你跑的速度有多快的呢？跑步机的电机端装有霍尔传感计数器，用来检测磁场的变化，然后把电机的转盘上环绕一圈均匀固定好的小磁石。由于磁石的数目是固定的，那么只要电机转动一圈，传感器就会发送和磁石数目一致的计数脉冲信号，再用一块芯片专门采集脉冲的数目。比如电机转动一圈发出 8 个脉冲信号，那么当人跑步的时候，就可以统计在单位时间内芯片共采集了多少个脉冲信号，信号数目除以 8 就得出圈数，圈数除以时间就得出了电机的转速。这样就通过计数的手段将电机的转速和计数联合了起来。

在单片机中，一般使用的晶振是 12 MHz 晶振，而单片机上面默认是 12 分频，因此晶体振荡器本身一秒振荡 1 MHz 次，每次振荡的时间就是 1 μs。晶振的频率本身非常准确，所以每次振荡的时间也就非常准确。定时器/计数器的概念就是通过把晶振振荡源作为输入，计算输入的脉冲振荡个数，通过个数来实现定时的功能。

2. 计数器的容量

生活的盆子、水桶等容器，只要倒入其中的水足够多，水总有一天会溢出来，这是因为容器的容量是固定的。计数器本身也是有容量的。在 STC12C5A60S2 单片机中，共有三个定时/计数器，分别称为 T0、T1、T2。这三个计数器都是由两个 8 位的 RAM 单元组成，每个计数器都是 16 位，最大计数值就是 2 的 16 次幂，计数范围就是 0～65535。当计数脉冲来临时，每次计数器就会自动加 1，当数值加到 65535 时，计数器本身就记满了，这时候再来一个脉冲，计数器就会溢出，触发中断，并且计数器又回到 0 开始计数。

3. 定时的概念

芯片中的计数器除了用来计数以外,还可以用来计算晶体振荡器振荡产生的脉冲个数。晶体振荡器每振荡一次,就会产生一个 1 μs 周期的脉冲信号。通过对这个脉冲信号进行计数,就可以确定时间的长短。比如设置 1 h 后闹钟响,换而言之,我们知道 1 h 有 3600 s,那么使用单片机设置一个变量,变量初始值为 0,一个 1 s 的定时,每次触发定时器中断就将这个变量进行加 1 操作,并且判断变量的值是否达到 3600。如果达到,就代表时间已经过去 1 h。

那么怎么才能设置一个准确 1 s 的定时呢?举个例子,假设我有一个空杯子,装满水需要 10000 滴。把这个杯子放在一个每秒滴水一次的水龙头下,那么 10000 s 后我的水杯装满,10001 s 时,水杯的水就会溢出。那如果我的杯子提前装了 9000 滴水了呢?装满它就只需要 1000 s 的时间。

定时器的计数原理也是一样的,定时器的最大计数范围是 0 ~ 65535,记满就会溢出。而前面已经提到过,晶振工作时,每振荡一次时间都是 1 μs。那定时 100 μs 就是将初始值装入 65435(65536 - 100),只要晶体振荡器振荡 100 次,并且被计数器采集,那么就会触发定时器中断,实现定时 100 μs 的功能。

5.1.2 定时器/计数器控制寄存器

定时器/计数器控制寄存器(TCON 寄存器)为定时器/计数器 T0、T1 的控制寄存器,同时也锁存 T0、T1 溢出中断源和外部请求中断源等,这节中只使用到了 TCON 的高四位,低四位在这里不做过多讲解。TCON 格式见表 5.1。

表 5.1　TCON 寄存器(可位寻址)

SFR name	Address	bit	B7	B6	B5	B4	B3	B2	B1	B0
TCON	88H	name	TF1	TR1	TF0	TR0	IE1	IT1	IE0	IT0

①TF1:定时器/计数器 T1 溢出标志。

T1 被允许计数以后,从初值开始加 1 计数。当最高位产生溢出时由硬件置"1"TF1,向 CPU 请求中断,一直保持到 CPU 响应中断时,才由硬件清"0"TF1(TF1 也可由程序查询清"0")。

②TR1:定时器 T1 的运行控制位。

该位由软件置位和清"0"。

当 GATE(TMOD.7) = 0,TR1 = 1 时就允许 T1 开始计数,TR1 = 0 时禁止 T1 计数。

当 GATE(TMOD.7) = 1,TR1 = 1 且 INT1 输入高电平时,才允许 T1 计数。

③TF0:定时器/计数器 T0 溢出中断标志。

T0 被允许计数以后,从初值开始加 1 计数,当最高位产生溢出时,由硬件置"1"TF0,向 CPU 请求中断,一直保持 CPU 响应该中断时,才由硬件清"0"TF0(TF0 也可由程序查询清"0")。

④TR0:定时器 T0 的运行控制位。

该位由软件置位和清"0"。

当 GATE(TMOD.3)=0,TR0=1 时就允许 T0 开始计数,TR0=0 时禁止 T0 计数。

当 GATE(TMOD.3)=1,TR0=0 且 INT0 输入高电平时,才允许 T0 计数。

5.1.3 定时器/计数器工作模式寄存器

定时和计数功能由特殊功能寄存器定时器/计数器工作模式寄存器(TMOD 寄存器)的控制位 C/T 进行选择,TMOD 寄存器的各位信息如下表所列。可以看出,两个定时器/计数器有 4 种工作模式,通过 TMOD 的 M1 和 M0 选择。两个定时器/计数器的模式 0,1,2 都相同,模式 3 不同,各模式下的功能见表 5.2。

表 5.2 TMOD 寄存器

bit	B7	B6	B5	B4	B3	B2	B1	B0
name	GATE	C/T	M1	M0	GATE	C/T	M1	M0
定时器	定时器 1				定时器 0			

①位 7,3。GATE:定时操作开关控制位,当 GATE=1 时,INT0 或 INT1 引脚为高电平,同时 TCON 中的 TR0 或 TR1 控制位为 1 时,定时器/计数器 0 或 1 才开始工作。若 GATE=0,则只要将 TR0、TR1 控制位设为 1,定时器/计数器 0 或 1 就开始工作。

②位 6,2。C/T:定时器/计数器功能的选择位。C/T=1 为计数器,通过外部引脚 T0 或 T1 输入计数脉冲;C/T=0 时为定时器,由内部系统时钟提供计时工作脉冲。通过 C/T 位的设置,可以选择定时器的时钟源。C/T=1,定时器以计数器方式工作(即外部输入脉冲,对应 P3.4、P3.5);C/T=0 时,以定时器方式工作,此时对内部时钟脉冲计数。当定时器用来对内部时钟脉冲计数时,可通过硬件或软件来控制。

GATE=0 为软件控制,置位 TR×=1,定时器就开始工作;GATE=1 为硬件控制,当 TR×=1 且 INT×=1 时定时器开始工作,当 INT×=0 时定时器停止工作。这在测量 INT×脚的脉冲宽度时十分有用,此时 INT 不做中断。

③位 5,1。M1 工作模式选择高位。

④位 4,0。M0 工作模式选择低位。见表 5.3。

表 5.3 M1、M0:选择 T1/T0 工作模式选择位

M1	M0	工作模式
0	0	方式 0,13 位定时器/计数器
0	1	方式 1,16 位定时器/计数器
1	0	方式 2,8 位自动加载计数器
1	1	方式 3,仅适用于 T0,定时器 0 分为两个独立的 8 位定时器/计数器及 TL0,T1 在方式 3 时停止工作

5.1.4 辅助寄存器 AUXR

STC12C5A60S2 系列单片机是 1T 的 8051 单片机,为兼容传统 8051,定时器 0 和定时器

1 复位后是传统 8051 的速度,即 12 分频,这是为了兼容传统 8051。但也可不执行 12 分频,通过设置新增的特殊功能寄存器 AUXR,将 T0、T1 设置为 1T(表5.4)。普通 111 条机器指令是固定的,快 3 到 24 倍,无法改变。

表5.4 AUXR:辅助寄存器

SFR name	Address	bit	B7	B6	B5	B4	B3	B2	B1	B0
AUXR	8EH	name	T0x12	T1x12	UART_M0x6	BRTR	S2SMOD	BRTx12	EXTRAM	S1BRS

①T0x12:定时器 0 速度控制位。

0,定时器 0 速度是 8051 单片机定时器的速度,即 12 分频;

1,定时器 0 速度是 8051 单片机定时器速度的 12 倍,即不分频。

②T1x12:定时器 1 速度控制位。

0,定时器 1 速度是 8051 单片机定时器的速度,即 12 分频;

1,定时器 1 速度是 8051 单片机定时器速度的 12 倍,即不分频。

5.2 定时器/计数器的工作模式

定时器共有 4 种工作模式,分别是模式 0、模式 1、模式 2 及模式 3。其中模式 0 是 13 位定时器/计数器,应用中比较少见;模式 1 是 16 位定时器/计数器,应用中经常用这种模式来定时或者计数;模式 2 为 8 位自动加载计数,应用中经常将这种模式应用于对时间要求比较高的设计场景;模式 3 是两个 8 位计数器,仅工作在定时器 0 上,当选用这个模式时,定时器 0 的 TH0 会被映射到定时器 1 的 TF1 位上,因此模式 3 只能用在定时器 0 上,不能用在定时器 1 上。各种工作模式的详细介绍如下。

5.2.1 模式 0 和模式 1

定时器模式 0、模式 1 工作原理如图 5.1、图 5.2 所示。

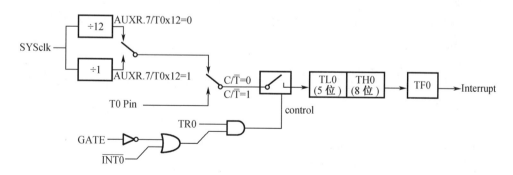

图5.1 定时器模式 0 工作原理示意图

可以看出,模式 0 和模式 1 的原理图差别不大,唯一的差别就在于模式 0 的 TL0 只用到了低 5 位,而模式 1 的 TL0 全部都用上了。由于模式 0 的 TL0 没有全部用上,在数据处理上

50000)就是我们要开始的初始值,然后分给两个寄存器 TH0 和 TL0。TH0 负责初始值的高8位,因此把这个值除以 2 的 8 次方(256),得到的结果就是 TH0 需要的高 8 位的初始值。而 TL0 负责初始值的低 8 位,因此将这个值取余,得到的就是 TH0 需要的低 8 位的初始值。

4. 配置 TCON 寄存器

将 TCON 寄存器的 TR0 位置 1。当 TR0 = 1 时,每进来一个信号,TL0 就加 1,加满 255之后下一个脉冲信号就让 TH0 加 1,然后 TL0 从 0 开始继续计数。直到 TH0 计满溢出,这时候就会触发中断。按照初始值每次加 1,那么需要计数 50000 次,合计 50 ms。这样就实现了定时器定时 50 ms 的目的。

5.2.2　模式 2

定时器模式 2 工作原理如图 5.3 所示。

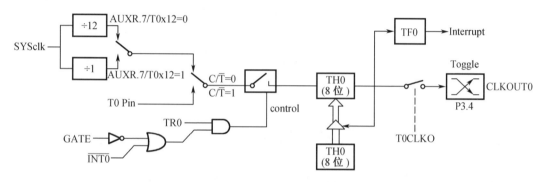

图 5.3　定时器模式 2 工作原理示意图

模式 2 的结构和模式 1 有些差别,主要在于 TH0 和 TL0 这两个控制器上。模式 1 是把TH0 和 TL0 拼在一起,形成一个 16 位的定时计数器。这样的好处是扩展了计数范围,足以应对生活中绝大多数的事件;缺点是这种模式不适合用来做秒表之类的时间仪器。因为每次触发中断后都需要在程序里重新给 TH0 和 TL0 赋初始值,虽然时间非常短,但是还是会造成时间不够精准的问题。而这个问题模式 2 就可以很好的解决。模式 2 把 TH0 拆分出来,用 TL0 来计数,用 TH0 来存储初始值。计算原理和模式 1 一样,但是不同之处在于,当单片机触发中断后,TH0 会自动将自身存储的初始值赋给 TL0 并开始下一轮计数,这样就解决了重新赋初始值导致时间计数不精准的问题。

5.2.3　模式 3

定时器模式 3 工作原理如图 5.4 所示。

模式 3 和模式 2 类似,但是没有自动重装值功能,它把 TH0 映射到定时器 1 的空间上去,这样就扩展了一个 8 位的定时计数器。但是在生活中,没有人会这么做,这样做是建立在牺牲定时器 1 的基础之上的。而我们知道,模式 1 是 16 位计数器,不仅可以用在定时器0 也可以用在定时器 1 上,而且它的计数范围是模式 3 的 256 倍。显然模式 3 使用起来未免有些得不偿失,因此本书只要求掌握模式 1 和模式 2 就是这个原因。

STC单片机原理与应用开发——实例精讲(从入门到开发)

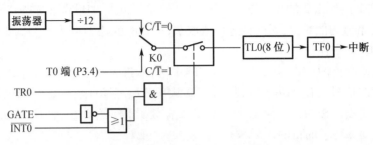

(a)TL0 作 8 位计数器的逻辑图

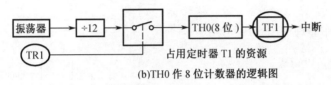

(b)TH0 作 8 位计数器的逻辑图

图 5.4　定时器模式 3 工作原理示意图

5.3　定时器/计数器的配置

定时器的使用难点主要在于寄存器的配置,只要解决了寄存器配置的问题,就可以轻松使用定时器了。本书讲解定时器模式 1 和定时器模式 2 的配置,具体如下。

5.3.1　模式 1

1. 定时器 0 模式 1

结合图 5.2 定时器模式 1 工作原理示意图,定时器 0 模式 1 的具体配置如下。

①TMOD 寄存器的配置:定时器如果需要使用外部中断 INT0 引脚来作为开关信号,通过外部中断引脚来控制定时器的启动和关闭,那么需要将 GATE 这个位置 1,如果不需要,则将这个位置 0。此外,定时器 0 是用来计算时间的,那么需要将 C/T 这个位置 0,如果定时器 0 是用来计数的,那么将 C/T 这个位置 0,然后将需要计数的信号来源接在单片机的 T0 引脚上,即 P34 引脚。模式这里采用 16 位定时器/计数器模式,也就是模式 1,对应 M1、M0 位的配置是 01。

②AUXR 寄存器的配置:这里使用定时器 T0,默认模式是 12 分频。因此需要将 AUXR 的第 7 位,也就是 T0x12 位置 0(默认就是这个模式,可以不对其进行配置)。如果选择不分频,那么就将这个位置 1,单片机的定时器计数速度会变快 12 倍左右。

③TH0 和 TL0 这两个寄存器的配置:一般硬件晶振都是 12 MHz 晶振居多,或 11.0592 MHz,12 分频之下就是大约 1 μs 振荡一次。而这两个寄存器在模式 1 下组合成一个 16 位的计数空间,大小为 0 ~ 65535,TH0 负责 16 位数据的高 8 位,TL0 负责 16 位数据的低 8 位。定时 10 ms 的话,10 ms 就相当于 10000 μs,可以采取下面的写法:

TH0 = (65535 - 10000)/256;TL0 = (65535 - 10000)%256;

也可以写成:

112

$TH0 = 55535/256$；$TL0 = 55535\%256$；

或者可以写成：

$TH0 = 216$；$TL0 = 239$；或者是 $TH0 = 0xd8$；$TL0 = 0xef$；

这几种写法其实都是等价的。

④TCON 寄存器配置：将 TCON 寄存器中的 TR0 位置 1 表示开启定时器，置 0 表示关闭定时器。

⑤打开总中断，$EA = 1$。

⑥编写中断函数。

2. 定时器 1 模式 1

定时器 1 的模式 1 配置步骤和上面的步骤一模一样。唯一需要注意的地方就是每一个寄存器配置的位不同而已，比如表 5.2 中的 TMOD 寄存器，高 8 位控制定时器 1，低 8 位控制定时器 0。

5.3.2 定时器 0 模式 2

定时器 0 模式 2 的具体配置方法如下。

①TMOD 寄存器的配置：定时器如果需要使用外部中断 INT0 引脚来作为开关信号，通过外部中断引脚来控制定时器的启动和关闭，那么需要将 GATE 这个位配置成 1，如果不需要，则将这个位设置成 0。此外，定时器 0 是用来计算时间的，那么需要将 C/T 这个位置 0；如果定时器 0 是用来计数的，那么将 C/T 这个位置 0，然后将需要计数的信号来源接在单片机的 T0 引脚上，即 P34 引脚。模式这里采用 8 位自动重装定时计数器模式，也就是模式 2，对应 M1、M0 位的配置是 10。

②AUXR 寄存器的配置：这里使用定时器 T0，默认模式是 12 分频。因此需要将 AUXR 的第 7 位，也就是 T0x12 位置 0（默认就是这个模式，可以不对其进行配置）。如果选择不分频，那么就将这个位置 1，单片机的定时器计数速度会变快 12 倍左右。

③TH0 和 TL0 这两个寄存器的配置：TH0 在此处用来存储初始值，TL0 用作计数。另外 TL0 和 TH0 都只有 8 位，赋值范围在 0 ~ 255 之间，不能超过这个范围。以定时 $100~\mu s$ 为例，可以直接写成：

$TH0 = 256 - 100$；$TL0 = 256 - 100$；

④配置 TCON 寄存器。将 TCON 寄存器中的 TR0 位置 1 表示开启定时器，置 0 表示关闭定时器。

⑤打开总中断，$EA = 1$。

⑥编写中断函数。

5.4 定时器的适用场合和快速开发

下面介绍定时器的应用场合，同时针对定时器烦琐的配置，进一步介绍一种辅助开发软件以提高开发效率。

5.4.1 定时器的适用场合

本书推荐熟练使用定时器/计数器的模式 1 和模式 2,模式 0 和模式 3 只需要了解即可。应用中使用到单片机的场合主要有以下几个,只要稍微思考一下就可以针对性地写出程序。

1. 用作定时器

定时时间精度要求比较高、定时时间比较长,比如一分钟、一个小时、一天之类的时间,一般采用模式 2;定时时间精度要求不高、定时时间比较短,比如一秒钟、一分钟时,一般采用模式 1。一般没有什么特殊情况,推荐使用模式 2 来作为定时器使用。生活中使用定时器的场景主要有秒表、时间表、计算时间、计算脉宽等。

2. 用作计数器

计数器一般推荐使用模式 1,16 位的空间比较大,模式 2 的计数空间比较小。在生活中用作计数器的场合比较少,一类是用来计算信号的个数,比如送进来一个连续变化的信号,通过计数器模式就可以清楚记录下来。一般使用在脉冲设备上,比如水流量计,根据脉冲数就可以统计水的流量;比如光电门,识别到一个信号就发送一次脉冲,通过记录脉冲可以使用在跑步机等测速设备上。

3. 用作波特率发生器

市场上有很多模块类设备,不乏使用串口的、使用 SPI 的、使用 IIC 的,等等。使用串口的设备就涉及波特率,单片机的定时器也可以作为波特率发生器使用,在下一章会进行讲解。

4. 作为 PWM 波使用

通过控制定时器来操控电平的脉宽、频率等,输出想要的电压值,常用来控制小车电机、呼吸灯等。

有人会觉得定时器的配置很烦琐,不过有烦恼的地方皆有解决的方案。STC 芯片在出厂时,生产商的烧录下载软件上就已经将这些配置都为用户提供好了,用户只需要轻松调用这个软件就可以直接取得配置后的程序。

5.4.2 采用 STC – ISP 快速开发

本书中,使用的是 STC12C5A60S2 的 51 芯片,下载程序使用的是 STC – ISP。定时器的初始化配置对于我们来说编写起来比较麻烦,考虑到这个缘故,STC 公司在 STC – ISP 软件上(图 5.5)集成了很多节约时间的小工具,比如上面的波特率计算器、定时器计算器等。下面以配置定时器的初始化配置为例进行介绍。

①在左上方的单片机型号处,选择我们使用的单片机型号。

②在右上方的系统频率处,选择单片机的当前晶振频率,一般用得比较多的是12 MHz和 11.0592 MHz。

③在定时时间长度处,选择时间单位为微秒(初始化一般都是在微秒或者毫秒级别),长度处填入要定时的时间,如图 5.5 中所示就是 100 ms。

④在选择定时器处选择单片机的定时器,图 5.5 中选择为定时器 0,也可以改为定时器 1 等。

⑤选择定时器模式,对应前面讲的模式 0:13 位定时器;模式 1:16 位定时器;模式 2:8 位自动重装定时器;模式 3:双 8 位定时器。

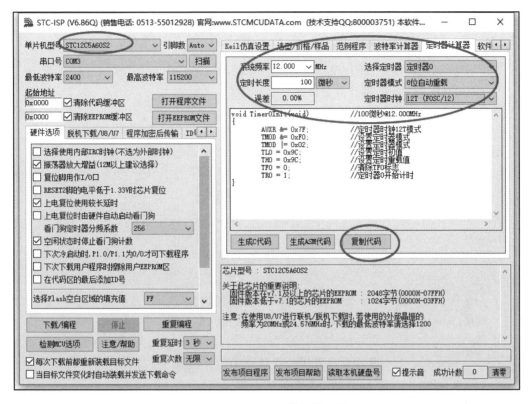

图5.5 STC – ISP软件界面图

⑥在定时器时钟处,选择1T或者12T,1T代表全速运行,12T代表十二分频。
⑦复制代码。将复制的代码放入程序的初始化程序即可。
⑧在初始化函数里,加入EA = 1;默认是不开启,所以这一句一定要加上!

5.4.3 快速开发编程实例

快速开发编程的目的在于能够节省开发者的时间和精力,让我们能在更短的时间内完成关于定时器的开发。一般我们把编程实例快速开发分成4步。
①按照5.4.2的步骤生成一个初始化程序的代码。
②将代码复制进程序文件中。
③在主函数调用这个初始化程序的代码。
④编写中断服务函数。
下面参照5.2、5.3节中的定时器0模式2,利用快速开发编程实例的步骤编写程序。
参考程序:采用STC – ISP生成初始化定时器程序

```
#include "STC12C5A60S2. h"
unsigned int i = 0;
void Timer0Init(void)   //定时长度100 ms,系统频率12.000 MHz
{
    AUXR & =0x7F;   //定时器时钟12T模式
    TMOD & =0xF0;   //设置定时器模式
```

```
    TMOD | = 0x02；  //设置定时器模式
    TL0 = 0x9C；  //设置定时初值
    TH0 = 0x9C；  //设置定时重载值
    TF0 = 0；  //清除 TF0 标志
    TR0 = 1；  //定时器 0 开始计时
    EA = 1；  //开启总中断,这一句一定要加上
}
void main( void)
{
    Timer0Init( )；  //在主函数里调用初始化函数
    while(1)；
}
void interrupt_T0( )interrupt 1   //编写中断服务函数
{
    i + +；  //每产生一次中断,i 便加 1,用来计算中断次数
    if( i = =10000)   //如果产生了 10000 次中断(即 1 s)
    {
        i = 0；  //中断次数计数用的变量清"0",下次进入中断将重新计数
    P1 = ~ P1；  //使 LED 状态与当前状态相反
    }
}
```

程序分析:通过采用定时器 0 模式 2,配置一个 100 μs 的中断,每次定时器触发中断时,全局变量 i 自动加 1,执行到 10000 次时,时间达到 1 s,MCU 控制 P1 口输出电平取反,并将 i 清"0"。

5.5 定时器/计数器简单实例介绍

5.5.1 硬件原理图理解

控制单片机的 LED 亮灭在之前我们已经讲过,之前用的是延时函数,但是延时函数只是一个粗略的数字,实际误差非常大。因此学习定时器后,我们可以尝试用定时器 0 来控制 LED 一秒亮一秒灭的效果。其硬件接线如图 5.6 所示。

5.5.2 实现功能

通过定时器 0 的模式 1 配置,产生 1 s 的中断,每次进入中断就执行 P1 口输出取反功能,从而实现 8 个 LED 全亮、全灭循环控制。

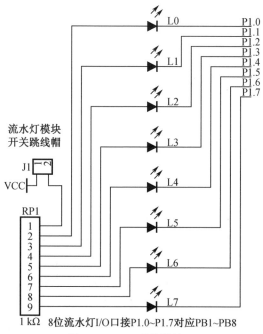

图5.6 LED硬件接线图

5.5.3 参考程序1

1. 源代码

使用定时器 0 模式 1：

```
#include "STC12C5A60S2. h"
unsigned int i = 0;
void main(void)
{
    TMOD = 0X01;   //对 T0 设置,采用模式1,16 位定时计数器模式
    TH0 = 0XEC;   //T0 定时器初值的高 8 位为 236
    TL0 = 0;   //T0 定时器初值的低 8 位为 0,236 * 256 + 0 = 60535(延时时长为 5 ms)
    ET0 = 1;   //打开定时器 T0 中断(第 4 章讲过,开什么中断就将相应的允许控制位打开)
    TR0 = 1;   //打开定时器 T0 计数
    EA = 1;   //打开总中断
    while(1);   //程序停留在这里,就是主程序什么都不执行,使用定时器来控制 LED 的亮灭
}
void interrupt_T0()interrupt 1   //定时器 0 的中断服务函数(一定要加 interrupt 1)
{
    TR0 = 0;   //在执行定时器中断的过程中,首先停止定时器计数
    i ++ ;   //每产生一次中断,i 便加 1,用来计算中断次数
```

```
    TH0 = 0XEC；  //重新清"0"定时器初值
    TL0 = 0；
    if(i = = 200)   //如果产生了200次中断(200 * 5 ms = 1 s)
    {
        i = 0；  //中断次数计数用的变量清"0",下次进入中断将重新计数
        P1 = ~ P1；  //使LED状态与当前状态相反
    }
    TR0 = 1；  //退出中断程序之前,先打开定时器T0让其计数
}
```

2.代码分析

通过配置定时器模式1,产生一个5 ms的定时器,每次进入中断服务函数时,定义的全局变量自动加1,当执行至200次时,加满1 s,开始执行P1口输出的取反,同时一定要清除i,进行重新赋值。

上面的程序相对比较简单,每次定时5 ms,执行200次即可。但是如果对单片机理解比较深时,仔细观察中断服务函数,会发现每次进入中断服务函数,需要先关掉定时器0,执行完中断服务函数后再开启定时器0。每次都会这样执行一次,执行这些程序不需要时间吗? 答案是需要的,所以虽然这时候的定时已经很准了,实际上还是有微小的时间误差的。

下面再给出采用定时器0的模式2来实现1 s定时改变P1口输出电平,实现LED的全亮、全灭循环。

5.5.4 参考程序2

1.源代码

采用定时器0模式2:

```
#include "STC12C5A60S2. h"
unsigned int i = 0；
void main(void)
{
    TMOD = 0X02；  //对T0设置,采用模式2,8位自动重装定时计数器模式
    TH0 = 0x9C；  //TH0用来记录初始值(156)@12.000 MHz
    TL0 = 0x9C；  //T0定时器初值的低8位为0(延时时长为100 μs)
    ET0 = 1；  //打开定时器T0中断
    TR0 = 1；  //打开定时器T0计数
    EA = 1；  //打开总中断
    while(1)；
}
void interrupt_T0( ) interrupt 1
{
    i + +；  //每产生一次中断,i便加1,用来计算中断次数
    if(i = = 10000)   //如果产生了10000次中断(即1 s)
    {
```

```
        i = 0；  //中断次数计数用的变量清"0"，下次进入中断将重新计数
        P1 = ~P1；  //使 LED 状态与当前状态相反
    }
}
```

2.代码分析

通过采用定时器 0 模式 2,配置一个 100 μs 的中断,每次定时器触发中断时,全局变量 i 自动加 1,执行 10000 次即可达到定时 1 s 的目的。

注意:中断服务函数执行的时候,硬件会自动将 TH0 里面的初始值赋给 TL0,开启新一轮的定时功能,这个过程和中断服务函数是同时执行的,因此不会有时间的误差存在,时间的精度只受芯片的晶振电路和温度问题影响。

思考:①采用 8 位自动重装定时计数器模式,尝试结合数码管来显示 1 min 的时间,看看会不会有误差。②尝试使用模式 1,采用外部中断 0 来控制定时器的启动和停止,用数码管来显示时间,做一个简易的秒表。

5.6 实战应用与提高

门铃在生活中随处可见,它的硬件结构并不复杂,主要构成是按键、喇叭、控制发声芯片。在这一节里,我们将使用蜂鸣器、定时器和按键来设计一个生活中常见的门铃以实现如下功能:当检测到有按键按下时,开启定时器,定时器控制蜂鸣器发出"叮咚"的声音。

5.6.1 什么是蜂鸣器

蜂鸣器是一种一体化结构的电子讯响器,采用直流电压供电,广泛应用于计算机、打印机、复印机、报警器、电子玩具、汽车电子设备、电话机、定时器等电子产品中做发声器件。蜂鸣器主要分为两大类:有源蜂鸣器和无源蜂鸣器(图 5.7)。

(a) 有源蜂鸣器

(b) 无源蜂鸣器

图 5.7 有源蜂鸣器和无源蜂鸣器

注意:这里的源指的不是电压源或者电流源,而是指振荡源。

硬件上的区别主要看底部引脚端,因为有源蜂鸣器底部引脚端是密封的,而无源蜂鸣器底部引脚端是裸露的。这一点非常好认。

驱动方式上的区别主要看控制蜂鸣器的引脚。有源蜂鸣器给电就会振荡发声,声音频率是固定的,一般用在报警信号上。无源蜂鸣器没有振荡源,因此需要控制蜂鸣器的引脚

来输出方波信号,进而控制无源蜂鸣器发声。

市场上大部分的蜂鸣器都是5 V供电。蜂鸣器的声音大小与驱动蜂鸣器的电流大小有关。图5.8为门铃驱动原理图。

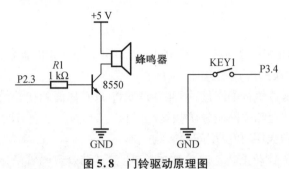

图5.8 门铃驱动原理图

本节我们的硬件上使用的是无源蜂鸣器,有源蜂鸣器无法达到发声"叮咚"的效果。

5.6.2 无源蜂鸣器的硬件驱动理解

上一小节说到无源蜂鸣器内部没有振荡源,无法直接通电发声,而是需要我们通过引脚的快速开关来输出模拟振荡源,使蜂鸣器发声。

无论是有源蜂鸣器还是无源蜂鸣器,驱动电路都可以使用图5.8的电路来设计。图5.8中的8550是一个NPN型三极管,起到放大信号的作用。由于是NPN型三极管,所以当P2.3引脚为低电平时,三极管导通,蜂鸣器有电流流过,当P2.3为高电平时,三极管截止,蜂鸣器电路被断开。R1起到限流保护P2.3的作用,同时控制P2.3电流的流出,流出P2.3的电流经过NPN三极管的放大后用来驱动蜂鸣器。举个例子,假设蜂鸣器需要的最大驱动电流是500 mA,电压是5 V,三极管的放大倍数是100倍,三极管的压降为0.7 V。那么就要求P23口的驱动电流必须不大于5 mA,才能在三极管的放大倍数下驱动蜂鸣器进行发声。P23的输出电压是5 V,三极管本身压降是0.7 V,那么电阻本身的电压为5 - 0.7 = 4.3 V,4.3 V除以5 mA,结果算出来电阻是860 Ω。所以我们的电阻值最好应该大于860 Ω,这样才可以使得既驱动蜂鸣器,又不伤害蜂鸣器本身。我们取1 kΩ左右比较适宜。

5.6.3 无源蜂鸣器的软件驱动理解

我们使用P23引脚来作为开关,产生振荡源信号给蜂鸣器,使得蜂鸣器既有足够的电流驱动自身发声,又有一定的振荡频率。那么无源蜂鸣器是怎么通过P23引脚的控制来发声的呢?

观察图5.9,思考一下方波和频率的关系。

什么是方波? 如图5.9所示,方波由一个高电平和一个低电平信号组成,且高电平与低电平时间一致。一个方波的周期就是它高电平时间加上低电平时间的总和。而1 s除以方波周期就可以得到频率,这个频率就是作为振荡源的声音发声频率。

声音的产生条件是振动,不同的音调就是因为声音的发声频率不同导致的。方波的周期是可以由P23引脚控制输出的,所以方波周期可以控制,声音的频率自然也就变得可控。另外,方波周期时间越长,产生的声音频率就会越低,反映出来的现象就是声音会变得低沉。

举个例子说明一下发声控制原理:

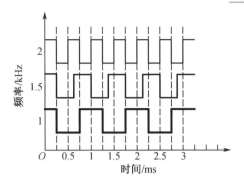

图 5.9 方波频率图

```
#include < reg52. h >
sbit Beep = P2^3；
void Delay500us( )    //@ 11.0592 MHz
{
    unsigned char i,j；

    i =6；
    j =93；
    do
    {
        while( - -j)；
    }
    while( - -i)；
}
void main( )
{
    while(1)
    {
        Beep = ~ Beep；
        Delay500us( )；
    }
}
```

程序分析:蜂鸣器使用 P2.3 引脚控制,将 P2.3 重定义为 Beep,通过主函数的无限循环,每隔 500 μs 就将 Beep 引脚的输出电平翻转一次,那么它的方波周期就是 1 ms。声音的频率就是 1 kHz。

5.6.4 门铃程序的设计

1.门铃的原理

参考图 5.8,从原理图可以知道,蜂鸣器的控制引脚为 P2.3,按键的识别引脚为 P3.4。下面是程序的源码部分:

```c
#include <reg52.h>    //添加头文件
typedef unsigned char u8;    //类型重定义名称
typedef unsigned int u16;    //类型重定义名称
sbit beep = P2^3;
sbit k1 = P3^4;
u8 ding,dong,flag,stop;
u16 n;
void delay(u16 i)    //10 μs 延时函数
{
    while(i--);
}
void time0init()    //定时器0初始化(注意,没有开启 TR0)
{
    TMOD = 0X01;    //定时器0方式1
    TH0 = 0Xff;
    TL0 = 0X06;    //定时 250 μs
    EA = 1;
    ET0 = 1;
}
voidflag_init()    //各个标号初始化
{
    ding = 0;    //叮声音    计数标志
    dong = 0;    //咚声音    计数标志
    n = 0;    //定时 0.5 s 标志
    flag = 0;
    stop = 0;    //结束标志
}
void main()
{
    time0init();    //初始化定时器,但是先不开启
    flag_init();    //标志位清"0"操作
    while(1)
    {
        if(k1 == 0)    //判断按键是否按下
        {
            delay(1000);    //消抖
            if(k1 == 0)
            {
                TR0 = 1;    //打开定时器0
                while(! stop);    //一按下按键,就卡在这里等待门铃响完
            }
```

```
        }
    }
}
void time0( )interrupt 1
{
    n + + ;
    TH0 = 0Xff;
    TL0 = 0X06;   //250 μs
    if( n = = 2000)   //定时 0.5 s,叮响 0.5 s,咚响 0.5 s
    {
        n = 0;
        if( flag = = 0)
        {
            flag = ~ flag;
        }
        else
        {
            flag = 0;
            stop = 1;
            TR0 = 0;   //关闭定时器 0
        }
    }
    if( flag = = 0)
    {   //通过改变定时计数时间可以改变门铃的声音
        ding + + ;   //叮
        if( ding = = 1)
        {
            ding = 0;
            beep = ~ beep;
        }
    }
    else
    {
        dong + + ;
        if( dong = = 2)   //咚
        {
            dong = 0;
            beep = ~ beep;
        }
    }
}
```

2. 程序分析

程序首先进行定时器的初始化配置,但是先不开启定时器;当识别到按键按下时,才开启定时器,并且将主程序卡在等待的过程中。定时器中断时间是 250 μs,采用的是定时器 0 的工作方式 1,因此每次进入中断函数必须注意重新给程序赋初始值;接着发声 0.5 s 频率为 2 kHz 的声音,模拟"叮"的声音,0.5 s 后发声 0.5 s 频率为 1 kHz 的声音,模拟"咚"的声音。0.5 s 的时间通过 n 来计数,250 μs×2000 等于 0.5 s,通过 flag 来改变发声。

5.7　本　章　小　结

本章介绍了定时器/计数器的相关概念、定时器主要寄存器的配置方法及工作模式,再通过两个应用案例详细地讲解了定时器的具体应用。通过本章的学习,读者可以利用单片机定时器做一些基本的应用开发。

思　考　题

1. 请问定时器/计数器 0,在什么情况下作为定时器 0 使用,什么情况下作为计数器 0 使用? 可以通过配置 TMOD 寄存器的哪一个位来控制?

2. 当定时器/计数器需要配合外部中断来记录外部引脚的电平延续时间时,需要配置 TMOD 寄存器的哪一个位才能将外部中断和定时器关联起来?

3. 定时器/计数器的工作方式一共有几种,分别叫什么,用在什么场合?

4. 辅助寄存器 AUXR 的哪一个位可以配置定时器/计数器,使得其速率提高 12 倍?

5. 请写出定时器 0 工作方式 1、工作方式 2 的配置思路。

6. 试思考如何通过定时器来实现呼吸灯效果?

第6章 串行通信

本章学习要点：

1.了解串口通信的基本常识；

2.熟悉串口通信的寄存器配置；

3.了解怎么通过软件 STC 对波特率进行配置；

4.掌握单片机通信的使用。

6.1 串行通信基础知识介绍

6.1.1 什么是计算机通信

通信是指通过某种媒体将信息从一地传送到另一地。从古代的烽火台、飞鸽传书到现代的电话、手机,都是人与人之间的通信。

计算机通信是指将计算机技术和通信计算相结合,完成计算机与外部设备或者计算机与计算机之间的信息交换。(本章中计算机包括单片计算机)

以上所说的计算机与计算机之间的通信分为下面3种情况：

①PC 机与 PC 机之间通信；

②PC 机与单片机通信；

③单片机与单片机通信。

6.1.2 为什么要进行计算机通信

随着网络的发展,资源共享和计算机网络已经成为一种趋势,计算机通信的出现,大大扩展了计算机的应用范围,PC 机与单片机之间通信,可以实现：

①远程测控数据,生活中应用场合多为监控,水质监测、流水线管理等。

②组成计算机网络,生活中应用场合多为电脑和监控、物联网。

③智能化控制家庭设备,生活中应用场合多为智能家居。

6.1.3 计算机通信的分类及讲解

计算机的通信大体上分成两类:有线通信和无线通信。相关分类如图 6.1 所示。

1.并行通信

数据字节的各位用多条数据线同时进行传输,如图 6.2 所示。

并行通信的特点:传输速度快,由于需要多根传输线,长距离传输时成本高,只适用于短距离传输。一般用在 TFT 彩屏、LCD 点阵屏、U 盘、TF 卡等方面。

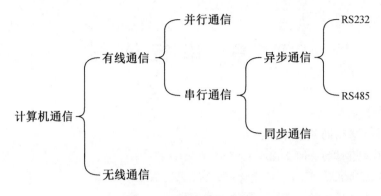

图 6.1　计算机通信分类图

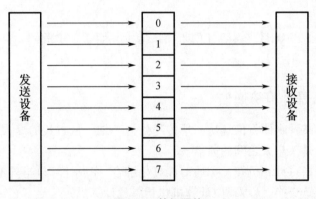

图 6.2　并行通信

2. 串行通信

数据字节的各位用一根数据线逐个进行传输,如图 6.3 所示。

串行通信的特点:传输速度慢,但是传输线少,长距离传输时成本低,适用于长距离传输。一般用在设备与设备之间的通信较多,如单片机与单片机、单片机与 PC 机等。

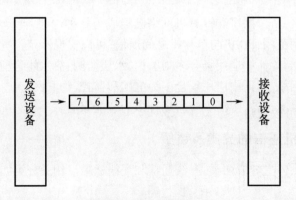

图 6.3　串行通信

3. 异步通信

收发设备使用各自的时钟。在发送字符时,所发送的字符之间的时间间隔可以是任意的。接收端时刻做好接收准备,发送端可以在任意时刻发送字符。为保证收发双方同步,每个字符的开始和结束都必须加上标志,即加上起始位和停止位,以便于使接收端能够正确地将每一个字符接收下来。

特点:由于不要求收发时钟严格一致,因此容易实现,通信设备简单、便宜。但由于每个字节传输都要加上传输的起始位和结束位,因此传输效率不高。

4. 同步通信

发送和接收使用同一个时钟,双方本身完全同步,从理论上说,不需要人为增加同步措施,但实际上还是要加上一些同步措施的(同步通信把几十到几千个字符组成一个帧,每帧的开始要附加同步字符)。同步通信在发送字符时,所发送的字符之间没有时间间隔。

特点:收发双方不停地发送和接收连续的字符,传输效率高,特别适合批量数据的传送;但是它要求在通信中保持精确的同步,实现起来比异步通信复杂,如图6.4所示。

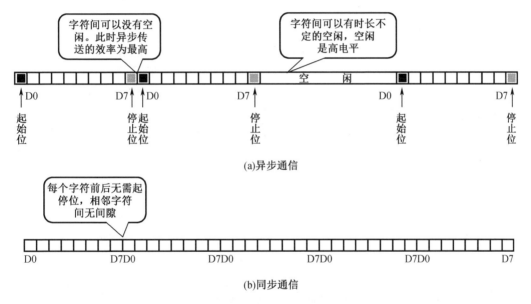

图 6.4 异步、同步通信

5. 传输方向

①单工:数据仅可以沿一个方向进行传输。

②半双工:数据可以沿两个方向进行双向传输,但在一个时刻内,只能单方向传输。

③全双工:数据可以沿两个方向在同一时刻内进行双向传输,如图6.5所示。

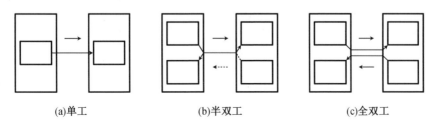

图 6.5 传输方向

6. 奇偶校验

(1)奇校验

发送方在发送数据时,在数据位后面尾随一位校验位,校验位可以取"1"或者"0",比如以取"1"为示例,如果数据中的"1"为偶数个,则这个校验位为1,如果数据中的"1"是奇数个,则这个校验位为0,这样就构成了奇数个"1"。接收方检测数据中"1"的个数是奇数个则表示数据传输正常,偶数个则表示数据传输出现问题。

(2)偶校验

发送方在发送数据时,在数据位后面尾随一位校验位,校验位可以取"1"或者"0",比如以取"1"为示例,如果数据中的"1"为偶数个,则这个校验位为0,如果数据中的"1"是奇数个,则这个校验位为1,这样就构成了偶数个"1"。接收方检测数据中"1"的个数是偶数个则表示数据传输正常,奇数个则表示数据传输出现问题。

7. 串行通信的波特率

比特(bit):也称"位",通常一个字节的数据大小用二进制代码表示就是 8 个比特。它是数字信号中最小的量。

比特率:单位是 bit/s,简而言之就是每秒传输多少个比特的数据量。

波特率:数据信号对载波的调制速率,它用单位时间内载波改变次数来表示,其单位为波特(baud)。对应串行通信来说,或者对于普通的数字电路来说,都是两相调制,也就是单个调制状态对应 1 个二进制位,即比特率 = 波特率,1 bit/s = 1 baud。

目前常用的波特率为 4800,9600,19200,38400,115200 等,CH340 转出的虚拟串口的波特率最高可达 1 Mbit/s。

8. RS232 及 RS485

RS232 是全双工,最大传输距离 15 m;RS485 是半双工,最大传输距离 1200 m。

RS232 采用的是单端信号传送,存在共地噪声和不能抑制共模干扰等问题,故传输距离较短。RS485 采用差分信号传送,解决了共地噪声和不能抑制共模干扰等问题,故传输距离远。这两者的接口标准有兴趣的同学可以上网查阅。

笔记本电脑怎么进行串口实验呢?有一些笔记本电脑是没有串口的,可以采用 USB 转换的方式来实现转出一至多个虚拟的串口。单片机端用 CH340 或者 MAX232 等芯片作为信号处理芯片。PC 机安装 CH340 驱动程序,单片机串口信号经芯片处理后用 USB 电缆和电脑连接,如图 6.6 所示。

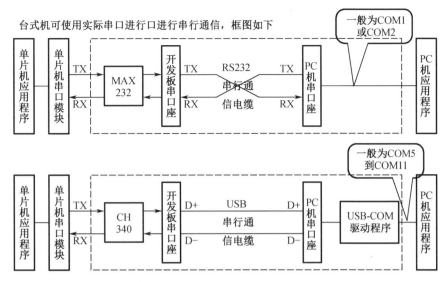

图 6.6 单片机与 PC 机通信连接示意图

6.2 串口通信相关寄存器

STC12C5A60S2 系列单片机具有两个采用 UART（universal asychronous receiver/transmitter）工作方式的全双工串行通信接口（串行口 1 和串行口 2）。串行口 1 对应的硬件部分是 TxD/P3.1 和 RxD/P3.0 引脚，串行口 2 对应的硬件部分是 TxD2 和 RxD2。通过设置特殊功能寄存器 AUXR1 中的 S2_P4/AUXR1.4 位，串行口 2（UART2）功能可以在 P1 口和 P4 口之间任意切换。当串行口 2 功能在 P1 口实现时，对应的管脚是 P1.2/RxD2 和 P1.3/TxD2。当串行口 2 功能在 P4 口实现时，对应的管脚是 P4.2/RxD2 和 P4.3/TxD2。

STC12C5A60S2 系列单片机的串行通信口，除用于数据通信外，还可方便地构成一个或多个并行 I/O 口，或做串—并转换，或用于扩展串行外设等。

6.2.1 串行口 1 控制寄存器 SCON 和 PCON

STC12C5A60S2 系列单片机的串行口 1 设有两个控制寄存器：串行控制寄存器 SCON 和波特率选择特殊功能寄存器 PCON。

串行控制寄存器 SCON 用于选择串行通信的工作方式和某些控制功能（表 6.1），其格式如下：

SCON：串行控制寄存器（可位寻址）

表6.1 串行控制寄存器 SCON

SFR name	Address	dit	B7	B6	B5	B4	B3	B2	B1	B0
SCON	98H	name	SM0/FE	SM1	SM2	REN	TB8	RB8	TI	RI

SM0:SM0 和 SM1 一起指定串行通信的工作方式。

SM2:多机通信控制位。只有方式 2 和方式 3 才会用到,本书以方式 1 作为讲解,故此位置为 0 即可。

其中 SM0、SM1 按表6.2 中的组合确定串行口 1 的工作方式。

表6.2 串行口工作方式

SM0	SM1	工作方式	功能说明	波特率
0	0	方式 0	同步移位串行方式:移位寄存器	当 UART_M0x6 = 0 时,波特率是 SYSclk/12,当 UART_M0x6 = 1 时,波特率是 SYSclk/2
0	1	方式 1	8 位 UART,波特率可变	(2SMOD/32)×(BRT 独立波特率发生器的溢出率)
1	0	方式 2	9 位 UART	(2SMOD/64)× SYSclk 系统工作时钟频率
1	1	方式 3	9 位 UART,波特率可变	(2SMOD/32)×(定时器 1 的溢出率或 BRT 独立波特率发生器的溢出率)

当 T1x12 = 0 时,定时器 1 的溢出率 = SYSclk/12/(256 − TH1);

当 T1x12 = 1 时,定时器 1 的溢出率 = SYSclk/(256 − TH1);

当 BRTx12 = 0 时,BRT 独立波特率发生器的溢出率 = SYSclk/12/(256 − BRT);

当 BRTx12 = 1 时,BRT 独立波特率发生器的溢出率 = SYSclk/(256 − BRT)

①REN:允许/禁止串行接收控制位。由软件置位 REN,即 REN = 1 为允许串行接收状态,可启动串行接收器 RxD,开始接收信息。软件复位 REN,即 REN = 0,则禁止接收。

②TB8:发送的第 9 位数据,按需要由软件置位或清"0"。例如,可用作数据的校验位或多机通信中表示地址帧/数据帧的标志位。在方式 0 和方式 1 中,该位不用。

③RB8:接收到的第 9 位数据,作为奇偶校验位或地址帧/数据帧的标志位。方式 0 中不用 RB8(置 SM2 = 0),方式 1 中也不用 RB8(置 SM2 = 0,RB8 是接收到的停止位)。

④TI:发送中断标志位。在方式 0 或者在其他方式中,当串行发送数据第 8 位结束时,由内部硬件自动置位,即 TI = 1,向主机请求中断,响应中断后 TI 必须用软件清"0",即 TI = 0。

⑤RI:接收中断请求标志位。在方式 0 或者在其他方式中,当串行接收到第 8 位结束时由内部硬件自动置位 RI = 1,向主机请求中断,响应中断后 RI 必须用软件清"0",即 RI = 0。

串行通信的中断请求:当一帧发送完成,内部硬件自动置位 TI,即 TI = 1,请求中断处理;当接收完一帧信息时,内部硬件自动置位 RI,即 RI = 1,请求中断处理。由于 TI 和 RI 以"或逻辑"关系向主机请求中断,所以主机响应中断时事先并不知道是 TI 还是 RI 请求的中断,必须在中断服务程序中查询 TI 和 RI 并进行判别,然后分别处理。因此,两个中断请求标志位均不能由硬件自动置位,必须通过软件清"0",否则将出现一次请求多次响应的错误。

6.2.2　电源控制寄存器(PCON)

电源控制寄存器 PCON 中的 SMOD 用于设置方式1、方式2、方式3的波特率是否加倍。在串口通信实验中,PCON 寄存器只有 SMOD 这一位和串行口的工作有关,一般不需要加倍,采用上电默认值0即可。

PCON:电源控制寄存器(不可位寻址)格式见表6.3。

表6.3　电源控制寄存器 PCON

SFR name	Address	bit	B7	B6	B5	B4	B3	B2	B1	B0
PCON	87H	name	SMOD	SMOD0	LVDF	POF	GF1	GF0	PD	IDL

SMOD:波特率选择位。当用软件置位 SMOD,即 SMOD = 1,则使串行通信方式1,2,3的波特率加倍;SMOD = 0,则各工作方式的波特率加倍。复位时 SMOD = 0。

6.2.3　辅助寄存器(AUXR)

该寄存器不支持位寻址,格式见表6.4。

表6.4　辅助寄存器 AUXR

SFR name	Address	bit	B7	B6	B5	B4	B3	B2	B1	B0
AUXR	8EH	name	T0x12	T1x12	UART_M0x6	BRTR	S2SMOD	BRTx12	EXTRAM	S1BRS

①T1x12:定时器1速度设置位。

0,定时器1是传统8051速度的12分频;

1,定时器1的速度是传统8051的12倍,不分频。

②UART_M0x6:串行口模式0的通信速度设置位。

0,UART 串行口的模式0是传统12T的8051速度,12分频;

1,UART 串行口的模式0的速度是传统12T的8051的6倍,2分频。

③BRTR:独立波特率发生器运行控制位。

0,不允许独立波特率发生器运行;

1,允许独立波特率发生器运行。

④BRTx12:独立波特率发生器计数控制位。

1379202349,独立波特率发生器每12个时钟计数一次,12分频。

1379202350,独立波特率发生器每1个时钟计数一次,即不分频。

⑤S1BRS:串行口波特率发生器选择位。

1379202349,串行口波特率发生器选择定时器1。

1379202350,独立波特率发生器作为串行口的波特率发生器,此时定时器1得到释放,可以作为独立定时器使用。

6.2.4　中断优先级高低位控制寄存器(IP、IPH)

IPH:中断优先级控制寄存器高(不可位寻址)(表6.5)。

表6.5　中断优先级控制寄存器 IPH

SFR name	Address	bit	B7	B6	B5	B4	B3	B2	B1	B0
IPH	B7H	name	PPCAH	PLVDH	PADCH	PSH	PT1H	PX1H	PT0H	PX0H

IP:中断优先级控制寄存器低(可位寻址)(表6.6)。

表6.6　中断优先级控制寄存器 IP

SFR name	Address	bit	B7	B6	B5	B4	B3	B2	B1	B0
IP	B8H	name	PPCA	PLVD	PADC	PS	PT1	PX1	PT0	PX0

PSH,PS:串行口1中断优先级控制位。

当 PSH = 0 且 PS = 0 时,串行口1中断为最低优先级中断(优先级0);

当 PSH = 0 且 PS = 时,串行口1中断为较低优先级中断(优先级1);

当 PSH = 且 PS = 0 时,串行口1中断为较高优先级中断(优先级2);

当 PSH = 且 PS = 时,串行口1中断为最高优先级中断(优先级3)。

6.2.5　中断允许寄存器(IE)

串行口中断允许位 ES 位于中断允许寄存器 IE 中,中断允许寄存器的格式见表6.7。

IE:中断允许寄存器(可位寻址)

表6.7　中断允许寄存器 IE

SFR name	Address	bit	B7	B6	B5	B4	B3	B2	B	B0
IE	A8H	name	EA	ELVD	EADC	ES	ET	EX	ET0	EX0

①EA:CPU 的总中断允许控制位,EA = 1,CPU 开放中断;EA = 0,CPU 屏蔽所有的中断申请。EA 的作用是使中断允许形成多级控制,即各中断源首先受 EA 控制,其次还受各中断源自己的中断允许控制位控制。

②ES:串行口中断允许位,ES = 1,允许串行口中断;ES = 0,禁止串行口中断。

6.2.6　定时器/计数器控制寄存器(TCON)

TCON 为定时器/计数器 T0、T1 的控制寄存器,同时也锁存 T0、T1 溢出中断源和外部请求中断源等,TCON 格式见表6.8。

TCON:定时器/计数器中断控制寄存器(可位寻址)

表 6.8 控制寄存器 TCON

SFR name	Address	bit	B7	B6	B5	B4	B3	B2	B1	B0
TCON	88H	name	TF1	TR1	TF0	TR0	IE1	IT1	IE0	IT0

①TF1:定时器/计数器 T1 溢出中断标志。T1 允许计数以后,从初值开始加 1 计数。当最高位产生溢出时由硬件置"1"TF1,向 CPU 请求中断,一直保持到 CPU 响应中断时,才由硬件清"0"TF1(TF1 也可由程序查询清"0")。

②TR1:定时器 T1 的运行控制位。该位由软件置位和清"0"。当 GATE(TMOD.7)=0,TR1=1 时就允许 T1 开始计数,TR1=0 时禁止 T1 计数。当 GATE(TMOD.7)=1,TR1=1 且 INT1 输入高电平时,才允许 T1 计数。

③TF0:定时器/计数器 T0 溢出中断标志。T0 被允许计数以后,从初值开始加 1 计数,当最高位产生溢出时,由硬件置"1"TF0,向 CPU 请求中断,一直保持 CPU 响应该中断时,才由硬件清"0"TF0(TF0 也可由程序查询清"0")。

④TR0:定时器 T0 的运行控制位。该位由软件置位和清"0"。当 GATE(TMOD.3)=0,TR0=1 时就允许 T0 开始计数,TR0=0 时禁止 T0 计数。当 GATE(TMOD.3)=1,TR1=0 且 INT0 输入高电平时,才允许 T0 计数。

⑤IE1:外部中断 1 请求源(INT1/P3.3)标志。IE1=1,外部中断向 CPU 请求中断,当 CPU 响应该中断时由硬件清"0"IE。

⑥IT1:外部中断 1 触发方式控制位。IT1=0 时,外部中断 1 为低电平触发方式,当 INT1(P3.3)输入低电平时,置位 IE1。采用低电平触发方式时,外部中断源(输入到 INT1)必须保持低电平有效,直到该中断被 CPU 响应,同时在该中断服务程序执行完之前,外部中断源必须被清除(P3.3 要变高),否则将产生另一次中断。当 IT1=1 时,则外部中断 1(INT1)端口由"1"→"0"下降沿跳变,激活中断请求标志位 IE1,向主机请求中断处理。

⑦IE0:外部中断 0 请求源(INT0/P3.2)标志。IE0=1 外部中断 0 向 CPU 请求中断,当 CPU 响应外部中断时,由硬件清"0"IE0(边沿触发方式)。

⑧IT0:外部中断 0 触发方式控制位。IT0=0 时,外部中断 0 为低电平触发方式,当 INT0(P3.2)输入低电平时,置位 IE0。采用低电平触发方式时,外部中断源(输入到 INT0)必须保持低电平有效,直到该中断被 CPU 响应,同时在该中断服务程序执行完之前,外部中断源必须被清除(P3.2 要变高),否则将产生另一次中断。当 IT0=1 时,则外部中断 0(INT0)端口由"1"→"0"下降沿跳变,激活中断请求标志位 IE1,向主机请求中断处理。

6.2.7 定时器/计数器工作模式寄存器(TMOD)

定时和计数功能由特殊功能寄存器 TMOD 的控制位 C/T 行选择,TMOD 寄存器的各位信息如图 6.7 所示。可以看出,2 个定时/计数器有 4 种工作模式,通过 TMOD 的 M1 和 M0 选择。2 个定时/计数器的模式 0、1 和 2 都相同,模式 3 不同,各模式下的功能如图 6.7 所示。

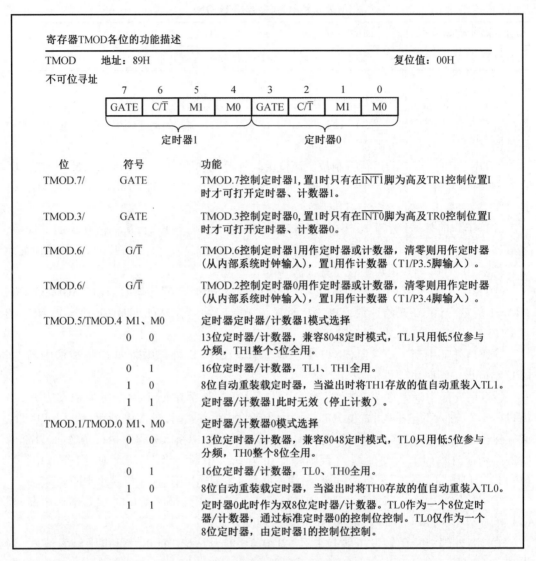

图 6.7 定时器/计数器工作模式

6.3 串行口的工作模式

串行通信接口有 4 种工作模式,可以通过对 SCON 中的 SM0 位和 SM1 位进行设置选择。其中,在模式 0 中,串行口被当成一个简单的移位寄存器使用。在模式 1,2,3 中,串行口作为异步通信,每个发送和接收的字符都带有一个启动位和一个停止位。

6.3.1 工作模式 0:同步移位寄存器

在这个模式下,单片机的 TXD 引脚用来输送同步移位脉冲,RXD 用来收发数据。当串行口模式 0 的通信速度设置位 UART_M0x6/AUXR.5 = 0 时,其波特率固定为 SYSclk/12。当串行口模式 0 的通信速度设置位 UART_M0x6/AUXR.5 = 1 时,其波特率固定为 SYSclk/

2。串行口数据由 RxD/P3.0 端输入,同步移位脉冲(SHIFTCLOCK)由 TxD/P3.1 输出,发送、接收的是 8 位数据,低位在先。

1. 模式 0 的发送过程

当主机执行将数据写入发送缓冲器 SBUF 指令时启动发送,串行口即将 8 位数据以 SYSclk/12 或 SYSclk/2(由 UART_M0x6/AUXR.5 确定是 12 分频还是 2 分频)的波特率从 RxD 管脚输出(从低位到高位),发送完中断标志 TI 置"1",TxD 管脚输出同步移位脉冲 (SHIFTCLOCK)。当写信号有效后,相隔一个时钟,发送控制端 SEND 有效(高电平),允许 RxD 发送数据,同时允许 TxD 输出同步移位脉冲。一帧(8 位)数据发送完毕时,各控制端均恢复原状态,只有 TI 保持高电平,呈中断申请状态。在再次发送数据前,必须用软件将 TI 清"0"。

2. 模式 0 接收过程

模式 0 接收时,复位接收中断请求标志 RI,即 RI = 0,置位允许接收控制位 REN = 1 时启动串行模式 0 接收过程。启动接收过程后,RxD 为串行输入端,TxD 为同步脉冲输出端。串行接收的波特率为 SYSclk/12 或 SYSclk/2(由 UART_M0x6/AUXR.5 确定是 12 分频还是 2 分频)。当接收完成一帧数据(8 位)后,控制信号复位,中断标志 RI 被置"1",呈中断申请状态。当再次接收时,必须通过软件将 RI 清"0"工作于模式 0 时,必须清"0"多机通信控制位 SM2,使其不影响 TB8 位和 RB8 位。由于波特率固定为 SYSclk/12 或 SYSclk/2,无须定时器提供,直接由单片机的时钟作为同步移位脉冲。

注意:主机响应中断后必须软件判别是 TI 还是 RI 请求中断,必须软件清"0"。

中断请求标志位 TI 或 RI。

6.3.2 工作模式 1:8 位 UART,波特率可变

在这个模式下,需要软件设置 SCON 的 SM0、SM1 为"01"时,串行口 1 则以模式 1 工作。此模式为 8 位 UART 格式,一帧信息为 10 位:1 位起始位,8 位数据位(低位在先)和 1 位停止位。波特率可变,即可根据需要进行设置。TxD/P3.1 为发送信息,RxD/P3.0 为接收端接收信息,串行口为全双工接受/发送串行口。

1. 模式 1 的发送过程

串行通信模式发送时,数据由串行发送端 TxD 输出。当主机执行一条写"SBUF"的指令就启动串行通信的发送,写"SBUF"信号还把"1"装入发送移位寄存器的第 9 位,并通知 TX 控制单元开始发送。发送各位的定时是由 16 分频计数器同步。移位寄存器将数据不断右移送 TxD 端口发送,在数据的左边不断移入"0"做补充。当数据的最高位移到移位寄存器的输出位置,紧跟其后的是第 9 位"1",在它的左边各位全为"0",这个状态条件,使 TX 控制单元做最后一次移位输出,然后使允许发送信号"SEND"失效,完成一帧信息的发送,并置位中断请求位 TI,即 TI = 1,向主机请求中断处理。

2. 模式 1 的接收过程

当软件置位接收允许标志位 REN,即 REN = 1 时,接收器便以选定波特率的 16 分频的速率采样串行接收端口 RxD,当检测到 RxD 端口从"1"→"0"的负跳变时就启动接收器准备接收数据,并立即复位 16 分频计数器,将 1FFH 植装入移位寄存器。复位 16 分频计数器是使它与输入位时间同步。16 分频计数器的 16 个状态是将 1 波特率(每位接收时间)均分为 16 等份,在每位时间的 7,8,9 状态由检测器对 RxD 端口进行采样,所接收的值是这次采

样"三中取二"的值,即3次采样至少2次相同的值,以此消除干扰影响,提高可靠性。在起始位,如果接收到的值不为"0"(低电平),则起始位无效,复位接收电路,并重新检测"1"→"0"的跳变。如果接收到的起始位有效,则将它输入移位寄存器,并接收本帧的其余信息。接收的数据从接收移位寄存器的右边移入,已装入的1FFH向左边移出,当起始位"0"移到移位寄存器的最左边时,使RX控制器做最后一次移位,完成一帧的接收。若同时满足以下两个条件:

RI = 0;

SM2 = 0 或接收到的停止位为1。

则接收到的数据有效,实现装载入SBUF,停止位进入RB8,置位RI,即RI = 1,向主机请求中断,若上述两条件不能同时满足,则接收到的数据作废并丢失,无论条件满足与否,接收器重新检测RxD端口上的"1"→"0"的跳变,继续下一帧的接收。接收有效,在响应中断后,必须由软件清"0",即RI = 0。通常情况下,串行通信工作于模式1时,SM2设置为"0"。

串行口处于工作模式1时波特率是可变的,可变的波特率由定时器/计数器1或独立波特率发生器产生,其计算公式如下:

串行通信模式1的波特率 = 2SMOD/32 × (定时器/计数器1溢出率或BRT独立波特率发生器溢出率)

① 当T1x12 = 0时,定时器1的溢出率 = SYSclk/12/(256 − TH1);

② 当T1x12 = 1时,定时器1的溢出率 = SYSclk/(256 − TH1);

③ 当BRTx12 = 0时,BRT独立波特率发生器的溢出率 = SYSclk/12/(256 − BRT);

④ 当BRTx12 = 1时,BRT独立波特率发生器的溢出率 = SYSclk/(256 − BRT)。

6.3.3　工作模式2:9位UART,波特率固定

当SM0、SM1位为10时,串行口1工作在模式2。串行口1工作模式2为9位数据异步通信UART模式,其一帧的信息由11位组成:1位起始位,8位数据位(低位在先),1位可编程位(第9位数据)和1位停止位。发送时可编程位(第9位数据)由SCON中的TB8提供,可软件设置为1或0,或者可将PSW中的奇偶校验位P值装入TB8(TB8既可作为多机通信中的地址数据标志位,又可作为数据的奇偶校验位)。接收时第9位数据装入SCON的RB8。TxD/P3.1为发送端口,RxD/P3.0为接收端口,以全双工模式进行接收/发送。模式2的波特率计算公式如下:

串行通信模式2波特率 = 2SMOD/64 × (SYSclk系统工作时钟频率)

上述波特率可通过软件对PCON中的SMOD位进行设置,当SMOD = 1时,选择1/32(SYSclk);当SMOD = 0时,选择1/64(SYSclk),故称SMOD为波特率倍增位。可见,模式2的波特率基本上是固定的。模式2和模式1相比,除波特率发生源略有不同,发送时由TB8提供给移位寄存器第9数据位不同外,其余功能结构基本相同,其接收/发送操作过程及时序也基本相同。

当接收器接收完一帧信息后必须同时满足下列条件,才将接收到的移位寄存器的数据装入SBUF和RB8中,并置位RI = 1,向主机请求中断处理。

① RI = 0;

② SM2 = 0 或者SM2 = 1,并且接收到的第9数据位RB8 = 1。

如果上述条件有一个不满足,则刚接收到移位寄存器中的数据无效并丢失,也不置位

RI。无论上述条件满足与否,接收器又重新开始检测 RxD 输入端口的跳变信息,接收下一帧的输入信息。

在模式2中,接收到的停止位与 SBUF、RB8 和 RI 无关。通过软件对 SCON 中的 SM2、TB8 的设置以及通信协议的约定,为多机通信提供了方便。

6.3.4　工作模式3:9 位 UART,波特率可变

当 SM0、SM1 两位为 11 时,串行口1 工作在模式3。串行通信模式3 为9 位数据异步通信 UART 模式,其一帧的信息由 11 位组成:1 位起始位,8 位数据位(低位在先),1 位可编程位(第9 位数据)和1 位停止位。发送时可编程位(第9 位数据)由 SCON 中的 TB8 提供,可软件设置为1 或0,或者可将 PSW 中的奇偶校验位 P 值装入 TB8(TB8 既可作为多机通信中的地址数据标志位,又可作为数据的奇偶校验位)。接收时第9 位数据装入 SCON 的 RB8。TxD/P3.1 为发送端口,RxD/P3.0 为接收端口,以全双工模式进行接收/发送。模式3 的波特率为:

串行通信模式3 波特率 $=2SMOD/32 \times$(定时器/计数器1 的溢出率或 BRT 独立波特率发生器的溢出率)

根据 T1x12、BRTx12 不同取值,具体计算公式如下:

①当 T1x12 $=0$ 时,定时器1 的溢出率 $=SYSclk/12/(256-TH1)$;

②当 T1x12 $=1$ 时,定时器1 的溢出率 $=SYSclk/(256-TH1)$

③当 BRTx12 $=0$ 时,BRT 独立波特率发生器的溢出率 $=SYSclk/12/(256-BRT)$;

④当 BRTx12 $=1$ 时,BRT 独立波特率发生器的溢出率 $=SYSclk/(256-BRT)$

可见,模式3 和模式1 一样,其波特率可通过软件对定时器/计数器1 或独立波特率发生器的设置进行波特率的选择,是可变的。模式3 和模式1 相比,除发送时由 TB8 提供给移位寄存器第9 数据位不同外,其余功能结构均基本相同,其接收和发送操作过程及时序也基本相同。

当接收器接收完一帧信息后同时满足下列条件,才将接收到的移位寄存器的数据装入 SBUF 和 RB8 中,并置位 RI $=1$,向主机请求中断处理。

①RI $=0$;

②SM2 $=0$ 或者 SM2 $=1$,并且接收到的第9 数据位 RB8 $=1$。

如果上述条件有一个不满足,则刚接收到移位寄存器中的数据无效并丢失,也不置位 RI。无论上述条件满足与否,接收器又重新开始检测 RxD 输入端口的跳变信息,接收下一帧的输入信息。

在模式3 中,接收到的停止位与 SBUF、RB8 和 RI 无关。通过软件对 SCON 中的 SM2、TB8 的设置以及通信协议的约定,为多机通信提供了方便。

6.4　波特率的设置

6.4.1　波特率与 BRT 值的计算

在串行通信中,收发双方对发送或接收数据的速率要有约定,波特率具体计算公示

如下:

方式 1 的波特率 = $(2^{SMOD}/32) \times$(BRT 独立波特率发生器的溢出率)

当 BRTx12 = 0,也就是 12 分频时,独立波特率发生器的溢出率 = Fosc/12/(256 - BRT),Fosc 为外部晶振时钟源频率。

实例:波特率 9600,计算 BRT 的值?

▶设置 SMOD = 0,则波特率 = 1/32 × BRT 独立波特率发生器的溢出率。

▶设置 BRTx12 = 0,BRT 独立波特率发生器的溢出率 = Fosc/12/(256 - BRT)。

▶波特率 = (1/32) × (Fosc/12/(256 - BRT))。

▶BRT = 256 - Fosc/(384 × 波特率) = 256 - 11059200/(384 × 9600) = 253。

相信很多人对于波特率的计算已经有点被绕晕了。其实,本书不要求读者一定要自己配置出来串口通信的寄存器。而且与上一章的情况类似,波特率也可以通过软件 STC - ISP 来直接获取,操作和上一章类似。

6.4.2 软件 STC - ISP 快速开发配置

STC - ISP 软件界面如图 6.8 所示。

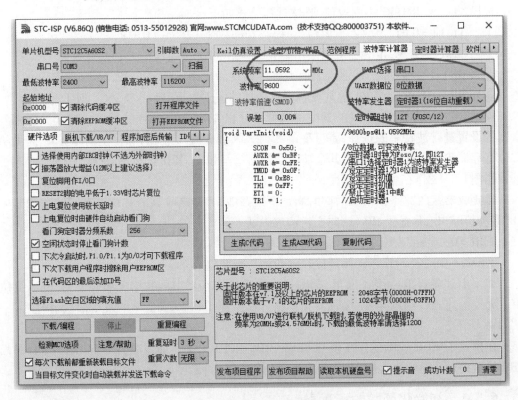

图 6.8 STC - ISP 软件界面

快速开发具体步骤如下:

①选择单片机型号,一定要选对使用的芯片型号。

②注意,如果现实中有用到串口通信的话,建议晶振选择 11.0592 MHz,因为这个晶振频率下,无论波特率是多少,都不会有误差。如果选用 12 MHz 晶振,在不同的波特率下会

有不同的误差。而误差过大时,会导致串口通信数据的误码率,降低传送速度。

③选择设置波特率,一般生活中用得比较多的波特率是9600和115200。

④选择串口。

⑤选择数据位,一般没什么特殊要求,市面上的串口类模块都是8位数据。

⑥选择波特率发生器。平时一般选择定时器0或定时器1的模式1或者模式2来作为波特率发生器。但是STC12C5A60S2系列单片机本身自带有独立波特率发生器,一般选择独立波特率发生器,这样可以节约一个定时器。

⑦设置定时器时钟。为了程序的可移植性和兼容性考虑,这个选项一般选择12T,也就是12分频模式。

⑧复制生成的初始化代码,添加进程序中。

⑨往初始化代码中添加指令:ES=1;EA=1。

6.4.3 串行口1采用独立波特率发生器配置

配置步骤如下:

①TX设置成输出、RX设置为输入,也可不设置,采用默认的准双向口模式。

②设置串行口1的工作模式,当软件设置SCON的SM0、SM1为"01"时,串行口1则以模式1工作。此模式为8位UART格式,一帧信息为10位:1位起始位,8位数据位(低位在先)和1位停止位。波特率可变,即可根据需要进行设置。TxD/P3.1为发送信息,RxD/P3.0为接收端接收信息,串行口为全双工接受/发送串行口。

③如果串行口1要接收,将SCON寄存器中的REN位置1即可。

④计算BRT的值,并置数。

⑤设置独立波特率发生器相关位:BRTx12=0;S1BRS=1;SMOD=0。

⑥启动独立波特率发生器(BRTR=1)。

⑦串行口工作在中断方式时,还要设置中断优先级(PS、PSH),如果不设置的话,默认是低优先级。

⑧打开总中断(EA=1)和串行通信中断(ES=1)。

⑨清"0"中断接收标志位(RI=0)和发送完成标志位(TI=0)。

6.5 串口通信配置思路及常用函数

由于有了STC-ISP这个工具帮助我们生成初始化程序,这里就对串口通信的寄存器配置进行讲解,不要求读者根据思路写配置,但是读者必须掌握程序配置的原理。

6.5.1 初始化函数的配置寄存器讲解

①TXD引脚和RXD引脚采用默认的准双向口即可。

②配置串行控制寄存器(SCON):如果要串行通信的工作方式为工作方式1,那么应该将SCON寄存器中的SM0配置为0,SM1配置为1,SM2配置为0。串口采用收发模式,那么要将REN配置为1。TB8和RB8在此处没有使用,配置为0。TI和RI代表中断发送完成标志位和接收完成标志位,初始化时应该软件清"0",将其置0才能保证程序正常运行。因此

SCON 寄存器应该配置成 0x50(01010000)。

③配置电源控制寄存器(PCON):此寄存器只有 SMOD 位和串口通信有关,在这里不需要波特率加倍,将 SMOD 配置成 0。因此将这个寄存器配置成 0x00 即可(上电默认 0x00,可以不配置)。

④配置辅助寄存器(AUXR):T0x12、T1x12、UART_M0x6、S2SMOD 和 EXTRAM 在这里没有使用到,配置成 0。波特率采用 12 分频,即 BRTx12 = 0。将独立波特率发生器配置成串行口的波特率发生器,即 S1BRS = 1。然后启动独立波特率发生器,即 BRTR = 1。

⑤如果要开启中断,则配置中断允许寄存器(IE)。

当串口工作在模式 1,计算相应的波特率需要设置重装载数,结果送入 BRT 寄存器。计算自动重装数 RELOAD(SMOD = 0,SMOD 是 PCON 特殊功能寄存器的最高位):

▶12T 模式的计算公式:RELOAD = 256 − int(SYSclk/baud0/32/12 + 0.5);

▶1T 模式的计算公式:RELOAD = 256 − int(SYSclk/baud0/32 + 0.5);

式中,int()表示取整运算即舍去小数,在式中加 0.5 可以达到四舍五入的目的,SYSclk = 晶振频率,baud0 = 标准波特率。

6.5.2 串口通信常用函数

1. UART_Init()函数

这个函数可以使用 STC – ISP 直接生成我们需要的配置。生成方式已经在上一小节有过详细说明。

2. Uart_Send_Byte()函数

发送一个字节,单片机需要做以下 4 步:

第一步,将 TI 置 0,清空 TI 中断信号。

第二步,将要发送的字节赋值给 SBUF。在单片机中,只要设置好波特率的初始化环节,往 SBUF 里面写数据,写完单片机就会将这个数据通过串口发送出去。发送完成后单片机自动将 TI 置 1。

第三步,等待 TI 这个位变成 1,变成代表单片机已经将这个寄存器里面的内容发送出去了。

第四步,将 TI 置 0,为下一次发送数据做准备。

3. UART_Send_Str()函数

发送字符串,实际上就是使用一个字符型指针指向要发送的数据,然后调用 Uart_Send_Byte()函数发送一个字节,之后指针后移一位,继续调用 Uart_Send_Byte()函数,指针继续后移,直到指针指向 NULL 为止。

4. 中断服务函数(接收函数)

这个函数主要是为单片机的接收数据而准备的。如果采用的是独立波特率发生器作为单片机的波特率发生器。那么中断服务函数要做的事分为以下几步:

第一步:设置一个全局标志位。

第二步:将 RI 清"0"。

第三步:将 SBUF 里面的值赋给一个数组,数组元素自动后移一位。

第四步:检测到某一个特定字符,将全局标志位置位。

第五步:主函数检测到全局标志位置位,将数组里面的内容取出使用。

5. 两种情况

如果采用定时器作为单片机的波特率发生器,分为两种情况,第一种是8位自动重装定时器模式,这种模式下和采用独立波特率发生器用法差别不大,初始化函数不一样而已。第二种是16位定时器模式,这种模式下中断服务函数还必须给定时器重装初始值才行,步骤如下:

第一步:设置一个全局标志位。

第二步:给定时器重新赋初始值。

第三步:将 RI 清"0"。

第四步:将 SBUF 里面的值赋给一个数组,数组元素自动后移一位。

第五步:检测到某一个特定字符,将全局标志位置位。

第六步:主函数检测到全局标志位置位,将数组里面的内容取出使用。

6. 串行口 1 程序编写(使用定时器)

步骤1:TXD 引脚和 RXD 引脚采用默认的准双向口即可。

步骤2:配置串行控制寄存器(SCON)。如果要串行通信的工作方式为工作方式1,那么应该将 SCON 寄存器中的 SM0 配置为 0,SM1 配置为 1,SM2 配置为 0。串口采用收发模式,那么要将 REN 配置为 1。TB8 和 RB8 在此处没有使用,配置为 0。TI 和 RI 代表中断发送完成标志位和接收完成标志位,初始化时应该软件清"0",将其置 0 才能保证程序能够正常运行。因此 SCON 寄存器应该配置成 0x50(01010000)。

步骤3:配置电源控制寄存器(PCON)。此寄存器只有 SMOD 位和串口通信有关,在这里不需要波特率加倍,将 SMOD 配置成 0。因此将这个寄存器配置成 0x00 即可(上电默认 0x00,可以不配置)。

步骤4:配置辅助寄存器(AUXR):首先可以将 T1x12 置 1,采用定时器 1 时钟作为串行口的波特率发生器,即 T1x12 = 1;然后将 S1BRS 置 0,这个位置 1 表示采用独立波特率发生器作为串口的波特率发生器,置 0 表示采用定时器 1 作为串行口的波特率发生器。T0x12、UART_M0x6、BRTR、S2SMOD、BRTx12 和 EXTRAM 均没有使用到,全部默认为复位值 0。总结起来就是将辅助寄存器 AUXR 配置成 0x40,即 AUXR = 0x40。

步骤5:配置定时器模式寄存器(TMOD):此处使用的是定时器1,首先对定时器模式寄存器的定时器相关位配置成 0,清除影响,即将 TMOD 配置成 0x0f。然后设定时器 1 模式为 8 位自动重装方式,,将 TMOD 配置成 0x20。

步骤6:配置定时器 1 的高 8 位(TH1)和低 8 位计数寄存器(TL1):假设我们采用 11.0592 MHz晶振,那么一个机器周期就是 1/11.0592 秒,PCON 不翻倍的情况下,要产生 4800 的波特率,在 T1 工作在 1T 模式(T1x12 = 1)下,已知定时器 1 的溢出率 = (SYSclk)/(256 − TH1);波特率计算公式为波特率 = 2SMOD/32 * 定时器 1 溢出率。因此可以计算出 TH1 的值为 184,即 TH1 = 0xB8。

说明:

▶SYSclk 为 11.0592 MHz 晶振频率,SMOD 为 0,波特率为 4800,可以得出方程:
$4800 = 1/32 \times [11059200/(256 − TH1)]$。

▶在模式 2 下(8 位自动重装)TL1 作为初始值,当计数满溢出时,不仅置位 TF1,还将 TH1 的值自动重装进 TL1 中。TH1 由软件预置,自动重装时 TH1 内容不会发生改变。

步骤7:禁止定时器 1 中断并启动定时器 1,即 ET1 = 0 和 TR1 = 1。

6.6 串口通信实例

本节给出了单片机与 PC 通过串口通信的程序实例,即 PC 端发送数据给单片机,单片机收到后返回收到的数据,具体如下。

6.6.1 参考程序1(采用独立波特率发生器)

```c
#include "reg52. h"
typedef unsigned char u8;
typedef unsigned int u16;
u8 flag,a;   //定义两个全局变量,方便在函数间使用
void Uart_Init(void);   //串口初始化函数
void Uart_Send_Byte(u8 byte);   //发送一个字节
void UART_Send_Str(u8 * pStr);   //发送一个字符串
void main(void)
{
    Uart_Init();   //初始化串口1,波特率115200
    while(1)
    {
        if(flag = =1)   //判断是否有串口数据的传送
        {
            UART_Send_Str("串口1接收到了");
            Uart_Send_Byte('/t');   //发送空格键
            Uart_Send_Byte(a);   //将中断里最终的a值发送出去
            Uart_Send_Byte(0x0d);   //这两行的意思是发送回车换行,有时会用
到,如果不需要可将其注释掉
            Uart_Send_Byte(0x0a);
            flag =0;
        }
    }
}
/* — — — — — — — — — — — — — — — — — — — — — — — —
```
初始化串口,RELOAD = 256 - int(SYSclk/baud0/32 + 0.5)   SMOD = 0。要设置波特率为 115200,因此 RELOAD = 256 - int(11059200/115200/32 + 0.5) = 252。252 的十六进制为 0XFD,所以 BRT = 0xFD,int()表示取整运算即舍去小数,在式中加 0.5,可以达到四舍五入的目的。
```c
    — — — — — — — — — — — — — — — — — — — — — — — —*/
void Uart_Init(void)
{
```

```
    PCON & =0x7F；  //波特率不倍速
    SCON =0x50；  //8 位数据,可变波特率
    AUXR | =0x04；  //独立波特率发生器时钟为 Fosc,即 1T
    BRT =0xFD；  //设定独立波特率发生器重装值
    AUXR | =0x01；  //串口 1 选择独立波特率发生器为波特率发生器
    AUXR | =0x10；  //启动独立波特率发生器
    IE | =0X90；  //开启串行口 1 的中断
}
void Uart_Send_Byte( u8 byte)
{
    SBUF = byte；  //将要发送的字节放进缓冲区中
    while( ! TI)；  //等待发送完成
    TI =0；  //清除发送完成标志位
}
void UART_Send_Str( u8 * pStr)
{
    while( * pStr ! = '/0')   //一直发送,遇见空格或者数组结束符时停止发送
    {
        Uart_Send_Byte( * pStr + +)；  //发送一个字节,指针加一,指向下一个数据
地址
    }
}
void Uart_Isr( )interrupt 4   //串口中断服务函数
{
    RI =0；  //接收标志位清"0"
    a = SBUF；  //接收缓冲区里的值赋予 a,a 只能输入 0 ~9
    a = a + '0'；  //将 a 得到的值变为字符
    flag =1；  //标志位置为 1,即 flag 为真
}
```

6.6.2 参考程序 2

```
#include " reg5a. h"
typedef unsigned char u8；
typedef unsigned int u16；
u8 flag,a；  //定义两个全局变量,方便在函数间使用
void Uart_Init( void)；  //串口初始化函数
void Uart_Send_Byte( u8 byte)；  //发送一个字节
void UART_Send_Str( u8 * pStr)；  //发送一个字符串
void main( void)
```

```
    {
        Uart_Init();    //初始化串口1,波特率115200
        while(1)
        {
            if(flag = =1)        //判断是否有串口数据的传送
            {
                UART_Send_Str("串口1接收到了");
                Uart_Send_Byte('/t');   //发送空格键
                Uart_Send_Byte(a);    //将中断里最终的a值发送出去
                Uart_Send_Byte(0x0d);
                Uart_Send_Byte(0x0a);   //回车
                flag =0;
            }
        }
    }
    void Uart_Init(void)
    {

        PCON & =0x7F;   //波特率不倍速
        SCON =0x50;   //8位数据,可变波特率
        AUXR | =0x40;   //定时器1时钟为Fosc,即1T
        AUXR & =0xFE;   //串口1选择定时器1为波特率发生器
        TMOD & =0x0F;   //清除定时器1模式位
        TMOD | =0x20;   //设定定时器1为8位自动重装方式
        TL1 =0xFD;   //设定定时初值
        TH1 =0xFD;   //设定定时器重装值
        ET1 =0;   //禁止定时器1中断
        TR1 =1;   //启动定时器1
        IE | =0X90;   //开启串行口1的中断
    }
    void Uart_Send_Byte(u8 byte)
    {

        SBUF =byte;   //将要发送的字节放进缓冲区中
        while(! TI);   //等待发送完成
        TI =0;   //清除发送完成标志位
    }

    void UART_Send_Str(u8 * pStr)
    {

        while( * pStr ! ='/0')   //一直发送,遇见空格或者数组结束符时停止发送
        {
```

Uart_Send_Byte(* pStr + +)；　//发送一个字节,指针加1,指向下一个数据
地址
　　　　}
　　}
void Uart_Isr( )interrupt 4　//串口中断服务函数
　{
　　　RI＝0；　//接收标志位清"0"
　　　a＝SBUF；　//接收缓冲区里的值赋予a,a只能输入0～9
　　　a＝a＋'0'；　//将a得到的值变为字符
　　　flag＝1；　//标志位置为1,即flag为真
　}

6.6.3　程序的现象说明

　　①编译没有错误后,我们打开STC－ISP将其下载到开发板。然后我们使用STC－ISP
的串口助手,步骤如图6.9所示。

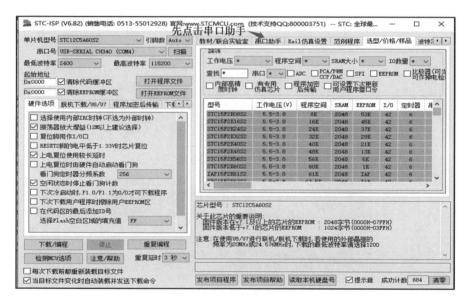

图6.9　STC－ISP

　　②进入串口助手界面(图6.10)。
　　③查看串口号,由于可能不同电脑串口号不一样,因此应该检查如图6.11所示的串
口号。
　　④确定好后选择串口号为COM4,其次选择波特率为115200,再点选择文本模式,这一
步最后打开串口(图6.12)。
　　⑤紧接着输入阿拉伯数字,最后点击发送数据(图6.13)。
　　⑥我们可以看见接收缓冲区将其打印出来,如图6.14所示。

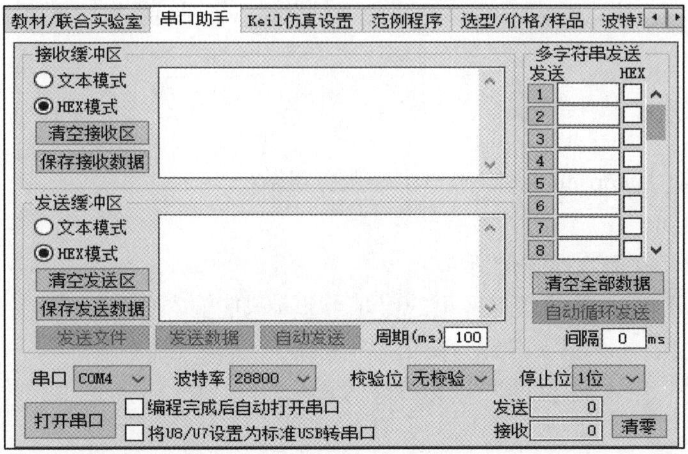

图 6.10   串口助手界面

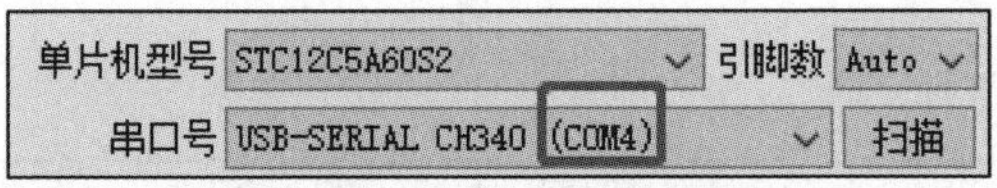

图 6.11   检查串口号

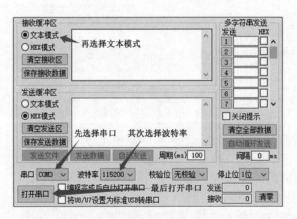

图 6.12   打开串口

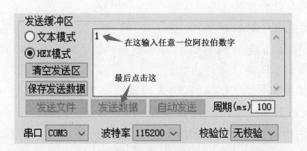

图 6.13   发送数据

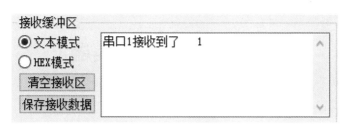

图 6.14 接收缓冲区

6.7 本章小结

本章首先介绍了串行通信的概念及其类型,接着详细讲述了单片机串行通信模块的相关控制寄存器、工作模式及串行通信的配置方法,最后结合实例讲解了单片机如何通过串行口与 PC 进行通信。通过本章的学习,读者基本掌握了单片机之间的串行通信或单片机与 PC 机之间的串行通信。

思 考 题

1. 计算机通信中,数据的通信分成两大类,一类是无线通信,一类是有线通信,那么请问在有线通信中,并行通信和串行通信的区别在哪里,它们各自的优缺点是什么,用在什么场合居多?

2. 串行通信中,同步通信和异步通信的区别在哪里?

3. 串行通信数据传输方向共有 3 种方式,请问这 3 种方式分别是什么,它们各自的特点是什么?

4. 什么是串行通信的奇校验? 什么是串行通信的偶校验?

5. RS232 和 RS485 的硬件上有什么区别,这些区别令它们的传输距离发生了多大的变化? 什么场合使用 RS232 比较合适,什么场合使用 RS485 比较合适?

6. 与串口相关的寄存器有哪些,配置串口通信的位又是哪个?

7. 串口通信一共有几种工作模式,分别叫什么?

8. 串口通信的难点在于波特率的计算和串口中断服务函数的编写,请写出采用独立波特率发生器来产生串口通信时,需要配置哪些寄存器,以及波特率的计算公式? 如果采用定时器 0 或者定时器 1 来作为波特率发生器呢? 又需要如何配置?

9. 请总结归纳出至少两种配置串口通信初始化函数的思路。

第 7 章　A/D 转换器

本章学习要点：

1. 了解 A/D 转换器的原理；

2. 学习 A/D 转换器的配置；

3. 熟练使用 A/D 转换器。

A/D 转换器的作用就是将一段连续的、不可直接读取电压值的电信号转换成离散的、可量化读取电压值的电信号。基于此，A/D 转化器在生活中应用数不胜数。在早期的 8051 系列单片机中是没有这个功能的，而 STC12C5A50S2 系列则弥补了这个缺陷。

7.1　A/D 转换概述及其作用

简单来说，A/D 转换就是把模拟信号转换为数字信号，其过程如图 7.1 所示。

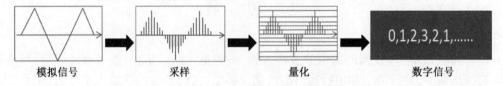

| 模拟信号 | 采样 | 量化 | 数字信号 |

图 7.1　模拟信号转换为数字信号的过程框图

在现实生活中我们常常需要检测一些连续的模拟量，如：温度、湿度、压力、速度等，它们通过传感器转化为电压值后，就需要模数转换器（即 A/D）的处理后变为数字量，从而使我们能够计算出电压值的大小。A/D 转换的作用是将被测电压转化为对应的数值，只有这样单片机才能够进行运算、判断和控制。

在 STC12C5A60S2 系列的单片机的 P1 口中自带有 8 路 10 位高速 A/D 转换器，速度可达到 250 kHz（25 万次/秒）。该 8 路电压输入型 A/D，可做温度检测、电池电压检测、按键扫描、频谱检测等。上电复位后 P1 口为弱上拉型 I/O 口，用户可以通过软件设置将 8 路中的任何一路设置为 A/D 转换，不需作为 A/D 使用的口可继续作为 I/O 口使用。

7.2　A/D 转换器的分类

根据 A/D 转换器的原理可将其分为两大类。一类为直接型 A/D 转换器，另一类为间接型 A/D 转换器。在前者的转换中，输入的模拟电压被直接转换为数字代码，不经过任何中间变量；而后者中，它是将输入的模拟电压转化为某种中间变量（例如时间、频率、脉冲宽度等),然后再将这个中间变量转化为数字代码输出。

下面介绍一下目前常使用的几种 A/D 类型:积分型、逐次比较型、并行比较型/串并行比较型、∑ – Δ 调制型、电容阵列逐次比较型及压频变换型,具体如下。

7.2.1 积分型(如 TLC7135)

积分型 A/D 工作原理是将输入电压转换成时间(脉冲宽度信号)或频率(脉冲频率),然后由定时器/计数器获得数字值,其优点是用简单电路就能获得高分辨率,但缺点是由于转换精度依赖于积分时间,因此转换速率极低。

7.2.2 逐次比较型(如 TLC0831)

逐次比较型 A/D 由一个比较器和 D/A 转换器通过逐次比较逻辑构成,从 MSB 开始,顺序地对每一位将输入电压与内置 D/A 转换器输出进行比较,经 n 次比较而输出数字值,其电路规模属于中等。优点是速度较高、功耗低,在低分辨率(< 12 位)时价格便宜,但高精度(> 12 位)时价格很高,目前逐次比较型已逐步成为主流。

7.2.3 并行比较型/串并行比较型(如 TLC5510)

并行比较型 A/D 采用多个比较器,仅做一次比较而实行转换,又称 flash(快速)型。由于转换速率极高,n 位的转换就需要 $2n – 1$ 个比较器,因此电路规模也极大,价格也高,只适用于视频 A/D 转换器等速度特别高的领域。

串并行比较型 A/D 结构上介于并行比较型和逐次比较型之间,最典型的是由两个 $n/2$ 位的并行比较型 A/D 转换器配合 D/A 转换器组成,用两次比较实行转换,所以称为 half flash(半快速)型。还有分成三步或多步实现 A/D 转换的叫作分级(multistep/subrangling)型 A/D,而从转换时序角度又可称为流水线(pipelined)型 A/D,现代的分级型 A/D 中还加入了对多次转换结果做数字运算而修正特性等功能,这类 A/D 速度比逐次比较型高,电路规模比并行比较型小。

7.2.4 ∑ – Δ(Sigma/FONT > delta)调制型(如 AD7705)

∑ – Δ 型 A/D 由积分器、比较器、1 位 D/A 转换器和数字滤波器等组成。其原理上近似于积分型,将输入电压转换成时间(脉冲宽度)信号,用数字滤波器处理后得到数字值。电路的数字部分基本上容易单片化,因此容易做到高分辨率,这类 A/D 主要用于音频和测量。

7.2.5 电容阵列逐次比较型

电容阵列逐次比较型 A/D 在内置 D/A 转换器中采用电容矩阵方式,也可称为电荷再分配型。一般的电阻阵列 D/A 转换器中多数电阻的值必须一致,在单芯片上生成高精度的电阻并不容易。如果用电容阵列取代电阻阵列,可以用低廉成本制成高精度单片 A/D 转换器。最近的逐次比较型 A/D 转换器大多为电容阵列式的。

7.2.6 压频变换型(如 AD650)

压频变换型(voltage – frequency converter)是通过间接转换方式实现模数转换的,其原理是首先将输入的模拟信号转换成频率,然后用计数器将频率转换成数字量。从理论上讲这种 A/D 的分辨率几乎可以无限增加,只要采样的时间能够满足输出频率分辨率要求的累积脉冲个数的宽度,其优点是分辨率高、功耗低、价格低,但是需要外部计数电路共同完成 A/D 转换。

7.3 A/D 转换器的主要技术指标

7.3.1 分辨率

A/D 的分辨率是指使输出数字量变化一个相邻数码所需输入模拟电压的变化量。常用二进制的位数表示。例如 12 位 A/D 的分辨率就是 12 位,或者说分辨率为满刻度 FS 的 $(1/2)^n$。一个 10 V 满刻度的 12 位 A/D 能分辨输入电压变化最小值是 10 V × $(1/2)^{12} = 2.4$ mV。

7.3.2 量化误差

A/D 把模拟量变为数字量,用数字量近似表示模拟量,这个过程称为量化。量化误差是 A/D 的有限位数对模拟量进行量化而引起的误差。实际上,要准确表示模拟量,A/D 的位数需很大甚至无穷大。一个分辨率有限的 A/D 的阶梯状转换特性曲线与具有无限分辨率的 A/D 转换特性曲线(直线)之间的最大偏差即是量化误差(图 7.2)。

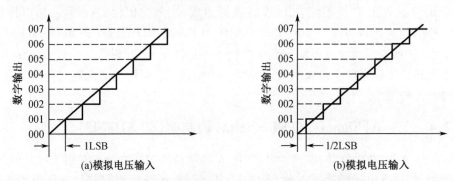

图 7.2 不同最低有效位的 ADC 转换特性曲线

图 7.2 中 LSB(least significant bit),意思为最低有效位。由图 7.2 可知数字量分得越细,最低有效位越小,那么数字量表示的模拟量就越接近实际的模拟量。

7.3.3 偏移误差

偏移误差是指输入信号为零时,输出信号不为零的值,所以有时又称为零值误差。假定 A/D 没有非线性误差,则其转换特性曲线各阶梯中点的连线必定是直线,这条直线与横轴相交点所对应的输入电压值就是偏移误差。

7.3.4 满刻度误差

满刻度误差又称为增益误差。A/D 的满刻度误差是指满刻度输出数码所对应的实际输入电压与理想输入电压之差。

7.3.5 线性度

线性度有时又称为非线性度,它是指转换器实际的转换特性与理想直线的最大偏差。

7.3.6 绝对精度

在一个转换器中,任何数码所对应的实际模拟量输入与理论模拟输入之差的最大值,称为绝对精度。对于 A/D 而言,可以在每一个阶梯的水平中点进行测量,它包括了所有的误差。

7.3.7 转换速率

A/D 的转换速率是能够重复进行数据转换的速度,即每秒转换的次数。而完成一次 A/D 转换所需的时间(包括稳定时间),则是转换速率的倒数。积分型的 A/D 的转换时间是毫秒级,属于低速 A/D;逐次比较型 A/D 是微秒级的 A/D,属于中速 A/D;并行比较型/串并行比较型的 A/D 可达到纳秒级,属于高速 A/D。

7.4 A/D 转换器结构、原理及其相关的寄存器

7.4.1 A/D 转换器结构、原理

STC12C5A60S2 系列单片机 A/D 转换器(ADC)的结构如图 7.3 所示。

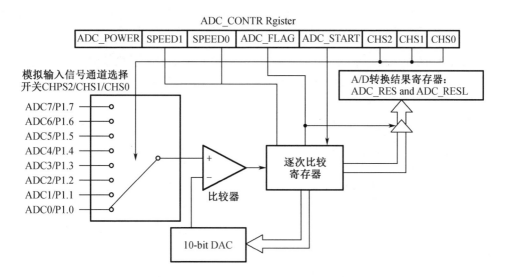

图 7.3 STC12C5A60S2 系列单片机 A/D 转换器(ADC)的结构

由图 7.3 可知,STC12C5A60S2 系列单片机 A/D 由多路选择开关、比较器、逐次比较寄存器、10 位 DAC、转换结果寄存器(ADC_RES 和 ADC_RESL)以及 ADC_CONTR 构成。

STC12C5A60S2 系列单片机的 A/D 是逐次比较型 A/D。逐次比较型 A/D 由一个比较器和 D/A 转换器构成,通过逐次比较逻辑,从最高位(MSB)开始,顺序地对每一输入电压与内置 D/A 转换器输出进行比较,经过多次比较,使转换所得的数字量逐次逼近输入模拟量对应值。逐次比较型 A/D 转换器具有速度高、功耗低等优点。

从图 7.3 可以看出,通过模拟多路开关,将通过 A/D 0~7 的模拟量输入送给比较器。用模/数转换器转换的模拟量与本次输入的模拟量通过比较器进行比较,将比较结果保存到逐次比较器,并通过逐次比较寄存器输出转换结果。A/D 转换结束后,最终的转换结果保存到 A/D 转换结果寄存器 ADC_RES 和 ADC_RESL,同时,置位 A/D 控制寄存器 ADC_CONTR 中的 A/D 转换结束标志位 ADC_FLAG,以供程序查询或发出中断申请。模拟通道的选择控制由 A/D 控制寄存器 ADC_CONTR 中的 CHS2~CHS0 确定。A/D 的转换速度由 A/D 控制寄存器中的 SPEED1 和 SPEED0 确定。在使用 A/D 之前,应先给 A/D 上电,也就是置位 A/D 控制寄存器中的 ADC_POWER 位。

7.4.2 与 A/D 转换相关的寄存器

1. P1 口模拟功能控制寄存器 P1ASF

STC12C5A60S2 系列单片机的 A/D 转换通道与 P1 口(P1.7~P1.0)复用,上电复位后 P1 口为弱上拉型 I/O 口,用户可以通过软件设置将 8 路中的任何一路设置为 A/D 转换,不需作为 A/D 使用的 P1 口可继续作为 I/O 口使用(建议只作为输入)。需作为 A/D 使用的口应先将 P1ASF 特殊功能寄存器中的相应位置为 1,将相应的口设置为模拟功能。P1ASF 寄存器的格式见表 7.1。

表 7.1 P1ASF:P1 口模拟功能控制寄存器格式表(该寄存器是只写寄存器,读无效)

SFR name	Address	bit	B7	B6	B5	B4	B3	B2	B1	B0
P1ASF	9DH	name	P17ASF	P16ASF	P15ASF	P14ASF	P13ASF	P12ASF	P11ASF	P10ASF

当 P1 口中的相应位作为 A/D 使用时,要将 P1ASF 中的相应位置 1。比如说此时我们只需要 P1~0 作为 A/D 口复用时,只需要使 P1ASF = 0x01 就可以了。

2. 控制寄存器 ADC_CONTR

ADC_CONTR 寄存器的格式见表 7.2。

表 7.2 ADC_CONTR:ADC 控制寄存器格式表

SFR name	Address	bit	B7	B6	B5	B4	B3	B2	B1	B0
ADC_CONTR	BCH	name	ADC_POWER	SPEED1	SPEED0	ADC_FLAG	ADC_START	CHS2	CHS1	CHS0

①ADC_POWER:A/D 电源控制位。

②0:关闭 A/D 转换器电源;

③1:打开 A/D 转换器电源。

建议进入空闲模式前,将 A/D 电源关闭,即 ADC_POWER = 0。启动 A/D 转换前一定要确认 A/D 电源已打开,A/D 转换结束后关闭 A/D 电源可降低功耗,也可不关闭。初次打开内部 A/D 转换模拟电源,需适当延时,等内部模拟电源稳定后,再启动 A/D 转换。

建议启动 A/D 转换后,在 A/D 转换结束之前,不改变任何 I/O 口的状态,有利于高精度 A/D 转换,将定时器/串行口/中断系统关闭更好。

表 7.3 模数转换器转换速度控制位格式表

SPEED1	SPEED0	A/D 转换所需时间
1	1	90 个时钟周期转换一次,CPU 工作频率 21 MHz 时,A/D 转换速度约 250 kHz
1	0	180 个时钟周期转换一次
0	1	360 个时钟周期转换一次
0	0	540 个时钟周期转换一次

STC12C5A60S2 系列单片机的 A/D 转换模块使用的时钟是内部 R/C 振荡器所产生的系统时钟,不使用时钟分频寄存器 CLK_DIV 对系统时钟分频后所产生的供给 CPU 工作所使用的时钟,这样可以让 A/D 用较高的频率工作,提高 A/D 的转换速度,这样可以让 CPU 用较低的频率工作,降低系统的功耗。

①ADC_FLAG:模数转换器转换结束标志位,当 A/D 转换完成后,ADC_FLAG = 1,要由软件清"0",不管是 A/D 转换完成后由该位申请产生中断,还是软件查询该标志位 A/D 转换是否结束,当 A/D 转换完成后,ADC_FLAG = 1,一定要软件清"0"。

②ADC_START:模数转换器转换启动控制位,设置为 1 时,开始转换,转换结束后为 0。

程序中需要注意的事项:

由于是 A/D 与 CPU 各自使用一套时钟,所以设置 ADC_CONTR 控制寄存器后,要加 4 个空操作延时才可以正确读到 ADC_CONTR 寄存器的值,原因是设置 ADC_CONTR 控制寄存器的语句执行后,要经过 4 个 CPU 时钟的延时,其值才能够保证被设置进 ADC_CONTR 控制寄存器。经过 4 个时钟延时后,才能够正确读到 ADC_CONTR 控制寄存器的值。

3. A/D 转换结果寄存器 ADC_RES、ADC_RESL

特殊功能寄存器 ADC_RES 和 ADC_RESL 寄存器用于保存 A/D 转换结果,其格式见表 7.4。

表 7.4 ADC_RES 和 ADC_RESL 寄存器用于保存 A/D 转换结果格式表

Mnemonic	Add	Name	B7	B6	B5	B4	B3	B2	B1	B0
ADC_RES	BDh	A/D 转换结果寄存高								
ADC_RES	BEh	A/D 转换结果寄存低								
AUXR1	A2H	Auxiliary	—	PCA_P4	SPI_P4	S2_P4	GF2	ADRJ	—	DPS

当 ADRJ =0 时,10 位 A/D 转换结果的高 8 位存放在 ADC_RES 中,低 2 位存放在 ADC_RESL 的低 2 位中(表 7.5)。

表 7.5   10 位 A/D 转换结果存放格式表

Mnemonic	Add	Name	B7	B6	B5	B4	B3	B2	B1	B0
ADC_RES	BDh	A/D 转换结果寄存器高 8 位	ADC_RES9	ADC_RES8	ADC_RES7	ADC_RES6	ADC_RES5	ADC_RES4	ADC_RES3	ADC_RES2

A/D 转换结果寄存器格式如图 7.4 所示。

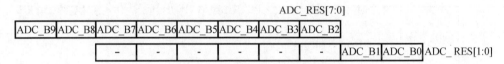

图 7.4   A/D 转换结果寄存器格式图

如果取 10 位结果,则按下面公式计算,计算结果的单位为毫伏:

10 – bit A/D conversion result:(ADC_RES[7:0],ADC_RESL[1:0]) = 1024 × Vin/VCC

如果取 8 位结果,按下面公式计算,计算结果的单位为毫伏:

8 – bit A/D conversion result:(ADC_RES[7:0]) = 256 × Vin/VCC

当 AUXR.1/ADRJ = 1 时,A/D 转换结果寄存器格式如图 7.5 所示。

ADC_RES[1:0]

-	-	-	-	-	ADC_B9	ADC_B8

ADC_B7	ADC_B6	ADC_B5	ADC_B4	ADC_B3	ADC_B2	ADC_B1	ADC_B0	ADC_RES[7:0]

图 7.5   A/D 转换结果寄存器格式图

当 ADRJ =1 时,10 位 A/D 转换结果的高 2 位存放在 ADC_RES 的低 2 位中,低 8 位存放在 ADC_RESL 中,其存放格式如下表 7.6 所示。

表 7.6   10 位 A/D 转换结果存放格式图

Mnemonic	Add	Name	B7	B6	B5	B4	B3	B2	B1	B0
ADC_RES	BDh	A/D 转换结果	—	—	—	—	—	—	ADC_RES9	ADC_RES8
ADC_RESL	BEh	A/D 转换结果寄存器低 8 位	ADC_RES7	ADC_RES6	ADC_RES5	ADC_RES4	ADC_RES3	ADC_RES2	ADC_RES1	ADC_RES0
AUXR1	A2H	Auxiliary register1						ADRJ =1		

如果取 10 位结果,则按下面公式计算:

10 – bit A/D conversion result: $(ADC\_RES[1:0],ADC\_RESL[7:0]) = 1024 \times Vin/VCC$

式中,Vin 为模拟输入通道输入电压,VCC 为单片机实际工作电压,用单片机工作电压作为模拟参考电压,计算结果的单位为毫伏。

4. 与 A/D 中断有关的寄存器

见表 7.7 至表 7.9。

表 7.7　IE 中断允许寄存器表(可位寻址)

SFR name	Address	bit	B7	B6	B5	B4	B3	B2	B1	B0
IE	A8H	name	EA	ELVD	EADC	ES	ET1	EX1	ET0	EX0

①EA:CPU 的中断开放标志,EA = 1,CPU 开放中断;EA = 0,CPU 屏蔽所有的中断申请。EA 的作用是使中断允许形成多级控制,即各中断源首先受 EA 控制,其次还受各中断源自己的中断允许控制位控制。

②EADC:A/D 转换中断允许位。EADC = 1,允许 A/D 转换中断;EADC = 0,禁止 A/D转换中断。

注意:A/D 中断服务程序中要用软件清 A/D 中断请求标志位 ADC_FLAG(也是 A/D 转换结束标志位)。

表 7.8　IPH 中断优先级控制寄存器高位表(不可位寻址)

SFR name	Address	bit	B7	B6	B5	B4	B3	B2	B1	B0
IPH	B7H	name	PPCAH	PLVDH	PADCH	PSH	PT1H	PX1H	PT0H	PT0H

表 7.9　IP 中断优先级控制寄存器低位表(可位寻址)

SFR name	Address	bit	B7	B6	B5	B4	B3	B2	B1	B0
IP	B8H	name	PPCA	PLVD	PADC	PS	PT1	PX1	PT0	PT0

PADCH,PADC:A/D 转换中断优先级控制位。

当 PADCH = 0 且 PADC = 0 时,A/D 转换中断为最低优先级中断(优先级 0);

当 PADCH = 0 且 PADC = 1 时,A/D 转换中断为较低优先级中断(优先级 1);

当 PADCH = 1 且 PADC = 0 时,A/D 转换中断为较高优先级中断(优先级 2);

当 PADCH = 1 且 PADC = 1 时,A/D 转换中断为最高优先级中断(优先级 3)。

7.5　编写 A/D 转换程序

7.5.1　编写 A/D 转换程序的 5 个重要函数

本节实验正是利用 STC12C5A60S2 系列单片机的 A/D 转换器将一段连续的、不可直接读取电压值的电信号转换成离散的、可量化读取电压值的电信号。为此我们要操控 A/D 关于寄存器,以此来实现 A/D 转换器有关的功能。

1. A/D 初始化函数

```
void Init_ADC( u8 channel)
{
    P1M0 = 0x00;
    P1M1 = 0x01;  //设置 P1.0 口为高阻输入
    P1ASF = 0x01;  //P1.0 口作为模拟功能 A/D 使用
    ADC_RES = 0;  //清除特殊功能寄存器 ADC_RES 的值
    ADC_RESL = 0;  //清除特殊功能 ADC_RESL 寄存器的值
    ADC_CONTR = ADC_POWER|SPEED_HIGH1|channel| ADC_START;  //打开 A/
D 转换器电源,设置转换速度,打开使用的通道
    _nop_();_nop_();_nop_();_nop_();  //延时 4 个周期
    Delay(1);
    AUXR1| = ADRJ;  //设置 ADRJ 寄存器的 ADRJ 为 0
    IE =0xa0;  //使能 A/D 中断并且允许 A/D 转换中断,不开中断时可以不用编写
}
```

第一步:配置 P1 口中你想使用的 I/O 口为高阻输入。上述用的是 P1.0 口。

第二步:配置 P1 口模拟功能控制寄存器(即 P1ASF)中你想使用的 I/O 口作为模拟 A/D使用。上述用的是 P1.0 口。

第三步:清除特殊功能寄存器 ADC_RES 和特殊功能寄存器 ADC_RESL 的值,设为 0 开始。

第四步:设置 A/D 控制寄存器 ADC_CONTR,将该寄存器 A/D 转换器电源,设置转换速度,使用的通道位使能。注意,每次使能 A/D 控制寄存器 ADC_CONTR 位后都要加 4 个空操作延时。

第五步:设置 ADRJ 寄存器的 ADRJ 为 0。

第六步:当你需要使能 A/D 的中断时都要使能中断允许寄存器 IE 的 B5 和 B7 位。当要设置中断优先级时,则根据个人的需要设置中断优先级控制寄存器高 IPH 的 B5 位 (PADCH)和中断优先级控制寄存器低 IP 的 B5 位(PADC)。

2. A/D 值获取函数

```
u16 Get_ADC( )
{
    unsigned char flag = 0;  //设置标志位
    ADC_CONTR| = ADC_START;  //启动 A/D 开始转换
    while( flag = =0)  //检测标志位是否为零,如果为零则继续检测
    {
        flag = ADC_CONTR&ADC_FLAG;  //检测 A/D 是否转化完成
    }
    ADC_CONTR& = 0xE7;  //A/D 转化完成,清 ADC_FLAG 位,关闭 A/D 转换
    return( ADC_RES * 4 + ADC_RESL);  //返回 A/D 测得的值
```

}

3. 多次取样后得到 A/D 的平均值(此函数帮助我们得到一个较为确定的电压值)

float Get_ADC_average( )

{

　　　float average = 0.0;

　　　u8 times = 0;

　　　for(times; times < 100; times + +)　　//累加 A/D 值 100 次

　　　{

　　　　　average + = Get_ADC( );

　　　}

　　　average/ = 100.0;　　//计算出 100 次累加之后的 A/D 值

　　　average = average * 4740.0/1024;　　//当 AUXR1 寄存器 ADRJ 为 0 时,算出输入电压的公式

　　　return average;

}

4. 将测得的平均 A/D 值转变为字符

void AD_num_string(u8 str[7])　　//将测得的 A/D 值变为 ASCLL 值

{

　　　long result;

　　　result = Get_ADC_average( );

　　　str[0] = (result/1000) + '0';

　　　str[1] = '.';

　　　str[2] = (result% 1000/100) + '0';

　　　str[3] = (result% 1000% 100/10) + '0';

　　　str[4] = (result% 10) + '0';

　　　str[5] = 'V';

　　　str[6] = '\n';

}

5. 编写串口初始化函数和发送函数

void Uart_Init( )

{

　　　PCON & = 0x7F;　　//波特率不倍速

　　　SCON = 0x50;　　//8 位数据,可变波特率

　　　AUXR | = 0x04;　　//独立波特率发生器时钟为 Fosc,即 1T

　　　BRT = 0xFD;　　//设定独立波特率发生器重装值

　　　AUXR | = 0x01;　　//串口 1 选择独立波特率发生器为波特率发生器

　　　AUXR | = 0x10;　　//启动独立波特率发生器

}

void Uart_Send_Byte(float byte)

{

```
        SBUF = byte;    //将要发送的字节放进缓冲区中
        while( ! TI);    //等待发送完成
        TI = 0;    //清除发送完成标志位
    }

    void UART_Send_Str( char * pStr)
    {

        while( * pStr ! = '\0')   //一直发送,遇见空格或者数组结束符时停止发送
        {
            Uart_Send_Byte( * pStr + + );    //发送一个字节,指针加一,指向下一个数据
地址
        }
        Uart_Send_Byte(0x0d);
        Uart_Send_Byte(0x0a);
    }
```

7.5.2　试验:利用 A/D 测单片机的输入电压 VCC 值

在此实验中我们需要准备一条杜邦线,并将单片机的 P1.0 口接至 VCC 引脚。

A/D 转换模块的参考电压源:STC12C5A60S2 系列单片机的参考电压源是输入工作电压 VCC 是 A/D 转换模块的参考电压源,所以一般不用外接参考电压源。

在本实验里有两种方法:第一种是查询方式是通过检测 A/D 转换完成标志位 ADC_FLAG 的状态,从而确定 A/D 转换完成,不耗费系统资源,应用较简单,但是实时性较差;第二种是 A/D 中断查询方式则是转换完成,直接发出中断申请,实时性好。

1. A/D 查询方式:

```
#include "reg5a. h"   //STC12C5A60S 系列单片机的头文件
#include < intrins. h >   //内有_nop_( )CPU 时函数
#include "stdlib. h"       //在使用"long"和"float"时使用
                          //内有标准的 c 语言标准库函数的定义
typedef unsigned int u16;
typedef unsigned char u8;

#define ADC_POWER0x80    //A/D 的电源控制位
#define ADC_FLAG0x10    //A/D 的转换结束标志位
#define ADC_START0x08    //A/D 转换启动控制位
#define SPEED_LOW00x00    //540 个周期转换一次
#define SPEED_LOW10x20    //360 个周期转换一次
#define SPEED_HIGH0    0x40    //180 个周期转换一次
#define SPEED_HIGH1    0x60    //90 个周期转换一次
//以上的宏定义是根据 ADC_CONTR 寄存器的控制位来编写,方便我们能够看懂驱动
程序
```

```
#define ADRJ    0x00    //设置 AUXR1 寄存器的 ADRJ 为 0
//以上的宏定义是根据 ADRJ 寄存器的控制位来编写,方便我们能够看懂驱动程序
void delay(u16 xms);
void Init_ADC(u8 channel);    //A/D 的初始化函数
u16 Get_ADC(void);    //得到 A/D 的值
float Get_ADC_average();    //测多次 A/D 的值之后算出平均值,减少误差
void AD_num_string(u8 string[7]);    //A/D 值变为字符
void Uart_Init(void);    //串口初始化
void Uart_Send_Byte(u8 byte);    //串口发送一个字节
void UART_Send_Str(char * pStr);    //串口发送一段字符
void main()    //主函数
{
    u8 str[7];
    Uart_Init();    //初始化串口
    Init_ADC(0);    //初始化 A/D
    while(1)
    {
        AD_num_string(str);
        UART_Send_Str(str);
        delay(5000);
    }
}
void delay(u16 xms)    //延时 x ms 函数
{
    u16 j,k;
    for(k=xms;k>0;k--)
    for(j=110;j>0;j--);
}


void Init_ADC(u8 channel)    //A/D 的初始化
{
    P1M0 =0X00;
    P1M1 =0X01;    //设置 P1 口为高阻输入
    P1ASF =0x01;    //P1.0 口作为模拟功能 A/D 使用
    ADC_RES =0;    //清除特殊功能寄存器 ADC_RES 的值
    ADC_RESL =0;    //清除特殊功能 ADC_RESL 寄存器的值
    ADC_CONTR = ADC_POWER|SPEED_HIGH1|channel| ADC_START;    //打开 A/
D 转换器电源,设置转换速度,打开使用的通道
    _nop_();_nop_();_nop_();_nop_();    //延时 4 个周期
    delay(1);
```

```
    AUXR1| = ADRJ;   //设置 ADRJ 寄存器的 ADRJ 为 0
    IE = 0xa0;   //使能 A/D 中断并且允许 A/D 转换中断
}


u16 Get_ADC()   //A/D 获取函数
{
    unsigned char flag = 0;
    ADC_CONTR| = ADC_START;   //启动 A/D 开始转换
    return(ADC_RES * 4 + ADC_RESL);   //返回 A/D 测得的值
}
float Get_ADC_average()   //进行多次取样后得到 A/D 的平均值
{
    float average = 0.0;
    u8 times = 0;
    for(times;times < 100;times + +)   //累加 A/D 值
    {
        average + = Get_ADC();
    }
    average/ = 100.0;   //计算出 100 次累加之后的 A/D 值
    average = average * 4740.0/1024;   //当 AUXR1 寄存器 ADRJ 为 0 时,算出输入电
压的公式
    return average;
}
void AD_num_string(u8 str[7])   //将测得的 A/D 值变为字符
{
    long result;
    result = Get_ADC_average();
    str[0] = (result/1000) + '0';
    str[1] = '.';
    str[2] = (result%1000/100) + '0';
    str[3] = (result%1000%100/10) + '0';
    str[4] = (result%10) + '0';
    str[5] = 'V';
    str[6] = '\n';
}

void Uart_Init()
{
    PCON & = 0x7F;   //波特率不倍速
    SCON = 0x50;   //8 位数据,可变波特率
```

```
    AUXR |=0x04;  //独立波特率发生器时钟为Fosc,即1T
    BRT=0xFD;  //设定独立波特率发生器重装值
    AUXR |=0x01;  //串口1选择独立波特率发生器为波特率发生器
    AUXR |=0x10;  //启动独立波特率发生器
}


void Uart_Send_Byte(u8 byte)   //串口发送一个字节
{
    SBUF=byte;  //将要发送的字节放进缓冲区中
    while(! TI);  //等待发送完成
    TI=0;  //清除发送完成标志位
}

void UART_Send_Str(char * pStr)   //用串口发送字符串
{
    while( * pStr! ='\0')   //一直发送,遇见空格或者数组结束符时停止发送
    {
        Uart_Send_Byte( * pStr++);   //发送一个字节,指针加1,指向下一个数据
地址
    }
    Uart_Send_Byte(0x0d);
    Uart_Send_Byte(0x0a);
}
```

2. ADC 中断查询方式
```
#include "reg5a. h"
#include "intrins. h"
#include "stdlib. h"
typedef unsigned char u8;
typedef unsigned int u16;
/ * 定义 ADC_CONTR 寄存器的各个功能 * /
#define ADC_POWER   0x80      //ADC power control bit
#define ADC_FLAG    0x10      //ADC complete flag
#define ADC_START   0x08      //ADC start control bit
#define SPEED_LOW00x00       //540 个周期转换一次
#define SPEED_LOW1 0x20       //360 个周期转换一次
#define SPEED_HIGH0 0x40      //180 个周期转换一次
#define SPEED_HIGH1 0x60      //90 个周期转换一次
/ * 定义 AUXR1 寄存器的第三位功能 * /
#define ADRJ   0x00
```

```
    void Init_ADC(u8 i);
    void Uart_Init();
    void Uart_Send_Byte(u8 byte);
    void UART_Send_Str(char * pStr);
    void Delay(u16 n);
    u16 Get_ADC();
    float Get_ADC_average();
    void AD_num_string(u8 str[7]);

    void main()
    {
        u8 str[7];
        Uart_Init();    //初始化串口
        Init_ADC(0);    //初始化 A/D
        while(1)
    {
            AD_num_string(str);
            UART_Send_Str(str);
            Delay(5000);
        }
    }

    void Delay(u16 xms)
    {
        u16 j,k;
        for(k = xms;k > 0;k − − )
            for(j = 110;j > 0;j − − );
    }

    void Init_ADC(u8 channel)
    {
        P1M0 = 0X00;
        P1M1 = 0X01;    //设置 P1 口为高阻输入
        P1ASF = 0x01;    //P1.0 口作为模拟功能 A/D 使用
        ADC_RES = 0;    //清除特殊功能寄存器 ADC_RES 的值
        ADC_RESL = 0;    //清除特殊功能 ADC_RESL 寄存器的值
        ADC_CONTR = ADC_POWER|SPEED_HIGH1|channel| ADC_START;    //打开 A/
D 转换器电源,设置转换速度,打开使用的通道
        _nop_();_nop_();_nop_();_nop_();    //延时 4 个周期
        Delay(1);
```

```c
    AUXR1 | = ADRJ;  //设置 ADRJ 寄存器的 ADRJ 为 0
    IE = 0xa0;  //使能 A/D 中断并且允许 A/D 转换中断
}

void Uart_Init( )
{
    PCON & = 0x7F;  //波特率不倍速
    SCON = 0x50;  //8 位数据,可变波特率
    AUXR | = 0x04;  //独立波特率发生器时钟为 Fosc,即 1T
    BRT = 0xFD;  //设定独立波特率发生器重装值
    AUXR | = 0x01;  //串口 1 选择独立波特率发生器为波特率发生器
    AUXR | = 0x10;  //启动独立波特率发生器
}

void Uart_Send_Byte( u8 byte)
{
    SBUF = byte;  //将要发送的字节放进缓冲区中
    while( ! TI);  //等待发送完成
    TI = 0;  //清除发送完成标志位
}

void UART_Send_Str( char * pStr)
{
    while( * pStr! = '\0')  //一直发送,遇见空格或者数组结束符时停止发送
    {
        Uart_Send_Byte( * pStr + +);  //发送一个字节,指针加一,指向下一个数据
地址
    }
    Uart_Send_Byte(0x0d);  //这两行的意思是发送回车换行,有时会用到,如果不
需要可将其注释掉
    Uart_Send_Byte(0x0a);
}

u16 Get_ADC( )
{
    unsigned char flag = 0;
    ADC_CONTR | = ADC_START;  //启动 A/D 开始转换
    return( ADC_RES * 4 + ADC_RESL);  //返回 A/D 测得的值
}
```

163

```
    float Get_ADC_average( )
    {
        float average = 0.0;
        u8 times = 0;
        for( times; times < 100; times + + )    //累加 A/D 值
        {
            average + = Get_ADC( );
        }
        average/ = 100.0;    //计算出 100 次累加之后的 A/D 值
        average = average * 4740.0/1024;    //当 AUXR1 寄存器的 ADRJ 为 0 时,算出输入
电压的公式
        return average;
    }

    void AD_num_string( u8 str[7] )    //将测得的 A/D 值变为 ASCLL 值
    {
        long result;
        result = Get_ADC_average( );    //10 位
        str[0] = ( result/1000 ) + '0';
        str[1] = '.';
        str[2] = ( result% 1000/100 ) + '0';
        str[3] = ( result% 1000% 100/10 ) + '0';
        str[4] = ( result% 10 ) + '0';
        str[5] = 'V';
        str[6] = '\n';
    }
    void adc_isr( ) interrupt 5 using 1
    {
        ADC_CONTR & = ! ADC_FLAG;    //清除中断标志位
        ADC_CONTR = ADC_POWER | ADC_START;
    }
```

编译没有错误后,我们打开 STC – ISP 将其下载到开发板。然后我们使用 STC – ISP 的串口助手,步骤如图 7.6、图 7.7 所示。

进入图 7.7 所示界面再查看串口号,由于可能不同电脑串口号不一样,因此应该检查如图 7.8 所示的串口号。

确定好后选择串口号为 COM4,其次选择波特率为 115200,再点选择文本模式,打开串口,如图 7.9 所示。

然后就会出现串口的电压值,由于该端口为高阻输入,因此会导致 I/O 测得的电压不稳定,我们将 P1.0 口插上杜邦线,将其插入 VCC 口,此时会有稳定的电压值,如图 7.10 所示。

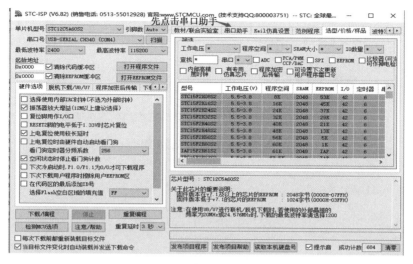

图 7.6 下载程序步骤 1 图

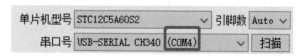

图 7.7 下载程序步骤 2 图

图 7.8 下载程序步骤 3 图

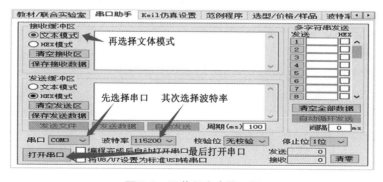

图 7.9 下载程序步骤 4 图

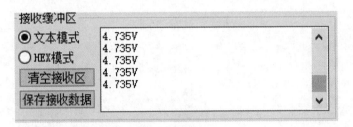

图 7.10   A/D 实验效果图

7.6   本 章 小 结

本章介绍了单片机的 A/D 转换器工作原理、A/D 转换器的分类以及主要技术指标,详细介绍了 STC12C5A60S2 系列单片机的 A/D 转换器结构及相关寄存器的配置方法,并给出了 A/D 转换的几个常用子函数,通过调用这几个子函数,可实现 A/D 模块的初始化及 A/D 转换结果的获取,最后给出了利用 A/D 模块获取单片机输入电压值的实例。

思 考 题

1. 在 STC12 系列单片机中,配置 A/D 转换一共需要使用到 5 个寄存器,它们分别是什么?

2. 通过哪些 I/O 口可以模拟功能控制寄存器 P1ASF?

3. 编程 A/D 初始化需要哪些步骤,详细步骤是什么?

4. 与 A/D 中断有关的寄存器和有关的 A/D 转换中断允许位是什么,A/D 转换中断优先级控制位如何设置?

5. A/D 转换器共有几位,分别是什么?

第8章 PCA/PWM 原理及应用

本章学习要点：

1. 了解 PCA/PWM 基础知识；

2. 掌握 STC12C5A60S2 单片机的 PCA 模块 4 种模式编程配置；

3. 熟悉 STC12C5A60S2 单片机 PCA 编程的应用场合及如何使用。

大家都知道我们手机上有一个呼吸灯，当存在未接、未读的来电或信息时灯就会闪烁，其实我们的单片机也可以实现这样的功能，但要实现这种功能，我们需要利用到 PWM，那么先让我们来了解一下 PWM。

8.1 PCA 和 PWM 简介

PCA(programmable counter array)即可编程计数器阵列，提供增强的定时器功能，与标准 8051 计数器/定时器相比，它需要较少的 CPU 干预。

PWM(pulse - width modulation)即脉冲宽度调制，简称脉宽调制，如图 8.1 所示，其中一个脉冲占用的时间叫作周期，高电平占用的时间称之为脉宽时间，高电平占一个周期的时间的百分比叫作占空比，其公式为

$$占空比 = 脉宽时间 \div 周期 \times 100\%$$

单片机中常常通过 PWM 来调节电压从而控制电机的转速来实现差速，呼吸灯也是可以通过 PWM 来控制其像人的呼吸一样亮灭。

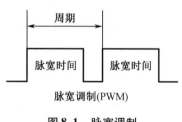

脉宽调制(PWM)

图 8.1 脉宽调制

PCA 模块能够模拟 PWM，而 PWM 具有如下优点：

①从处理器到被控系统信号都是数字形式的，在进行数模转换时，可将噪声影响降到最低；

②从模拟信号转向 PWM 可以极大地延长通信距离，在接收端，通过适当的 RC 或 LC 网络可以滤除调制高频方波并将信号还原为模拟形式；

③改善输出电压、电流波形、降低电源系统谐波。

8.2 PCA/PWM 相关寄存器

STC12C5A60S2 系列单片机集成了两路可编程计数器阵列(PCA)模块(分别为 PCA0、PCA1),可用于软件定时器、外部脉冲的捕捉、高速输出以及脉宽调制(PWM)输出。与 PCA/PWM 功能相关的寄存器具体如下。

1. PCA 工作模式寄存器 CMOD

PCA 工作模式寄存器的格式见表 8.1。

CMOD:PCA 工作模式寄存器

表 8.1 PCA 工作模式寄存器

SFR name	Address	bit	B7	B6	B5	B4	B3	B2	B1	B0
CMOD	D9H	name	CIDL	—	—	—	CPS2	CPS1	CPS0	ECF

①CIDL:空闲模式下是否停止 PCA 计数的控制位。当 CIDL = 0 时,空闲模式下 PCA 计数器继续工作;当 CIDL = 1 时,空闲模式下 PCA 计数器停止工作。

②CPS2、CPS1、CPS0:PCA 计数脉冲源选择控制位。

PCA 计数脉冲选择见表 8.2。

表 8.2 PCA 计数脉冲选择

CPS2	CPS1	CPS0	选择 PCA/PWM 时钟源输入
0	0	0	0,系统时钟/12,SYSclk/12
0	0	1	1,系统时钟/2,SYSclk/2
0	1	0	2,定时器 0 的溢出脉冲。由于定时器 0 可以工作在 1T 模式,所以可以达到计一个时钟就溢出,从而达到最高频率 CPU 工作时钟 SYSclk。通过改变定时器 0 的溢出率,可以实现可调频率的 PWM 输出
0	1	1	3,ECI/P1.2(或 P4.1)脚输入的外部时钟(最大速率 = SYSclk/2)
1	0	0	4,系统时钟,SYSclk
1	0	1	5,系统时钟/4,SYSclk/4
1	1	0	6,系统时钟/6,SYSclk/6
1	1	1	7,系统时钟/8,SYSclk/8

例如,CPS2/CPS1/CPS0 = 1/0/0 时,PCA/PWM 的时钟源是 SYSclk,不用定时器 0,PWM 的频率为 SYSclk/256。

如果要用系统时钟/3 来作为 PCA 的时钟源,应让 T0 工作在 1T 模式,计数 3 个脉冲即产生溢出。如果此时使用内部 RC 作为系统时钟(室温情况下,5 V 单片机为 11 MHz ~ 15.5 MHz),可以输出 14 ~ 19 kHz 频率的 PWM。用 T0 的溢出可对系统时钟进行 1 ~ 256 级分频。

③ECF:PCA 计数溢出中断使能位。当 ECF=0 时,禁止寄存器 CCON 中 CF 位的中断;当 ECF=1 时,允许寄存器 CCON 中 CF 位的中断。

2. PCA 控制寄存器 CCON

PCA 控制寄存器的格式见表8.3。

CCON:PCA 控制控制寄存器

表8.3　PCA 控制控制寄存器

SFR name	Address	bit	B7	B6	B5	B4	B3	B2	B1	B0
CCON	D8H	name	CF	CR	—	—	—	—	CCF1	CCF0

①CF:PCA 计数器阵列溢出标志位。当 PCA 计数器溢出时,CF 由硬件置位。如果 CMOD 寄存器的 ECF 位置位,则 CF 标志可用来产生中断。CF 位可通过硬件或软件置位,但只可通过软件清"0"。

②CR:PCA 计数器阵列运行控制位。该位通过软件置位,用来起动 PCA 计数器阵列计数。该位通过软件清"0",用来关闭 PCA 计数器。

③CCF1:PCA 模块 1 中断标志。当出现匹配或捕获时该位由硬件置位。该位必须通过软件清"0"。

④CCF0:PCA 模块 0 中断标志。当出现匹配或捕获时该位由硬件置位。该位必须通过软件清"0"。

3. PCA 比较/捕获寄存器 CCAPM0

PCA 模块 0 的比较/捕获寄存器的格式见表8.4。

CCAPM0:PCA 模块 0 的比较/捕获寄存器

表8.4　PCA 模块 0 的比较/捕获寄存器

SFR name	Address	bit	B7	B6	B5	B4	B3	B2	B1	B0
CCAPM0	DAH	name	—	ECOM0	CAPP0	CAPN0	MAT0	TOG0	PWM0	ECCF0

①B7:保留。

②ECOM0:允许比较器功能控制位。当 ECOM0=1 时,允许比较器功能。

③CAPP0:正捕获控制位。当 CAPP0=1 时,允许上升沿捕获。

④CAPN0:负捕获控制位。当 CAPN0=1 时,允许下降沿捕获。

⑤MAT0:匹配控制位。当 MAT0=1 时,PCA 计数值与模块的比较/捕获寄存器的值的匹配将置位 CCON 寄存器的中断标志位 CCF0。

⑥TOG0:翻转控制位。当 TOG0=1 时,工作在 PCA 高速输出模式,PCA 计数器的值与模块的比较/捕获寄存器的值的匹配将使 CCP0 脚翻转。(CCP0/PCA0/PWM0/P1.3 或 CCP0/PCA0/PWM0/P4.2)

⑦PWM0:脉宽调节模式。当 PWM0=1 时,允许 CEX0 脚用作脉宽调节输出。(CCP0/PCA0/PWM0/P1.3 或 CCP0/PCA0/PWM0/P4.2)

⑧ECCF0:使能 CCF0 中断。使能寄存器 CCON 的比较/捕获标志 CCF0,用来产生中断。相应的 PCA 模块 1 比较/捕获寄存器的每个位的作用和 PCA 模块 0 一样。

PCA 模块的工作模式设定见表8.5。

表 8.5 PCA 模块工作模式

–	ECOMn	CAPPn	CAPNn	MATn	TOGn	PWMn	ECCFn	模块功能
0	0	0	0	0	0	0	0	无此操作
1	0	0	0	0	1	0		8 位 PWM,无中断
1	1	0	0	0	1	1		8 位 PWM 输出,由低变高可产生中断
1	0	1	0	0	1	1		8 位 PWM 输出,由高变低可产生中断
1	1	1	0	0	1	1		8 位 PWM 输出,由低变高或者由高变低均可产生中断
X	1	0	0	0	0	X		16 位捕获模式,由 CCPn/PCAn 的上升沿触发
X	0	1	0	0	0	X		16 位捕获模式,由 CCPn/PCAn 的下降沿触发
X	1	1	0	0	0	X		16 位捕获模式由 CCPn/PCAn 的跳变触发
1	0	0	1	0	0	X		16 位软件定时器
1	0	0	1	1	0	X		16 位高速输出

4. PCA 的 16 位计数器——低 8 位 CL 和高 8 位 CH

CL 和 CH 地址分别为 E9H 和 F9H,复位值均为 00H,用于保存 PCA 的装载值。

5. PCA 捕捉/比较寄存器——CCAPnL(低位字节)和 CCAPnH(高位字节)

当 PCA 模块用于捕获或比较时,它们用于保存各个模块的 16 位捕捉计数值;当 PCA 模块用于 PWM 模式时,它们用来控制输出的占空比。其中,n = 0,1,分别对应模块 0 和模块 1。复位值均为 00H。它们对应的地址分别为:

CCAP0L—EAH、CCAP0H—FAH:模块 0 的捕捉/比较寄存器。

CCAP1L—EBH、CCAP1H—FBH:模块 1 的捕捉/比较寄存器。

6. PCA 模块 PWM 寄存器 PCA_PWM0 和 PCA_PWM1

PCA 模块 0 的 PWM 寄存器的格式见表8.6。

PCA_PWM0:PCA 模块 0 的 PWM 寄存器

表 8.6 PCA 模块 0 的 PWM 寄存器

SFR name	Address	bit	B7	B6	B5	B4	B3	B2	B1	B0
PCA_PWM0	F2H	name	—	—	—	—	—	—	EPC0H	EPC0L

①EPC0H:在 PWM 模式下,与 CCAP0H 组成 9 位数。

②EPC0L:在 PWM 模式下,与 CCAP0L 组成 9 位数。

相应的 PCA 模块 1PWM 寄存器的每个位的作用和 PCA 模块 0 一样。

7. 寄存器 AUXR1

通过配置该寄存器 AUXR1 将单片机的 PCA/PWM 功能从 P1 口设置到 P4 口,该寄存器的格式具体见表 8.7。

表 8.7　寄存器 AUXR1

SFR name	Address	bit	B7	B6	B5	B4	B3	B2	B1	B0
AUXR1	A2H	name	—	PCA_P4	SPI_P4	S2_P4	GF2	ADRJ	—	DPS

①PCA_P4:0,缺省 PCA 在 P1 口;

　　　　 1,PCA/PWM 从 P1 口切换到 P4 口;

　　　　 ECI 从 P1.2 切换到 P4.1 口;

　　　　 PCA0/PWM0 从 P1.3 切换到 P4.2 口;

　　　　 PCA1/PWM1 从 P1.4 切换到 P4.3 口。

②SPI_P4:0,缺省 SPI 在 P1 口;

　　　　 1,SPI 从 P1 口切换到 P4 口;

　　　　 SPICLK 从 P1.7 切换到 P4.3 口;

　　　　 MISO 从 P1.6 切换到 P4.2 口;

　　　　 MOSI 从 P1.5 切换到 P4.1 口;

　　　　 SS 从 P1.4 切换到 P4.0 口。

③S2_P4:0,缺省 UART2 在 P1 口;

　　　　 1,UART2 从 P1 口切换到 P4 口;

　　　　 TxD2 从 P1.3 切换到 P4.3 口;

　　　　 RxD2 从 P1.2 切换到 P4.2 口。

④GF2:通用标志位。

⑤ADRJ:0,10 位 A/D 转换结果的高 8 位放在 ADC_RES 寄存器,低 2 位放在 ADC_RESL 寄存器 1,10 位 A/D 转换结果的最高 2 位放在 ADC_RES 寄存器的低 2 位,低 8 位放在 ADC_RESL 寄存器。

⑥DPS:0,使用缺省数据指针 DPTR0;

　　　 1,使用另一个数据指针 DPTR1。

8.3　PCA/PWM 模块的结构

STC12C5A60S2 系列单片机有两路可编程计数器阵列 PCA/PWM(通过 AUXR1 寄存器可以设置 PCA/PWM 从 P1 口切换到 P4 口)。

PCA 含有一个特殊的 16 位定时器,有两个 16 位的捕获/比较模块与之相连,如图 8.2、图 8.3 所示。

每个模块可编程工作在 4 种模式下:上升/下降沿捕获、软件定时器、高速输出或可调制脉冲输出。

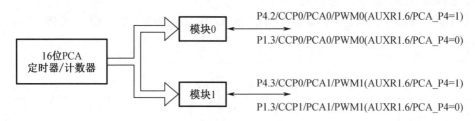

图 8.2 PCA 模块结构(一)

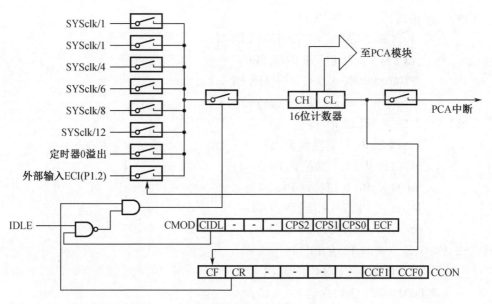

图 8.3 PCA 模块结构(二)

模块 0 连接到 P1.3/CCP0(可以切换到 P4.2/CCP0/MISO 口),模块 1 连接到 P1.4/CCP1(可以切换到 P4.3/CCP1/SCLK 口)。

寄存器 CH 和 CL 的内容是正在自由递增计数的 16 位 PCA 定时器的值。PCA 定时器是两个模块的公共时间基准,可通过编程工作在 1/12 系统时钟、1/8 系统时钟、1/6 系统时钟、1/4 系统时钟、1/2 系统时钟、系统时钟、定时器 0 溢出或 ECI 脚输入(STC12C5A60S2 系列在 P1.2 口)。定时器的计数源由 CMOD 特殊功能寄存器中的 CPS2、CPS1 和 CPS0 位来确定(见 CMOD 特殊功能寄存器说明)。

CMOD 特殊功能寄存器还有两个位与 PCA 相关。它们分别是:CIDL,空闲模式下允许停止 PCA;ECF,置位时,使能 PCA 中断,当 PCA 定时器溢出将 PCA 计数溢出标志 CF(CCON.7)置位。

CCON 特殊功能寄存器包含 PCA 的运行控制位(CR)和 PCA 定时器标志(CF)以及各个模块的标志(CCF1/CCF0)。通过软件置位 CR 位(CCON.6)来运行 PCA。CR 位被清"0"时 PCA 关闭。当 PCA 计数器溢出时,C 位(CCON.7)置位,如果 CMOD 寄存器的 ECF 位置位,就产生中断。CF 位只可通过软件清除。CCON 寄存器的位 0 ~ 3 是 PCA 各个模块的标志(位 0 对应模块 0,位 1 对应模块 1),当发生匹配或比较时由硬件置位。这些标志也只能通过软件清除。所有模块共用一个中断向量。

PCA 的每个模块都对应一个特殊功能寄存器。它们分别是:模块 0 对应 CCAPM0,模块 1 对应 CCAPM1,特殊功能寄存器包含了相应模块的工作模式控制位。

当模块发生匹配或比较时,ECCFn 位(CCAPMn.0,n=0,1 由工作的模块决定)使能 CCON 特殊功能寄存器的 CCFn 标志来产生中断。

PWM(CCAPMn.1)用来使能脉宽调制模式。

当 PCA 计数值与模块的捕获/比较寄存器的值相匹配时,如果 TOG 位(CCAPMn.2)置位,模块的 CEXn 输出将发生翻转。

当 PCA 计数值与模块的捕获/比较寄存器的值相匹配时,如果匹配位 MATn(CCAPMn.3)置位,CCON 寄存器的 CCFn 位将被置位。

CAPNn(CCAPMn.4)和 CAPPn(CCAPMn.5)用来设置捕获输入的有效沿。CAPNn 位使能下降沿有效,CAPPn 位使能上升沿有效。如果两位都置位,则两种跳变沿都被使能,捕获可在两种跳变沿产生。

通过置位 CCAPMn 寄存器的 ECOMn 位(CCAPMn.6)来使能比较器功能。

每个 PCA 模块还对应另外两个寄存器,CCAPnH 和 CCAPnL。当出现捕获或比较时,它们用来保存 16 位的计数值。当 PCA 模块用在 PWM 模式中时,它们用来控制输出的占空比。

8.4　PCA/PWM 模块的 4 种工作模式

PCA/PWM 模块有 4 种工作模式,分别如下:

①软件定时器模式:功能和定时器差不多,可用于定时器的扩展;

②捕获模式:通过设置其有效跳变沿,当发生该跳变沿时,进行计数,用于捕获上升沿或下降沿,也能用于脉冲的计数;

③PWM 模式:可以输出脉宽可调的脉冲,可用于电机无级调速;

④高速输出模式:可以输出频率较高的脉冲。

PCA/PWM 模块的配置步骤一般如下:

①配置分频系数,上述用的是 CMOD=0x00,意思是使单片机的标准运算速度是晶振的 1/12。

②配置 PCA 的工作模式在后面还会用到 CCAPM0=0x4d(高速脉冲模式),CCAPM0=0x42(PWM 模式),CCAPM0=0x11(下降沿捕获模式),上述用的是 CCAPM0=0x49,意思是设置 PCA 为 16 位软件定时模式。

③配置 PCA 的 16 位计数器的寄存器 CL 和 CH 分别为低 8 位和高 8 位(是否需要配置依情况而定)。

④配置 PCA 捕捉/比较寄存器 CCAP0L 和 CCAP0H 分别为 PCA0 模块的低 8 位和高 8 位(是否需要配置依情况而定)。

⑤开启总中断。

⑥启动 PCA 定时器。

下面给出了 4 种工作模式的配置源代码。

1. 软件定时器模式

```c
#include "reg5a. h"
void PWM_TIMER_Init(void);
unsigned int Timing_time(long SYSclk,int frequency_division,double Timing_time);
unsigned int value;   //定时时间数值
int i;
/*
SYSclk 晶振频率,单位 Hz
frequency_division 分频系数
Timing_time 定时时间,单位 s
计算公式装载值 =(int)(定时时间 * 晶振频率÷分频系数 +0.5)   //加上0.5用于
4 舍 5 入
 */
unsigned int Timing_time(long SYSclk,int frequency_division,double Timing_time)   //
PWM 定时时间计算函数
 {
     unsigned int Value;
     Value = (int)(Timing_time * SYSclk/frequency_division +0.5);
     return Value;
 }
void PWM_TIMER_Init()   //PCA 初始化函数
 {
     CMOD =0x00;   //设置时钟源为 12 分频
     CCAPM0 =0x49;   //设置为 16 位软件定时模式
     value = Timing_time(11059200,12,0.012);   //定时 12 ms
     CL =0;
     CH =0;   //设置起始装载数值
     CCAP0L = value;
     CCAP0H = value > > 8;   //设置终止装载数值
     EA =1;   //打开总中断
     CR =1;   //启动 PCA 定时器
 }
void main()
 {
     PWM_TIMER_Init();
     P1 =0xff;
     while(1);
 }
 void interrupt_PCA() interrupt 7   //PCA
 {
```

```
        unsigned int temp;
        temp = ( CCAP0H < < 8 ) + CCAP0L + value;   //使每次转载值都有相同的间隔,从
而达到定时的目的
        CCAP0L = temp;
        CCAP0H = temp > > 8;   //设置终止装载数值
        i + + ;
        if( i = = 100)
        {
            P1 = ~ P1;
            i = 0;
        }
        CCF0 = 0;   //清除中断标志位
}
```

　　通过配置单片机的寄存器使单片机的 PCA 模块工作在软件定时模式,再以其为定时时间控制 LED 灯使其 1.2 s 闪烁一次。

　　现象:每 1.2 sLED 灯闪烁一次。

2. 捕获模式

```
#include " reg5a. h"
#include " intrins. h"
#define u8 unsigned char
#define u16 unsigned char
void PWM_TIMER_Init( void );
sbit PWN_INIT = P1^3;
void Delay3000ms( )   //延时 3 s
{
    unsigned char i,j,k;
    _nop_( );_nop_( );
    i = 127;
    j = 18;
    k = 107;
    do
    {
        do
        {
            while( − −k);
        } while( − −j);
    } while( − −i);
}
void PWM_TIMER_Init( )   //PWM 初始化函数
{
```

```
        CMOD = 0x00;   //设置时钟源为 12 分频
        CCAPM0 = 0x11;  //允许下降沿捕获
        CL = 0;
        CH = 0;   //设置起始装载数值
        EA = 1;   //打开总中断
        CR = 1;   //启动软件定时器
    }

    void main( )
    {
        PWM_TIMER_Init( );
        P1M1 = 0X08;
        P1M0 = 0;
        while(1);
    }

    void interrupt_PCA( )interrupt 7
    {
        P1 = 0;
        Delay3000ms( );
        P1 = 0xff;
        CCF0 = 0;   //清除中断标志位
    }
```

配置单片机的寄存器使单片机的 PCA 模块工作在捕获模式,在以 P1.3 为触发引脚,当 P1.3 出现下降沿时,触发事件。

现象:将杜邦线一头接上 P1.3 口,一头去触碰 GND,除 P1.3 外其余 P1 管脚的 LED 灯先亮 3 s,再灭。

3. PWM 模式

```
#include "reg5a. h"
void Delay( )
{
    int i = 10000;
    while(i − −);
}

void PWM_TIMER_Init( )   //PCA 初始化函数
{
    CMOD = 0x00;   //设置时钟源为 12 分频
    CCAPM0 = 0x42;   //设置为 PWM 模式
    CL = 0;
    CH = 0;   //设置起始装载数值
    CR = 1;   //启动 PCA 定时器
}
```

```
void Breathing_lamp( )    //呼吸灯程序
{
    unsigned char i = 0;
    char change = 0;    //呼吸模式转变标志
    while(1)
    {
        if(change = = 0)    //慢慢变亮
        {
            i + + ;
            if(i = = 255)
            {
                change = 1;
            }
        }
        else//慢慢变暗
        {
            i - - ;
            if(i = = 0)
            {
                change = 0;
            }
        }
            CCAP0H = CCAP0L = i;    //通过赋值修改占空比
            Delay( );
    }
}
void main( )
{
    PWM_TIMER_Init( );
    Breathing_lamp( );
}
```

通过配置单片机的寄存器使单片机的 PCA 模块工作在 PWM 模式,通过改变 PWM 的占空比,使灯呈现呼吸灯状态。

现象:呈现呼吸灯。

4. 高速输出模式

```
#include " reg5a. h"
#define u16 unsigned int
u16 frequence_change( long SYSclk, int frequency_division, long frequency);
int count = 1;
u16 value;
```

177

```
/*
初值计算方法为:步长值 = 晶振频率/(2 * 分频系数 * 所需频率)
SYSclk 晶振频率,单位 Hz
frequency_division 分频系数
frequency 所需频率,单位 Hz
计算公式装载值 = (int)(定时时间 * 晶振频率 ÷ 分频系数 + 0.5)    //加上 0.5 用于 4
舍 5 入
*/
u16 frequence_change( long SYSclk, int frequency_division, long frequency)
{
    u16 temp;
    temp = (u16)(SYSclk/(2 * frequency_division * frequency) + 0.5);
    return temp;
}
void PWM_TIMER_Init()    //PCA 初始化函数
{

    CMOD = 0x00;    //设置时钟源为 12 分频
    CCAPM0 = 0x4d;    //设置为高速脉冲模式
    value = frequence_change(11059200,12,100000);    //设置为 100 kHz
    CL = 0;
    CH = 0;    //清零 PCA 计数器
    CCAP0L = value;
    CCAP0H = value > >8;    //设置终止装载数值
    EA = 1;    //打开总中断
    CR = 1;    //启动软件定时器
}
void main()
{

    PWM_TIMER_Init();    //Clear all module interrupt flag
    while(1);
}
void interrupt_PCA() interrupt 7
{

    unsigned int temp;
    count + +;
    temp = (CCAP0H < <8) + CCAP0L + value;
    CCAP0L = temp;    //取计算结果的低 8 位
    CCAP0H = temp > >8;    //取计算结果的高 8 位
    CCF0 = 0;    //清 PCA 模块 0 中断标志
}
```

通过配置单片机的寄存器使单片机的 PCA 模块工作在高速输出模式,使 P1.3 输出 100 kHz 的方波。

现象:LED 灯中的 L3 按照 100 kHz 的频率闪烁。

8.5　本 章 小 结

本章首先介绍了 PCA/PWM 的概念、PCA/PWM 的作用、PCA/PWM 模块的结构及相关寄存器,然后详细介绍了 PCA/PWM 不同工作模式的区别及配置方法,并给出了具体的配置源代码。

第9章　SPI 的配置与使用

本章学习要点：
1. 了解 SPI 的通信原理；
2. 了解 SPI 协议的时序变化与数据传输之间的关系；
3. 掌握 SPI 寄存器的配置；
4. 了解 SPI 单主单从和互为主从的配置及程序设计。

SPI 为串行外设接口（serial peripheral interface）的缩写，是 Motorola 公司推出的一种同步串行接口技术，是一种高速的、全双工、同步的通信总线。

SPI 具有支持全双工通信、通信简单、数据传输速率快等优点，但是没有指定的流控制、没有应答机制确认是否接收到数据，所以跟 IIC 总线协议比较在数据可靠性上有一定的缺陷。

9.1　SPI 模块引脚介绍

SPI 的通信原理很简单，它以主从方式工作，这种模式通常有一个主设备和一个或多个从设备，需要至少 4 根线，即 SCLK/P1.7、MOSI/P1.5、MISO/P1.6 和 SS/P1.4。事实上，一主一从时 3 根数据线也可以完成通信。

如图 9.1 所示，当有多个从设备的时候，因为每个从设备上都有一个片选引脚连接到主设备，当主设备和某个从设备通信时需要将从设备对应的片选引脚电平拉低或者是拉高。通过 MCU 的 I/O 来控制任意从设备，然后主设备产生时钟，通过 MOSI 发送数据，通过 MISO 接收数据。从设备也是如此检测到 SPI 模块被使能，结合主设备发送的 SCK 时序，通过 MOSI 发送数据，通过 MISO 接收数据。SPI 模块各引脚具体功能如下。

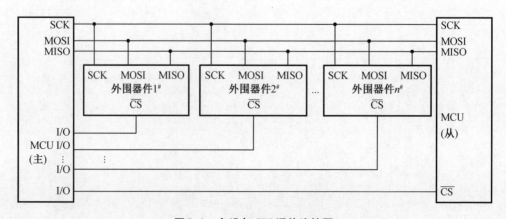

图 9.1　多设备 SPI 通信连接图

（1）MOSI（master out slave in，主出从入）

主器件的输出和从器件的输入，用于主器件到从器件的串行数据传输。根据SPI规范，多个从机共享一根MOSI信号线。在时钟边界的前半周期，主机将数据放在MOSI信号线上，从机在该边界处获取该数据。

（2）MISO（master in slave out，主入从出）

从器件的输出和主器件的输入，用于实现从器件到主器件的数据传输。SPI规范中，一个主机可连接多个从机，因此，主机的MISO信号线会连接到多个从机上，或者说，多个从机共享一根MISO信号线。当主机与一个从机通信时，其他从机应将其MISO引脚驱动置为高阻状态。

（3）SCLK（SPI clock，串行时钟信号）

串行时钟信号是主器件的输出和从器件的输入，用于同步主器件和从器件之间在MOSI和MISO线上的串行数据传输。当主器件启动一次数据传输时，自动产生8个SCLK时钟周期信号给从机。在SCLK的每个跳变处（上升沿或下降沿）移出一位数据。所以，一次数据传输可以传输一个字节的数据。

SCLK、MOSI和MISO通常和两个或更多SPI器件连接在一起。数据通过MOSI由主机传送到从机，通过MISO由从机传送到主机。SCLK信号在主模式时为输出，在从模式时为输入。如果SPI系统被禁止，即SPEN（SPCTL.6）=0（复位值），这些管脚都可作为I/O口使用。

（4）SS（slave select，从机选择信号）

这是一个输入信号，主器件用它来选择处于从模式的SPI模块。主模式和从模式下，SS的使用方法不同。在主模式下，SPI接口只能有一个主机，不存在主机选择问题。该模式下SS不是必需的。主模式下通常将主机的SS管脚通过10 kΩ的电阻上拉高电平。每一个从机的SS接主机的I/O口，由主机控制电平高低，以便主机选择从机。

在从模式下，不管发送还是接收，SS信号必须有效。因此在一次数据传输开始之前必须将SS置为低电平。SPI主机可以使用I/O口选择一个SPI器件作为当前的从机。在典型的配置中，SPI主机使用I/O口选择一个SPI器件作为当前的从机。

SPI从器件通过其SS脚确定是否被选择。如果满足下面的条件之一，SS就被忽略：

①SPI系统被禁止，即SPEN（SPCTL.6）=0（复位值）；

②SPI配置为主机，即MSTR（SPCTL.4）=1，并且P1.4配置为输出（通过P1M0.4和P1M1.4）；

③SS脚被忽略，即SSIG（SPCTL.7）=1，该脚配置用于I/O口功能。

注：即使SPI被配置为主机（MSTR=1），它仍然可以通过拉低SS脚配置为从机（如果P1.4配置为输入且SSIG=0）。要使能该特性，应当置位SPIF（SPSTAT.7）。

9.2　SPI相关寄存器的配置

在STC12C5A602系列单片机中，SPI相关的功能模块特殊功能寄存器主要有4个：SPCTL（SPI control register）、SPSTAT（SPI status register）、SPDAT（SPI data register）和AUXR1（auxiliary register 1），如表9.1所示。

表9.1 SPI 相关特殊功能寄存器

符号	描述	地址	位地址及其符号								复位值
			B7	B6	B5	B4	B3	B2	B1	B0	
SPCTL	SPI Control Register	CEH	SSIG	SPEN	DORD	MSTR	CPOL	CPHA	SPR1	SPR0	0000,0100
SPSTAT	SPI Status Register	CDH	SPIF	WCOL	—	—	—	—	—	—	00xx,xxxx
SPDAT	SPI Data Register	CFH									0000,0000
AUXRI	Auxiliary Register 1	A2H	—	PCA_P4	SPI_P4	S2_P4	GF2	ADRJ	—	DPS	x000,00x0

9.2.1 SPCTL 寄存器

SPCTL 寄存器格式见表9.2。

表9.2 SPCTL 寄存器

SFR name	Address	bit	B7	B6	B5	B4	B3	B2	B1	B0
SPCTL	CEH	name	SSIG	SPEN	DORD	MSTR	CPOL	CPHA	SPR	SPR0

①SSIG:SS 引脚忽略控制位。

SSIG = 1:MSTR(位4)确定器件为主机还是从机;

SSIG = 0:SS 脚用于确定器件为主机还是从机。SS 脚可作为 I/O 口使用(见 SPI 主从选择表)。

②SPEN:SPI 使能位。

SPEN = 1,SPI 使能;

SPEN = 0,SPI 被禁止,所有 SPI 引脚都作为 I/O 口使用。

③DORD:设定 SPI 数据发送和接收的位顺序。

DORD = 1,数据字的 LSB(最低位)最先发送;

DORD = 0,数据字的 MSB(最高位)最先发送。

④MSTR:主/从模式选择位(见 SPI 主从选择表)。

⑤CPOL:SPI 时钟极性。

CPOL = 1,SPICLK 空闲时为高电平,SPICLK 的前时钟沿为下降沿而后沿为上升沿;

CPOL = 0,SPICLK 空闲时为低电平,SPICLK 的前时钟沿为上升沿而后沿为下降沿。

⑥CPHA:SPI 时钟相位选择。

CPHA = 1,数据在 SPICLK 的前时钟沿驱动,并在后时钟沿采样;

CPHA = 0,数据在 SS 为低(SSIG = 00)时被驱动,在 SPICLK 的后时钟沿被改变,并在前时钟沿被采样。(注:SSIG = 1 时的操作未定义)

⑦SPR1、SPR0:SPI 时钟速率选择控制位。SPI 时钟选择见表9.3,其中,CPU_CLK 是 CPU 时钟。

表9.3　SPI 时钟频率的选择

SPR1	SPR0	时钟（SCLK）
0	0	CPU_CLK/4
0	1	CPU_CLK/16
1	0	CPU_CLK/64
1	1	CPU_CLK/128

9.2.2　SPSTAT 寄存器

SPSTAT 寄存器格式见表9.4。

表9.4　SPSTAT 寄存器

SFR name	Address	bit	B7	B6	B5	B4	B3	B2	B1	B0
SPSTAT	CDH	name	SPIF	WCOL	—	—	—	—	—	—

①SPIF:SPI 传输完成标志。

当一次串行传输完成时,SPIF 置位。此时,如果 SPI 中断被打开(即 ESPI(IE2.1)和 EA(IE.7)都置位),则产生中断。当 SPI 处于主模式且 SSIG =0 时,如果 SS 为输入并被驱动为低电平,SPIF 也将置位,表示"模式改变"。SPIF 标志通过软件向其写入"1"清零。

②WCOL:SPI 写冲突标志。

在数据传输的过程中如果对 SPI 数据寄存器 SPDAT 执行写操作,WCOL 将置位。WCOL 标志通过软件向其写入"1"清零。

9.2.3　SPDAT 寄存器

SPDAT 寄存器格式见表9.5。

表9.5　SPDAT 寄存器

SFR name	Address	bit	B7	B6	B5	B4	B3	B2	B1	B0
SPDAT	CFH	name								

SPDAT.7 ~ SPDAT.0:传输的数据位 bit7 ~ bit0,在进行数据传输时,将要发送的数据拆分成字节形式,赋给 SPDAT 寄存器。

9.2.4　AUXR1 寄存器

AUXR1 寄存器格式见表9.6。

表 9.6　AUXR1 寄存器

SFR name	Address	bit	B7	B6	B5	B4	B3	B2	B1	B0
AUXR1	A2H	name	—	PCA_P4	SPI_P4	S2_P4	GF2	ADRJ	—	DPS

AUXR1 寄存器与 SPI 的配置相关的位只有 SPI_P4,具体如下:

SPI_P4:0,缺省 SPI 在 P1 口

1,SPI 从 P1 口切换到 P4 口

SPICLK 从 P1.7 切换到 P4.3 口

MISO 从 P1.6 切换到 P4.2 口

MOSI 从 P1.5 切换到 P4.1 口

SS 从 P1.4 切换到 P4.0 口

对于主模式,若要发送一字节数据,只需将数据写到 SPDAT 寄存器中。主模式下 SS 信号不是必需的;在从模式下,必须在 SS 信号变为有效并接收到合适的时钟信号后,方可进行数据传输。在从模式下,如果一个字节传输完成后,SS 信号变为高电平,这个字节立即被硬件逻辑标志为接收完成,SPI 接口准备接收下一个数据。

9.3　SPI 接口的通信模式

STC12C5A60S2 系列单片机的 SPI 接口的数据通信方式主要有 3 种,分别为单主单从、互为主从及一主多从。

9.3.1　单主单从模式

主机的 SS 脚一般通过一个 10 kΩ 电阻上拉高电平,从机的 SS 脚一般接电源地将其拉低至低电平。也可以选择用一个单片机 I/O 口来控制。也就是说,在单主单从模式下,最少只需要使用 3 个引脚即可控制 SPI 设备的通信(图 9.2)。

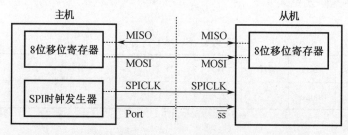

图 9.2　单主单从模式

在图 9.2 中,从机的 SSIG(SPCTL.7)为 0,SS 用于选择从机。SPI 主机可使用任何端口(包括 P1.4/SS)来驱动 SS 脚。主机 SPI 与从机 SPI 的 8 位移位寄存器连接成一个循环的 16 位移位寄存器。当主机程序向 SPDAT 寄存器写入一个字节时,立即启动一个连续的 8 位移位通信过程:主机的 SCLK 引脚向从机的 SCLK 引脚发出一串脉冲,在这串脉冲的驱动下,主机 SPI 的 8 位移位寄存器中的数据移动到了从机 SPI 的 8 移位寄存器中。与此同时,

从机 SPI 的 8 位移位寄存器中的数据移动到了主机 SPI 的 8 位移位寄存器中。由此,主机既可向从机发送数据,又可读从机中的数据。

9.3.2 互为主从模式

当没有发生 SPI 操作时,两个器件都可配置为主机(MSTR=1),将 SSIG 清"0"并将 P1.4(SS)配置为准双向模式。当其中一个器件启动传输时,它可将 P1.4 配置为输出并驱动为低电平,这样就强制另一个器件变为从机。

双方初始化时将自己设置成忽略 SS 脚的 SPI 从模式。当一方要主动发送数据时,先检测 SS 脚的电平,如果 SS 脚是高电平,就将自己设置成忽略 SS 脚的主模式。通信双方平时将 SPI 设置成没有被选中的从模式。在该模式下,MISO、MOSI、SCLK 均为输入,当多个 MCU 的 SPI 接口以此模式并联时不会发生总线冲突。这种特性在互为主从、一主多从等模式应用中很有用(图9.3)。

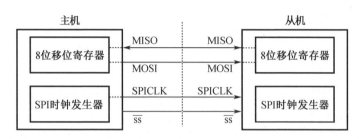

图9.3 互为主从模式

注意:互为主从模式时,双方的 SPI 速率必须相同。如果使用外部晶体振荡器,双方的晶体频率也要相同。

9.3.3 一主多从模式

和单主单从模式相比,一主多从模式下,主机的 SCK、MOSI、MISO 同时连接多个从机的 SPI 器件,然后主机通过多个 I/O 分别连接在不同的从机的 CS(有时叫 SS)上,当发生 SPI 通信时,主机先通过 I/O 口控制选中要通信的从机,然后产生 SCK 时钟信号,同时通过 MOSI 发送数据,从机检测到 CS 被拉低,开始接收数据(图9.4)。

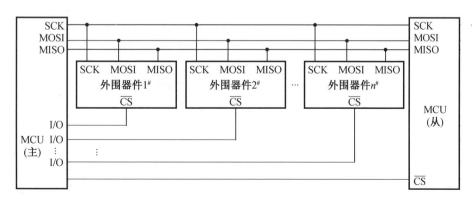

图9.4 一主多从模式

9.4　SPI不同模式的寄存器配置思路

9.4.1　寄存器的分类与配置

SPI相关寄存器的配置模式比较多,下面把寄存器分为固定部分和非固定部分进行讲解。

1. 固定部分

主要是针对外部SPI器件的数据采样特性来配置SPI,具体步骤如下。

步骤1:配置AUXR1寄存器的SPI_P4位,默认值为0,代表SPI的SCK引脚为P1.7,MISO引脚为P1.6,MOSI的引脚为P1.5,使能引脚SS为P1.4。注意硬件连接线路时不要接错。如果想要修改SPI的引脚至P4口,只需要将AUXR1的SPI_P4置1即可,详细对应可以查看9.3小节。

步骤2:配置SPSTAT寄存器,这个寄存器中,SPIF为中断触发位,WCOL为写冲突清除位。SPI初始化时要将这两个位都置1清除原来的状态。注意,每一次串行传输数据完成时,或者每一次SPI处于主模式且SSIG=0时,SS为输入模式并被拉低为低电平,SPIF都会置位,因此也需要将这个位进行置1清"0"。

步骤3:配置SPCTL的SPR1、SPR0位,这两个位共同决定了SPI时钟的速率,主从设备的SPI时钟需要保持一致。可参考9.3小节进行SPI时钟速率的选择。

步骤4:根据外部设备的SPI特性来配置CPOL、CPHA和DORD,这一步非常关键。随着硬件模块的普及,很多设备都是采用SPI协议进行数据的传输。但是有些设备数据的采集是在第一个SPI时钟周期的上升沿开始采集,有的是从第一个周期的下降沿开始采集,有的从第二个周期的上升沿开始采集,还有的从第二个周期的下降沿开始采集数据(图9.5)。

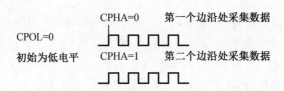

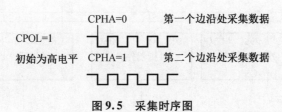

图9.5　采集时序图

因此有4种不同的配置方式,根据现实情况而定。另外,DORD位配置为0时,也即是默认模式下,数据从高位开始发送。配置为1时,数据的采集从低位开始发送。比如主机传输一个字节数据10101010,如果DORD设置为0,则发送内容依次为1-0-1-0-1-0-1-0,如果设置为0,则发送内容依次为0-1-0-1-0-1-0-1。

步骤5:配置 SPI 的使能位,SPCTL 的 SPEN 位,这个位置 0 表示禁止 SPI 功能,将引脚设置成普通 I/O 模式。当我们需要使用 SPI 时,这个位一定要置1。

2.非固定部分

通过改变寄存器的配置,从而改变寄存器的模式,这一部分主要是通过软件来实现。

SPI 在硬件连接上主要有 3 种连接模式:单主单从、互为主从、一主多从。模式不同,配置方式不同,具体如下。

(1)单主单从模式

在单主单从模式下,主机和从机是不可更改的。因此不需要 SS 引脚来进行控制,这种模式下只需要使用 SCK、MOSI、MISO 3 根线即可进行主机和从机之间的通信。配置方式为:先配置好固定部分,然后将 SPCTL 寄存器的 SSIG 位进行置 1,置 1 则 SPI 的主从模式仅可由 SPCTL 寄存器的 MSTR 位控制。设置 SPI 为主机,则将 MSTR 置 1,设置 SPI 为从机,则将 MSTR 置 0。

(2)互为主从模式

在互为主从模式下,主机和从机之间可以进行互换。配置思路如下:

►初始化两个 SPI 为从机模式,即将 SPCTL 的 SSIG 位置 0,MSTR 位置 0。另外两个 SPI 的 SS 引脚均设置为准双向模式,并置 1。

►当一号 SPI 设备要作为主机发送数据时,将 SPCTL 的 MSTR 置 1。这个设备将 SS 引脚置 0,从而使二号 SPI 设备的 SS 引脚被拉低,强制进入从机模式。然后一号 SPI 设备对 SPDAT 寄存器写数据发送给二号 SPI 设备。

►二号 SPI 设备接收数据。

►一号 SPI 设备发送完数据后,将 SS 引脚重新置高,将 SPCTL 的 MSTR 置 0。

注意:每次发送、接收完数据,都需要将 SPSTAT 寄存的 SPIF 和 WCOL 位置 1 清"0",避免发生写冲突。

(3)一主多从模式

一主多从模式下,主机和从机是固定的,但是从机数目不止一个,因此建议将主机和从机分开配置:

►主机配置方法 1:将 SPCTL 的 SSIG 位置 1,MSTR 位置 1。这种配置下主机模式不可更改。SS 引脚不会影响 SPI 的模式配置,可将这个引脚当成普通 I/O 使用。

►主机配置方法 2:将 SPCTL 的 SSIG 位置 0,MSTR 位置 1。这种配置模式下主机要注意 SS 引脚电平,如果发生 SS 引脚电平从高到低电平的转化,那么就会将主机模式变为从机。因此这个方法下,应避免使用 SS 引脚。

►从机配置方法:将每一个 SPI 模块的 SPCTL 寄存器的 SSIG 位置 0,MSTR 位置 0,SS 引脚置 1。从机将会进入未被选中模式,在该模式下,需要注意 MISO 为高阻态。

主机通过普通 I/O 控制从机的 SS 引脚,当主机和某个从机发生通信时,将对应从机的 SS 引脚拉至低电平,然后进行通信。通信完毕后将相应的 SS 引脚拉高即可。

9.4.2　注意事项

1.作为从机时的额外注意事项

①当 CPHA = 0 时,SSIG 必须为 0,SS 脚必须取反并且在每个连续的串行字节之间重新设置为高电平。如果 SPDAT 寄存器在 SS 有效(低电平)时执行写操作,那么将导致一个写

冲突错误。CPHA =0 且 SSIG =0 时的操作未定义。

②当 CPHA =1 时,SSIG 可以置位。如果 SSIG =0,SS 脚可在连续传输之间保持低有效(即一直固定为低电平)。这种方式有时适用于具有单固定主机和单从机驱动 MISO 数据线的系统。

2. 作为主机时的额外注意事项

①在 SPI 中,传输总是由主机启动的。如果 SPI 使能(SPEN =1)并选择作为主机,主机对 SPI 数据寄存器的写操作将启动 SPI 时钟发生器和数据的传输。在数据写入 SPDAT 之后的半个到一个 SPI 位时间后,数据将出现在 MOSI 脚。

②需要注意的是,主机可以通过将对应器件的 SS 脚驱动为低电平实现与之通信。写入主机 SPDAT 寄存器的数据从 MOSI 脚移出发送到从机的 MOSI 脚,同时从机 SPDAT 寄存器的数据从 MISO 脚移出发送到主机的 MISO 脚。

③传输完一个字节后,SPI 时钟发生器停止,传输完成标志(SPIF)置位并产生一个中断(如果 SPI 中断使能)。主机和从机 CPU 的两个移位寄存器可以看作是一个 16 循环移位寄存器。当数据从主机移位传送到从机的同时,数据也以相反的方向移入。这意味着在一个移位周期中,主机和从机的数据相互交换。

④写冲突。SPI 在发送时为单缓冲,在接收时为双缓冲。这样在前一次发送尚未完成之前,不能将新的数据写入移位寄存器。当发送过程中对数据寄存器进行写操作时,WCOL 位(SPSTAT.6)将置位以指示数据冲突。在这种情况下,当前发送的数据继续发送,而新写入的数据将丢失。

⑤当对主机或从机进行写冲突检测时,主机发生写冲突的情况是很罕见的,因为主机拥有数据传输的完全控制权。但从机有可能发生写冲突,因为当主机启动传输时,从机无法进行控制。

⑥接收数据时,接收到的数据传送到一个并行读数据缓冲区,这样将释放移位寄存器以进行下一个数据的接收。但必须在下个字符完全移入之前从数据寄存器中读出接收到的数据,否则,前一个接收数据将丢失。

⑦WCOL 可通过软件向其写入"1"清零。

9.5 SPI 通信程序的编写思路及实例

9.5.1 实现功能

假设主机串口接收到来自 PC 机的数据,将数据通过 SPI 口发送给从机,从机将接收到的数据发回给主机,主机再将 SPI 收到的数据通过 PC 端串口打印出来。如果 PC 端发送数据后能收到发送出去的数据,那就说明通信成功。

9.5.2 编写思路

编程思路如下:

①编写串口的初始化程序和接收程序,这部分在第 6 章就讲过,这里略过不做过多解释,请读者自行查阅;

②编写 SPI 的初始化函数;

③编写 SPI 的中断服务函数(也可不使用,但是考虑到每次收发数据都要清空 SPCTL 寄存器的 SPIF 位和 WCOL 位,采用中断是最为方便的做法)。

9.5.3 源代码

1.单主单从模式

```c
#include "stc12c5a60s2.h"
#define FOSC 18432000L
#define BAUD(256 – FOSC/32/115200)
typedef unsigned char BYTE;
typedef unsigned int WORD;
typedef unsigned long DWORD;
sbit SPISS = P1^3;
void InitUart();    //串口初始化函数
void InitSPI();    //SPI 初始化函数
void SendUart(BYTE dat);    //串口发送函数
BYTE RecvUart();    //串口接收函数
bit MSSEL;    //定义一个位变量,1 时为主模式,0 时为从模式
void InitUart();    //串口初始化函数
void InitSPI();    //SPI 初始化函数
void SendUart(BYTE dat);    //串口数据发送函数
BYTE RecvUart();    //串口数据接收函数
void main()
{
    InitUart();    //串口初始化函数
    InitSPI();    //SPI 初始化函数
    IE2 |= ESPI;    //开启 SPI 中断
    EA = 1;    //开启总中断
    while(1)
    {
        #ifdef MASTER    //如果定义了主模式
            ACC = RecvUart();    //串口接收数据并存入 ACC 寄存器中
            SPISS = 0;    //通过控制 SS 引脚选中从机
            SPDAT = ACC;    //将串口接收的数据通过 SPI 发送给从机
        #endif
    }
}
void spi_isr() interrupt 9 using 1    //SPI interrupt routine 9(004BH)(SPI 中断服务函数)
{
    SPSTAT = SPIF | WCOL;    //清除状态标志位
```

```
    #ifdef MASTER   //如果定义了主模式
        SPISS = 1;   //通过控制 SS 引脚拉高为空闲模式
        SendUart(SPDAT);   //将 SPI 接收到的数据通过串口打印出来
    #else   //如果是从机模式
        SPDAT = SPDAT;   //将 SPI 收到的数据发回主机
    #endif
}
void InitUart( )
{
    SCON = 0x5a;   //set UART mode as 8 - bit variable baudrate
    TMOD = 0x20;   //timer1 as 8 - bit auto reload mode
    AUXR = 0x40;   //timer1 work at 1T mode
    TH1 = TL1 = BAUD;   //115200 bit/s
    TR1 = 1;
}
void InitSPI( )   //串口初始化函数
{
    SPDAT = 0;   //初始化 SPI 数据寄存器
    SPSTAT = SPIF | WCOL;   //清除 SPI 状态标志位
    #ifdef MASTER
        SPCTL = SPEN | MSTR;   //配置为主模式
    #else
        SPCTL = SPEN;   //slave mode   //配置为从模式
    #endif
}
void SendUart(BYTE dat)   //串口接收函数
{
    while(! TI);   //等待发送数据完成
    TI = 0;   //清除发送中断完成标志
    SBUF = dat;   //将数据通过串口发送出去
}
BYTE RecvUart( )   //串口接收函数
{
    while(! RI);   //接收完成标志位置位
    i = 0;   //清除接收标志位
    return SBUF;   //将接收到的数据返回出来
}
```

2. 互为主从模式
```
#include " stc12c5a60s2. h"
#define FOSC 18432000L
```

```
#define BAUD(256 - FOSC/32/115200)
typedef unsigned char BYTE;
typedef unsigned int WORD;
typedef unsigned long DWORD;
sbit SPISS = P1^3;
void InitUart();   //串口初始化函数
void InitSPI();   //SPI初始化函数
void SendUart(BYTE dat);   //串口发送函数
BYTE RecvUart();   //串口接收函数
bit MSSEL;   //定义一个位变量,1时为主模式,0时为从模式
void InitUart();   //串口初始化函数
void InitSPI();   //SPI初始化函数
void SendUart(BYTE dat);   //串口数据发送函数
BYTE RecvUart();   //串口数据接收函数


void main()
{
    InitUart();   //初始化串口
    InitSPI();   //初始化SPI
    IE2 |= ESPI;   //开启SPI中断
    EA = 1;   //开启总中断
    while(1)
    {
        if(RI)   //如果触发接收中断
        {

            SPCTL = SPEN | MSTR;   //SPI设置成主机模式
            MSSEL = 1;   //模式标志位设置成主模式
            ACC = RecvUart();   //将接收到的数据存进ACC寄存器中
            SPISS = 0;   //拉低SS引脚,使另一个SPI设备强制为从模式,并选中
对方
            SPDAT = ACC;   //将串口接收到的数据发送给SPI从机
        }
    }
}
void spi_isr() interrupt 9 using 1   //SPI interrupt routine 9(004BH)(SPI中断服务函数)
{
    SPSTAT = SPIF | WCOL;   //清除SPI状态寄存器
    if(MSSEL)   //如果是主模式
    {
        SPCTL = SPEN;   //将模式配置回从机
```

```
            MSSEL = 0;   //清除模式标志位
            SPISS = 1;   //将 SS 引脚电平拉高
            SendUart(SPDAT);   //将 SPI 接收到的数据通过串口打印出来
        }
    else
        {

            SPDAT = SPDAT;   //在从模式下,SPI 接收什么就发回什么

        }

}
void InitUart( )    //串口函数初始化,波特率115200
{

    SCON = 0x5a;
    TMOD = 0x20;
    AUXR = 0x40;
    TH1 = TL1 = BAUD;   //115200 bit/s
    TR1 = 1;

}
void InitSPI( )    //SPI 初始化函数
{

    SPDAT = 0;   //初始化 SPI 数据寄存器
    SPSTAT = SPIF | WCOL;   //清除 SPI 状态寄存器
    SPCTL = SPEN;   //设置为从模式

}


void SendUart( BYTE dat)    //串口发送函数
{

    while(! TI);
    TI = 0;
    SBUF = dat;

}
BYTE RecvUart( )    //串口接收函数
{

    while(! RI);   //等待接收完成
    RI = 0;   //清除接收标志
    return SBUF;   //返回接收到的数据

}
```

9.6　本　章　小　结

　　本章首先介绍了SPI通信原理及流程,接着讲述了STC单片机SPI口相关寄存器及其配置方法、讲述了SPI通信的各种通信模式原理及区别,最后通过应用实例介绍了SPI口的具体编程方法,并给出了源代码。

思　考　题

　　1.SPI通信的优缺点分别是什么?

　　2.SPI通信时,一般需要3~4根线来进行数据的传输,这4根线分别叫什么,它们的功能是什么?

　　3.在STC12系列单片机中,配置SPI一共需要使用到4个寄存器,它们分别是什么?

　　4.在SPCTL寄存器中,每一位分别代表什么意思?

　　5.SPI数据通信共有几种方式? 分别是什么? 它们的特点是什么?

第 10 章　EEPROM 的应用

本章学习要点：

1. 了解 EEPROM 相关寄存器的配置；
2. 掌握 EEPROM 的读/写/擦除三个基本操作函数；
3. 参考程序理解 EEPROM 的操作。

10.1　EEPROM 简介

EEPROM(带电可擦写可编程读写存储器,英文全名为 electrically erasable programmable read only memory)是用户可更改的只读存储器(ROM),其可通过高于普通电压的作用来擦除和重编程(重写)。EEPROM 可用于保存一些需要在应用过程中修改并且掉电不丢失的参数数据。在用户程序中,可以对 EEPROM 进行字节读/字节编程/扇区擦除操作。在一个 EEPROM 中,使用的时候可频繁地反复编程,因此 EEPROM 的寿命是一个很重要的设计考虑参数。

EEPROM 可分为若干个扇区,每个扇区包含 512 字节。使用时,建议同一次修改的数据放在同一个扇区,不是同一次修改的数据放在不同的扇区,不一定要用满。数据存储器的擦除操作是按扇区进行的。

STC12C5A60S2 系列单片机内部集成了 EEPROM,其与程序空间分开,利用 ISP/IAP 技术可将内部 data flash 当作 EEPROM,擦写次数在 10 万次以上,ISP/IAP 编程技术具体如下。

①ISP(在系统编程):用写入器将 code 烧入,芯片可以在目标板上,不用取出来,在设计目标板的时候就将接口设计在上面,所以叫"在系统编程",即不用脱离系统。

②IAP(在应用编程):有芯片本身(或通过外围的芯片)可以通过一系列操作将 code 写入,比如一款支持 IAP 的单片机内分 3 个程序区,1 作引导程序区,2 作运行程序区,3 作下载区,芯片通过串口接收到下载命令,进入引导区运行引导程序,在引导程序下将 new code 内容下载到下载区,下载完毕并校验通过后再将下载区内容复制到 2 区,运行复位程序,则 IAP 完成。

需要注意的是,5 V 单片机在 3.7 V 以上对 EEPROM 进行操作才有效,3.7 V 以下对 EEPROM 进行操作,MCU 不执行此功能,但会继续往下执行程序。3.3 V 单片机在 2.4 V 以上对 EEPROM 进行操作才有效,2.4 V 以下对 EEPROM 进行操作,MCU 不执行此功能,但会继续往下执行程序,所以建议上电复位后在初始化程序时加 200 ms 延时。可通过判断 LVDF 标志位判断 VCC 的电压是否正常。

10.2 EEPROM 新增特殊功能寄存器介绍

EEPROM 新增特殊功能的寄存器共有 6 个,包括 ISP/IAP 命令寄存器 IAP_CMD、ISP/IAP 命令触发寄存器 IAP_TRIG、ISP/IAP 控制寄存器 IAP_CONTR、ISP/IAP 数据寄存器 IAP_DATA、ISP/IAP 地址寄存器 IAP_ADDRH 和 IAP_ADDRL、PCON 寄存器,各寄存器具体功能介绍如下。

10.2.1 ISP/IAP 命令寄存器 IAP_CMD

IAP_CMD 寄存器各位如表 10.1 所示,其中 MS0/MS1 为模式选择位,各模式具体介绍如表 10.2 所示。

表 10.1 ISP/IAP 命令寄存器 IAP_CMD 格式表

SFR name	Address	bit	B7	B6	B5	B4	B3	B2	B1	B0
IAP_CMD	C5H	name	—	—	—	—	—	—	MS1	MS0

表 10.2 命令/操作模式选择表

MS1	MS0	命令/操作模式选择
0	0	Standby 待机模式,无 ISP 操作
0	1	从用户的应用程序区对"Data Flash/EEPROM 区"进行字节读
1	0	从用户的应用程序区对"Data Flash/EEPROM 区"进行字节编程
1	1	从用户的应用程序区对"Data Flash/EEPROM 区"进行扇区擦除

程序在用户应用程序区时,仅可以对数据 flash 区(EEPROM)进行字节读/字节编程/扇区擦除,IAP12C5A62S2/IAP12LE5A62S2 等除外,这几个型号可在应用程序区修改应用程序区。

10.2.2 ISP/IAP 命令触发寄存器 IAP_TRIG

IAP_TRIG:ISP/IAP 操作时的命令触发寄存器。

在 IAPEN(IAP_CONTR.7)=1 时,对 IAP_TRIG 先写入 5AH,再写入 A5H,ISP/IAP 命令才会生效。ISP/IAP 操作完成后,IAP 地址高 8 位寄存器 IAP_ADDRH、IAP 地址低 8 位寄存器 IAP_ADDRL 和 IAP 命令寄存器 IAP_CMD 的内容不变。如果接下来要对下一个地址的数据进行 ISP/IAP 操作,需手动将该地址的高 8 位和低 8 位分别写入 IAP_ADDRH 和 IAP_ADDRL寄存器。

每次 IAP 操作时,都要对 IAP_TRIG 先写入 5AH,再写入 A5H,ISP/IAP 命令才会生效。

10.2.3 ISP/IAP 控制寄存器 IAP_CONTR

IAP_CONTR 格式见表 10.3。

表10.3 ISP/IAP 命令寄存器 IAP_CONTR 格式表

SFR name	Address	bit	B7	B6	B5	B4	B3	B2	B1	B0
IAP_CONTR	C7H	name	IAPEN	SWBS	SWRST	CMD_FAIL	—	WT2	WT2	WT0

①IAPEN:ISP/IAP 功能允许位。

   0:禁止 IAP 读/写/擦除 Data Flash/EEPROM。

   1:允许 IAP 读/写/擦除 Data Flash/EEPROM。

②SWBS:软件选择从用户应用程序区启动(置0),还是从系统 ISP 监控程序区启动(置1)要与 SWRST 直接配合才可以实现。

③SWRST:0,不操作;1,产生软件系统复位,硬件自动复位。

④CMD_FAIL:如果送了 ISP/IAP 命令,并对 IAP_TRIG 送 5AH/A5H 触发失败,则为1,需由软件清"0"。

ISP/IAP 控制寄存器 IAP_CONTR 设置等待时间见表10.4。

表10.4 ISP/IAP 控制寄存器 IAP_CONTR 设置等待时间表

设置等待时间			CPU 等待时间(多少个 CPU 工作时钟)			
WT1	WT2	WT0	Read/读	Program/编程	Sector Erase (扇区擦除)	Recommended System Clock (跟等待参数对应的推荐系统时钟)
1	1	1	2 个时钟	55 个时钟	21012 个时钟	≤ 1 MHz
1	1	0	2 个时钟	110 个时钟	42024 个时钟	≤ 2 MHz
1	0	1	2 个时钟	165 个时钟	63036 个时钟	≤ 3 MHz
1	0	0	2 个时钟	330 个时钟	126072 个时钟	≤ 6 MHz
0	1	1	2 个时钟	660 个时钟	252144 个时钟	≤ 12 MHz
0	1	0	2 个时钟	1100 个时钟	420240 个时钟	≤ 20 MHz
0	0	1	2 个时钟	1320 个时钟	504288 个时钟	≤ 24 MHz
0	0	0	2 个时钟	1760 个时钟	672384 个时钟	≤ 30 MHz

10.2.4 ISP/IAP 数据寄存器 IAP_DATA

IAP_DATA:ISP/IAP 操作时的数据寄存器。ISP/IAP 从 Flash 读出的数据放在此处,向 Flash 写的数据也需放在此处。

在编写程序从 EEPROOM 里面读取数据的过程中,只有在触发命令触发寄存器 IAP_TRIG 后再将数据读到你所定义的变量中。相反,在编写程序对 EEPROOM 进行字节编程的过程中,应该只有数据改变时才需重新发送字节编程数据到 IAP_DATA。

10.2.5 ISP/IAP 地址寄存器 IAP_ADDRH 和 IAP_ADDRL

IAP_ADDRH:ISP/IAP 操作时的地址寄存器高 8 位。

IAP_ADDRL:ISP/IAP 操作时的地址寄存器低 8 位。

10.2.6 PCON 寄存器

PCON 寄存器格式见表 10.5。

表 10.5 PCON 寄存器

SFR name	Address	bit	B7	B6	B5	B4	B3	B2	B1	B0
PCON	87H	name	SMOD	SMOD0	LVDF	POF	GF1	GF0	PD	IDL

PCON 寄存器 LVDF 位工作电压判断位,当工作电压过低时,不能进行 EEPROM/IAP 操作,具体如下。

LVDF:低压检测标志位,当工作电压 VCC 低于低压检测门槛电压时,该位置 1。该位要由软件清"0"当低压检测电路发现工作电压 VCC 偏低时,不要进行 EEPROM/IAP 操作。

10.3 EEPROM 编程的 4 个重要函数

硬件或软件操作停止、数据读取、字节编程及扇区擦除这 4 个功能是实现 EEPROM 的读/写/擦除的 4 个重要功能函数,具体如下。

10.3.1 "使硬件或软件操作停止"函数

该功能函数具体步骤及参考代码如下:

①IAP 数据寄存器清"0"。

②高 8 位数据地址 IAP_ADDRH 到非 EEPROM 区域的数据 PTR 点。

③低 8 位数据地址 IAP_ADDRL 内容清"0"。

④寄存器 IAP_CMD 的 B0,B1 为设置为零,使得 IAP 处于待机命令。

⑤ISP/IAP 命令触发寄存器 IAP_TRIG 设置为零使得命令未触发。

⑥ISP/IAP 控制寄存器 IAP_CONTR 的 B7 位为零禁止读、写、擦除。

参考源代码

```
void Iap_IDLE( )   //使硬件或软件操作停
{
    IAP_DATA = 0;   //IAP 数据寄存器为 0
    IAP_ADDRH = 0x80;   //高 8 位数据地址到非 EEPROM 区域的数据 PTR 点
    IAP_ADDRL = 0x00;   //低位清"0"
    IAP_CMD = Standby;   //Iap 待机命令
    IAP_TRIG = 0;   //命令未触发
```

```
        IAP_CONTR = 0;   //IAP 禁止读、写、擦除
}
```

10.3.2 "从 EEPROOM 里面读取数据"函数

该功能函数具体步骤及参考代码如下:

①ISP/IAP 控制寄存器 IAP_CONTR 的 B7 位为 1,允许读、写、擦除;

②命令寄存器 IAP_CMD 的 B1 和 B0 分别设置为 0 与 1,发送读 EEPROOM 的命令;

③将要读的 EEPROOM 的地址的高 8 位赋予高 8 位数据地址 IAP_ADDRH;

④将要读的 EEPROOM 的地址的低 8 位赋予高 8 位数据地址 IAP_ADDRL;

⑤ISP/IAP 命令触发寄存器 IAP_TRIG 先写入 5AH,再写入 A5H,ISP/IAP 命令才会生效;

⑥ISP/IAP 控制寄存器 IAP_CONTR 的 B7 位为 0 禁止读、写、擦除;

⑦延时空循环一个机器指令;

⑧使硬件或软件操作停止。

参考源代码:

```
u8 Iap_Read( u16 addr)
{
    u8 datas;
    IAP_CONTR| = Iap_enable;   //允许读 EEPROOM
    IAP_CMD| = Iap_Read_Cmd;   //发送读 EEPROOM 的命令
    IAP_ADDRL = addr;   //将 addr 的低 8 位赋值给 IAP_ADDRL 寄存器
    IAP_ADDRH = ( ( addr > >8 ) &0x00ff);   //将 addr 的高 8 位左移后赋值给 IAP_
ADDRH 寄存器
    IAP_TRIG = 0x5a;
    IAP_TRIG = 0xa5;
    _nop_( );   //CPU 等待 IAP 动作完成后,才会继续执行程序
    datas = IAP_DATA;   //将读出的数据送往内存 datas 中
    Iap_IDLE( );   //使硬件或软件操作停止
    return datas;
}
```

10.3.3 "向 EEPROOM 进行字节编程"函数

该功能函数具体步骤及参考代码如下:

①将数据放入数据寄存器 IAP_DATA 中;送字节编程数据到 IAP_DATA,只有数据改变时才需重新送;

②ISP/IAP 控制寄存器 IAP_CONTR 的 B7 位为 1,允许读、写、擦除;

③命令寄存器 IAP_CMD 的 B1 和 B0 分别设置为 1 与 0,发送读 EEPROOM 的命令;

④将 addr 的低 8 位赋值给 IAP_ADDRL 寄存器;

⑤将 addr 的高 8 位左移后赋值给 IAP_ADDRH 寄存器;

⑥ISP/IAP 命令触发寄存器 IAP_TRIG 先写入 5AH,再写入 A5H,ISP/IAP 命令才会

生效；

⑦延时空循环一个机器指令；

⑧使硬件或软件操作停止。

参考源代码：

```
void Iap_Program(u16 addr,u8 datas)
{
        IAP_DATA = datas;   //将数据放入数据寄存器 IAP_DATA 中   //编程数据到
IAP_DATA,只有数据改变时才需重新发送
        IAP_CONTR| = Iap_enable;   //允许写 EEPROOM
        IAP_CMD| = Iap_Proram_Cmd;   //发送写 EEPROOM 的命令
        IAP_ADDRL = addr;   //将 addr 的低 8 位赋值给 IAP_ADDRL 寄存器
        IAP_ADDRH = ((addr > >8)&0x00ff);   //将 addr 的高 8 位左移后赋值给 IAP_
ADDRH 寄存器
        IAP_TRIG = 0x5a;
        IAP_TRIG = 0xa5;
        _nop_();
        Iap_IDLE();   //使硬件或软件操作停止
}
```

10.3.4　"擦掉某个区域"函数

该功能函数具体步骤及参考代码如下：

①ISP/IAP 控制寄存器 IAP_CONTR 的 B7 位为 1,允许读、写、擦除；

②命令寄存器 IAP_CMD 的 B1 和 B0 分别设置为 1 与 1,发送擦除 EEPROOM 的命令；

③将 addr 的低 8 位赋值给 IAP_ADDRL 寄存器；

④将 addr 的高 8 位左移后赋值给 IAP_ADDRH 寄存器；

⑤SP/IAP 命令触发寄存器 IAP_TRIG 先写入 5AH,再写入 A5H,ISP/IAP 命令才会生效；

⑥延时空循环一个机器指令；

⑦使硬件或软件操作停止。

参考源代码：

```
void Iap_Earase(u16 addr)
{
        IAP_CONTR| = Iap_enable;   //允许写 EEPROOM
        IAP_CMD| = Iap_Erase_Cmd;   //发送写 EEPROOM 的命令
        IAP_ADDRL = addr;   //将 addr 的低 8 位赋值给 IAP_ADDRL 寄存器
        IAP_ADDRH = ((addr > >8)&0x00ff);   //将 addr 的高 8 位左移后赋值给 IAP_
ADDRH 寄存器
        IAP_TRIG = 0x5a;
        IAP_TRIG = 0xa5;
        _nop_();
```

```
    Iap_IDLE();    //使硬件或软件操作停止
}
```

10.4   应 用 实 例

10.4.1   功能要求及解决思路

1. 功能要求

将写入 EEPROOM 的内容利用串口在 STC – ISP 上的串口助手上打印出来。

2. 解决方案及思路

EEPROM 属于非易失性存储器,即使在掉电的状态下数据也不会丢失,在用户使用 EEPROM 时,可以对 EEPROM 进行字节读/字节编程/扇区擦除操作。本次程序在 EEPROOM 里面读取数据,并利用串口助手打印出来。

本实验分别利用 EEPROM 的 3 个主要功能函数读、写和擦除,并结合串口接收,以 L0 灯灭一次,来判断缓冲接收区完成一次接收。

10.4.2   参考源代码

具体详细程序如下:

```c
#include "stc12c5a60s2. h"
#include "intrins. h"    //内有_nop_()函数
typedef unsigned char u8;
typedef unsigned int u16;

sbit led = P1^0;
/ * 定义 ISP/IAP 使用的相关寄存器位 */
#define Standby 0x00    //IAP 待机命令
#define Iap_Read_Cmd 0x01    //IAP 读取命令
#define Iap_Proram_Cmd 0x02    //IAP 编程命令
#define Iap_Erase_Cmd 0x03    //IAP 擦除命令
#define Iap_enable 0x80    //IAP 使能
#define EEPROOM_First_Address 0x0000    //EEPROOM 首地址

char    td[10] = {'h','s','c','A','N','D','t','i','c'};
u8  a = 0;

void delay(u16 x);    //延时函数
void Iap_IDLE();    //使硬件或软件操作停止
u8 Iap_Read(u16 addr);    //从 EEPROOM 里面读取数据
void Iap_Program(u16 addr,u8 datas);    //字节编程
```

```
void Iap_Earase(u16 addr);   //擦掉某个区域
void Uart_Init(void);   //串口初始化
void Uart_Send_Byte(u8 byte);   //串口发送字节
void UART_Send_Str(u8 * pStr);   //串口发送字符串
void Write_EEPROOM(void);   //向 EEPROOM 写内容
void Display_EEPROOM(void);   //用串口发送 EEPROOM 写内容


void main()
{
    Uart_Init();   //串口初始化
    Write_EEPROOM();   //向 EEPROOM 写内容
    while(1)
    {
        Display_EEPROOM();   //用串口发送 EEPROOM 写内容
    }
}


void delay(u16 x)   //延时函数
{
    u16 j,k;
    for(k = x;k > 0;k - -)
        for(j = 310;j > 0;j - -);
}


void Iap_IDLE()   //使硬件或软件操作停止
{
IAP_DATA = 0;   //IAP 数据寄存器为 0
IAP_ADDRH = 0x80;   //高 8 位数据地址到非 EEPROM 区域的数据 PTR 点
IAP_ADDRL = 0x00;   //低位清"0"
IAP_CMD = Standby;   //Iap 待机命令
IAP_TRIG = 0;   //命令未触发
IAP_CONTR = 0;   //IAP 禁止读、写、擦除
}
u8 Iap_Read(u16 addr)   //从 EEPROOM 里面读取数据
{
    u8 datas;
        IAP_CONTR| = Iap_enable;   //允许读 EEPROOM
        IAP_CMD| = Iap_Read_Cmd;   //发送读 EEPROOM 的命令
    IAP_ADDRL = addr;   //将 addr 的低 8 位赋值给 IAP_ADDRL
    IAP_ADDRH = ((addr > > 8) &0xff);   //将 addr 的高 8 位左移后赋值
```

给 IAP_ADDRL

```
        IAP_TRIG = 0x5a;    //CPU 等待 IAP 动作完成,继续执行程序
        IAP_TRIG = 0xa5;
        _nop_();
        datas = IAP_DATA;    //将读出的数据送往内存 datas 中
        Iap_IDLE();    //使硬件或软件操作停止
        return datas;
    }


    void Iap_Program(u16 addr,u8 datas)    //字节编程
    {
        IAP_DATA = datas;    //将数据放入数据寄存 IAP_DATA 中;
        IAP_CONTR| = Iap_enable;    //允许写 EEPROOM
        IAP_CMD| = Iap_Proram_Cmd;    //发送写 EEPROOM 的命令
        IAP_ADDRL = addr;    //将 addr 的低 8 位赋值给 IAP_ADDRL 寄存器
        IAP_ADDRH = ((addr > >8)&0x00ff);    //将 addr 的高 8 位左移后赋值给 IAP
_ADDRH
        IAP_TRIG = 0x5a;
        IAP_TRIG = 0xa5;
        _nop_();
        Iap_IDLE();    //使硬件或软件操作停止
    }


    void Iap_Earase(u16 addr)    //擦掉某个区域
    {
            IAP_CONTR| = Iap_enable;    //允许写 EEPROOM
            IAP_CMD| = Iap_Erase_Cmd;    //发送写 EEPROOM 的命令
            IAP_ADDRL = addr;    //将 addr 的低 8 位赋值给 IAP_ADDRL 寄存器
            IAP_ADDRH = ((addr > >8)&0x00ff);    //将 addr 的高 8 位左移后赋值给
IAP_ADDRH
            IAP_TRIG = 0x5a;
            IAP_TRIG = 0xa5;
            _nop_();
            Iap_IDLE();    //使硬件或软件操作停止
    }


    void Uart_Init(void)
    {
        PCON & = 0x7F;    //波特率不倍速
```

```
    SCON = 0x50；  //8 位数据,可变波特率
    AUXR | = 0x04；  //独立波特率发生器时钟为 Fosc,即 1T
    BRT = 0xFD；  //设定独立波特率发生器重装值
    AUXR | = 0x01；  //串口 1 选择独立波特率发生器为波特率发生器
    AUXR | = 0x10；  //启动独立波特率发生器
    IE | = 0X90；  //开启串行口 1 的中断
}


void Uart_Send_Byte( u8 byte)
{
    SBUF = byte；  //将要发送的字节放进缓冲区中
    while( ! TI)；  //等待发送完成
    TI = 0；  //清除发送完成标志位
}


void UART_Send_Str( u8 * pStr)
{
    while( * pStr ! = '\0')  //一直发送,遇见空格或者数组结束符时停止发送
    {
        Uart_Send_Byte( * pStr + + )；  //发送一个字节,指向下一个数据地址
    }
}


void Write_EEPROOM( void)  //向 EEPROOM 写内容
{
    u16 i；
    Iap_Earase( EEPROOM_First_Address)；  //擦除扇区
    for( i = 0；i < 10；i + + )
    {
        Iap_Program( EEPROOM_First_Address + i,td[ i])；  //向区间里面写数据
    }
}


void Display_EEPROOM( void)  //用串口发送 EEPROOM 写内容
{
    u16 i；
    delay( 4000)；
    UART_Send_Str(“串口 1 读到了 EEPROOM 的内容为:”)；
    led = 1；  //L0 灯亮
```

```
for(i = 0;i < 10;i + + )   //利用串口发送 EEPROOM 的内容
    {
            Uart_Send_Byte(Iap_Read(EEPROOM_First_Address + i));
    }
    delay(500);
    Uart_Send_Byte(0x0d);   //发送回车换行,有时会用到 Uart_Send_Byte(0x0a);
//如果不需要可将其注释掉
    led = 0;   //L0 灯灭
}


void Uart_Isr( )interrupt 4   //串口中断服务函数
{
    RI = 0;   //接收标志位清"0"
    a = SBUF;   //SBUF 缓冲器赋予 a
}
```

10.4.3 程序下载及串口显示

编译没有错误后,打开 STC – ISP 将其下载到开发板,然后使用 STC – ISP 的串口助手,具体步骤如下:

1. 程序下载

打开下载软件 STC – ISP,将程序下载到开发板。

2. 打开串口助手

点击图 10.1 中的串口助手按钮,进入图 10.2 串口助手。

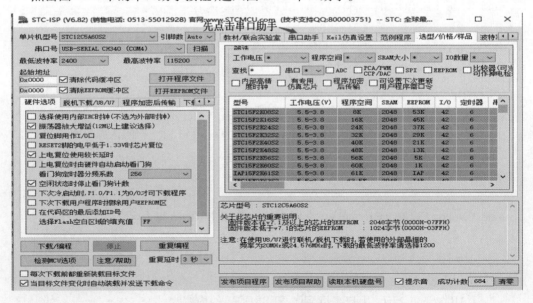

图 10.1   STC – ISP 下载程序界面

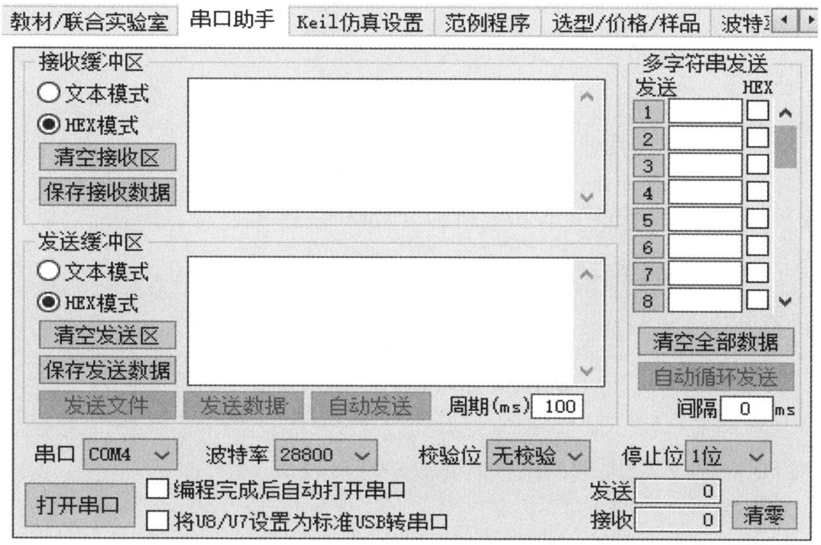

图10.2 串口界面

3. 串口设置

设置串口号。由于可能不同电脑串口号不一样,因此应该检查如图10.3所示的串口号。

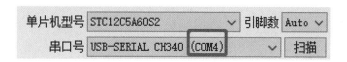

图10.3 下载程序步骤3图

选择串口号COM4,波特率为115200,再点选择文本模式,打开串口(图10.4)。

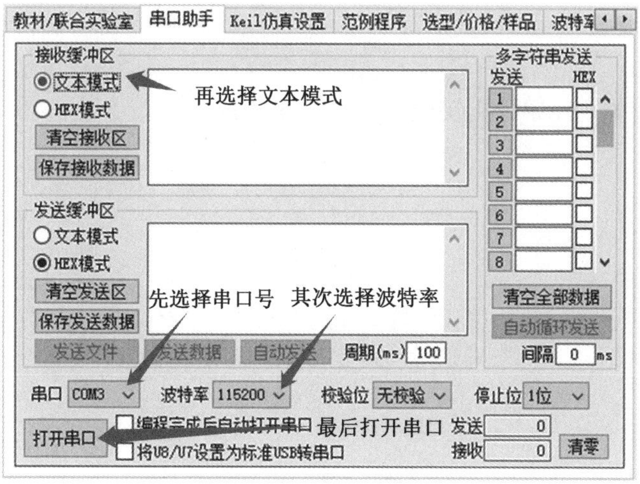

图10.4 下载程序步骤4图

4. EEPROOM 内容显示

通过串口助手将将 EEPROOM 内容打印出来,如图 10.5 所示。

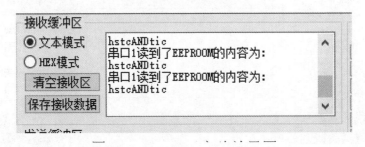

图 10.5　EEPROM 实验效果图

此时,当 L0 灯灭一次,则缓冲接收区完成一次接收。

10.5　本章小结

本章介绍了 EEPROM 相关寄存器功能及其配置方法,重点讲述了 EEPROM 的读/写/擦除等功能,并给出了参考源代码,最后通过应用实例演示了 EEPROM 的读写操作。

思　考　题

1. 什么是 ISP/IAP 技术?

2. EEPROM 新增特殊功能的寄存器共有 6 个,这些寄存器分别是什么?

3. ISP/IAP 控制寄存器 IAP_CONTR 中如何控制 IAP 读/写/擦除 Data Flash/EEPROM?

4. EEPROM 的读/写/擦除要写 3 个基本操作函数的命令是什么?

5. 编写"擦掉某个区域"函数时 addr 的低 8 位与高 8 位如何赋值给 IAP_ADDRL 寄存器?

6. 请总结归纳 STC12 单片机实现 EEPROM 的思路?

第11章　单片机无线通信

本章学习要点：

1. 了解单片机无线通信的过程；
2. 了解无线通信模块的功能及其工作模式；
3. 掌握无线通信模式的配置及其工作流程。

无线通信(wireless communication)是利用电磁波信号可以在自由空间中传播的特性进行信息交换的一种通信方式。简单讲,无线通信是仅利用电磁波而不通过线缆进行的通信方式。本章我们将以 NRF24L01 模块为例向大家介绍如何在开发板上实现无线通信。

11.1　试 验 目 的

本试验利用两块开发板以及两块 NRF24L01 组成通信系统进行信息的发送及接收。

11.2　模 块 介 绍

1. NRF24L01 芯片及无线模块简介

NRF24L01 是一款新型单片射频收发器件,采用移频键控(FSK)调制,抗干扰能力强,特别适合工业控制场合。内置频率合成器、功率放大器、晶体振荡器、调制器等功能模块,并融合了增强型 ShockBurst 技术。

在与单片机进行通信时只需要为单片机系统预留 5 个通用输入输出(GPIO),1 个中断输入引脚,就可以很容易实现无线通信的功能,非常适合用来为微控制单元(MCU)系统构建无线通信功能。无线通信速度可以达到 2 Mbit/s。

NRF24L01 模块能够实现无线通信,得益于它使用了 NRF24L01 芯片,该芯片是一款工作在 2.4 ~ 2.5 GHz 的世界通用工业、科学、医学(ISM)频段的单片无线收发器芯片。无线收发器包括:频率发生器、增强型 SchockBurst™ 模式控制器、功率放大器、晶体振荡、调制器、解调器。输出功率、频道选择和协议的设置可以通过 SPI 接口进行设置。其具有极低的电流消耗,当工作在发射模式下发射功率为 −6 dBm① 时电流消耗为 9 mA,接收模式时为12.3 mA,掉电模式和待机模式下电流消耗更低,NRF24L01 芯片如图 11.1 所示,实物如图 11.2 所示。

---

① dBm 是一个考征功率绝对值的值,计算公式为:$10\lg P$(功率值/1 mW)。例:如果发射功率 P 为 1 mW,折算后为 0 dBm。

图 11.1　NRF24L01 芯片

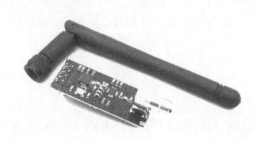

图 11.2　NRF24L01 实物图

该模块的特性如下:

(1)2.4 GHz 全球开放 ISM 频段免许可证使用;

(2)最高工作速率 2 Mbit/s,高效 GFSK 调制,抗干扰能力强,特别适合工业控制场合;

(3)126 频道,满足多点通信和跳频通信需要;

(4)内置硬件 CRC 检错和点对多点通信地址控制;

(5)低功耗 1.9 ~ 3.6 V 工作,待机模式下状态为 22 μA,掉电模式下为 900 nA;

(6)内置 2.4 GHz 天线,体积小巧 15 mm × 29 mm;

(7)模块可软件设地址,只有收到本机地址时才会输出数据(提供中断指示),可直接接各种单片机使用,软件编程非常方便;

(8)内置专门稳压电路,使用各种电源包括 DC/DC 开关电源均有很好的通信效果;

(9)2.54 mm 间距接口,DIP 封装;

(10)工作于 enhanced ShockBurst 具有 automatic packethandling,auto packet transaction handling,具有可选的内置包应答机制,极大的降低丢包率;

(11)与 51 系列单片机 P0 口连接时候,需要加 10 kΩ 的上拉电阻,与其余口连接不需要;

(12)其他系列的单片机,如果是 5 V 的,请参考该系列单片机 I/O 口输出电流大小,如果超过 10 mA,需要串联电阻分压,否则容易烧毁模块;如果是 3.3 V 的,可以直接和 NRF24L01 模块的 I/O 口线连接。比如 AVR 系列单片机如果是 5 V 的,一般串接 2 kΩ 的电阻。

2.模块接口介绍

接下来让我们了解一下 NRF24L01 的接口。

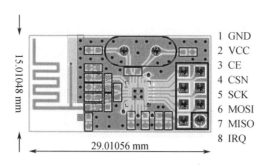

图 11.3　NFR24L01 的 PCB 板

NRF24L01 的 PCB 板如图 11.3 所示,从单片机控制的角度来看,我们只需要关注图上右面的 6 个控制和数据信号,分别为 CE、CSN、SCK、MISO、MOSI、IRQ,具体如下。

①CE:芯片的模式控制线。在 CSN 为低的情况下,CE 协同 NRF24L01 的 CONFIG 寄存器共同决定 NRF24L01 的状态(参照 NRF24L01 的状态机);

②CSN:芯片的片选线,CSN 为低电平芯片工作;

③SCK:芯片控制的时钟线(SPI 时钟);

④MISO:芯片控制数据线(master input slave output);

⑤MOSI:芯片控制数据线(master output slave input);

⑥IRQ:中断信号。无线通信过程中 MCU 主要是通过 IRQ 与 NRF24L01 进行通信。

注意:VCC 引脚电压范围为 1.9 ~ 3.6 V 之间,不能在这个区间之外,超过 3.6 V 将会烧毁模块,推荐电压 3.3 V 左右。

11.3　NRF24L01 模块工作方式

NRF24L01 有工作模式有 6 种,分别由 PWR_UP register、PRIM_RX register 和 CE 决定,详见附表 3 的工作模式表。

1.收发模式

有 enhanced ShockBurst™ 收发模式、ShockBurst™ 收发模式和直接收发模式 3 种,收发模式由器件配置字决定。

ShockBurst 模式是通过芯片内的 FIFO 寄存器将数据自动进行发送与接收,中间的过程不需要单片机干预。但是 enhanced ShockBurst™ 收发模式则要单片机干预。而直接模式不使用 FIFO 寄存器,通信过程中需要单片机控制和处理全部的数据与格式,操作烦琐但灵活性更佳。

2.Enhanced ShockBurst™ 收发模式

Enhanced ShockBurst™ 收发模式下,使用片内的先入先出堆栈区,数据低速从微控制器送入,但高速(1 Mbit/s)发射,这样可以尽量节能,因此使用低速的微控制器也能得到很高的射频数据发射速率。与射频协议相关的所有高速信号处理都在片内进行,这种做法有 3

大好处:

①节能;

②低的系统费用(低速微处理器也能进行高速射频发射);

③数据在空中停留时间短,抗干扰性高。Enhanced ShockBurst™技术同时也减小了整个系统的平均工作电流。在 enhanced ShockBurst™收发模式下,NRF24L01 自动处理字头和 CRC 校验码。在接收数据时,自动把字头和 CRC 校验码移去。在发送数据时,自动加上字头和 CRC 校验码,在发送模式下,置 CE 为高电平,至少 10 μs,将使能发送过程。

3. Enhanced ShockBurst™发射流程

其大致流程为:

①接收节点地址(TX_ADDR)和有效数据(TX PLD)通过 SPI 接口写入 NRF24L01。发送数据的长度以字节计数从 MCU 写入 TX FIFO。

②当 CSN 为低时数据被不断的写入。发送端发送完数据后,将通道 0 设置为接收模式来接收应答信号,其接收地址(RX ADDR_P0)与接收端地址(TX_ADDR)相同。

③设置 CE 为高,启动发射。CE 高电平持续时间最小为 10 μs。

④若自动应答开启,那么 NRF24L01 在发射数据后立即进入接收模式,接收应答信号(自动应答接收地址应该与接收节点地址 TX_ADDR 一致)。

⑤如果在有效应答时间范围内收到应答信号,则认为数据成功发送到了接收端,此时状态寄存器的 TX_DS 位置高并把数通据从 TX FIFO 中清除掉。同时 TX_PLD 从 TX FIFO 中清除;若未收到应答,则自动重新发射该数据(自动重发已开启),若重发次数(ARC)达到上限,MAX_RT 置高,TX FIFO 中数据保留以便再次重发;MAX_RT 或 TX_DS 置高时,使 IRQ 变低,产生中断,通知 MCU。

⑥最后发射成功时,若 CE 为低则 NRF24L01 进入空闲模式 1;若发送堆栈中有数据且 CE 为高,则进入下一次发射;若发送堆栈中无数据且 CE 为高,则进入空闲模式 2。

4. Enhanced ShockBurst™接收流程

其大致流程为:

①准备接受数据的通道必须使能 EN_RXADDR 寄存器,其次,再使能 EN – AA 寄存器,有效宽度是由 RX_PW_Px 寄存器来设置的。接收模式由设置 CE 为高来启动。

②130 μs 后 NRF24L01 开始检测空中信息。

③接收到有效的数据包后(地址匹配、CRC 检验正确),数据存储在 RX_FIFO 中,同时 RX_DR 位置高,并产生中断。状态寄存器中 RX_P_NO 位表示接收到的数据来自哪个通道。

④如果使能自动确认信号,则发送确认信号。

⑤MCU 设置 CE 脚为低,进入待机模式 I(低功耗模式)。

⑥MCU 将数据以合适的速率通过 SPI 口将数据读出。

⑦芯片准备好进入发送模式、接收模式或掉电模式。

5. ShockBurst™收发模式

发送数据时,自动加上字头和 CRC 校验码,在发送模式下,置 CE 为高,至少 10 μs,将使能发送过程;接收数据时,自动把字头和 CRC 校验码移去。

在接收端,确认收到数据后记录地址,并以此地址为目标地址发送应答信号。在发送端,通道 0 被用作接收应答信号,故通道 0 的接收地址与发送地址端地址相等,以确保接收到正确应答信号。

6. 空闲模式

NRF24L01 的空闲模式是为了减小平均工作电流而设计,其最大的优点是,实现节能的同时,缩短芯片的起动时间。在空闲模式下,部分片内晶振仍在工作,此时的工作电流跟外部晶振的频率有关。

7. 关机模式

在关机模式下,为了得到最小的工作电流,一般此时的工作电流为 900 nA 左右。

关机模式下,配置字的内容也会被保持在 NRF24L01 片内,这是该模式与断电状态最大的区别。

11.4　NRF24L01 模块配置方法及其实验函数解析

11.4.1　NRF24L01 的寄存器介绍

NRF24L01 有 24 个寄存器,具体名称与其所具有的功能描述请看附表 4 的寄存器地址。

11.4.2　NRF24L01 RX 和 TX 初始化配置说明

TX 模式初始化过程见表 11.1。

表 11.1　TX 模式初始化过程

初始化步骤	24L01 相关寄存器
①写 TX 节点的地址	TX_ADDR
②写 RX 节点的地址(主要是为了使能 Auto Ack)	RX_ADDR_P0
③使能 AUTO ACK	EN_AA
④使能 PIPE 0	EN_RXADDR
⑤配置自动重发次数	SETUP_RETR
⑥选择通信频率	RF_CH
⑦配置发射参数(低噪放大器增益、发射功率、无线速率)	RF_SETUP
⑧选择通道 0 有效数据宽度	RX_Pw_P0
⑨配置 24L01 的基本参数以及切换工作模式	CONFIG

TX 模式的初始化函数如下:

```
void TX_Mode(void)
{
    CE = 0;
```

SPI_Write_Buf(WRITE_REG + TX_ADDR,(u8 ∗)TX_ADDRESS,TX_ADR_WIDTH);
　　//写 TX 节点地址

　　SPI_Write_Buf(WRITE_REG + RX_ADDR_P0,(u8 ∗)RX_ADDRESS,RX_ADR_WIDTH);　//写接收端地址
　　SPI_RW_Reg(WRITE_REG + EN_AA,0x01);　//数据通道 0 自动应答允许
　　SPI_RW_Reg(WRITE_REG + EN_RXADDR,0x01);　//接收数据通道 0 允许
　　SPI_RW_Reg(WRITE_REG + SETUP_RETR,0x1a);　//设置自动重发间隔时间:
500 μs + 86 μs;最大自动重发次数:10 次
　　SPI_RW_Reg(WRITE_REG + RF_CH,40);　//选择射频通道 40
　　SPI_RW_Reg(WRITE_REG + RF_SETUP,0x0f);　//数据传输率 1 Mbit/s,发射功率 0 dBm,低噪声放大器增益
　　SPI_RW_Reg(WRITE_REG + CONFIG,0x0e);　//CRC 使能,16 位 CRC 校验,上电,发送模式
　　CE = 1;　//拉高 CE 启动接收设备
　　delay_us(100);
}
RX 模式初始化过程见表 11.2。

表 11.2　RX 模式初始化过程

初始化步骤	24L01 相关寄存器
①写 RX 节点的地址	RX_ADDR_P0
②使能 AUTO ACK	EN_AA
③使能 PIPE 0	EN_RXADDR
④选择通信频率	RF_CH
⑤选择通道 0 有效数据宽度	RX_Pw_P0
⑥配置发射参数(低噪放大器增益、发射功率、无线速率)	RF_SETUP
⑦配置 24L01 的基本参数以及切换工作模式	CONFIG

RX 模式的初始化函数如下:
void RX_Mode(void)
{
　　CE = 0;

　　SPI_Write_Buf(WRITE_REG + RX_ADDR_P0,(u8 ∗)RX_ADDRESS,RX_ADR_WIDTH);　//写接收端地址
　　SPI_RW_Reg(WRITE_REG + EN_AA,0x01);　//数据通道 0 自动应答允许
　　SPI_RW_Reg(WRITE_REG + EN_RXADDR,0x01);　//接收数据通道 0 允许
　　SPI_RW_Reg(WRITE_REG + RF_CH,40);　//选择射频通道 40

SPI_RW_Reg(WRITE_REG + RX_PW_P0, RX_PLOAD_WIDTH)；　//接收通道0选择和发送通道相同有效数据宽度

SPI_RW_Reg(WRITE_REG + RF_SETUP, 0x0f)；　//数据传输率1Mbit/s, 发射功率0dBm, 低噪声放大器增益

SPI_RW_Reg(WRITE_REG + CONFIG, 0x0f)；　//CRC使能, 16位CRC校上电, 接收模式

CE = 1；　//拉高CE启动接收设备

delay_us(100)；

}

11.4.3　NRF24L01 驱动程序详解

1. NRF24L01 相关命令的宏定义

NRF24L01的基本思路就是通过固定的时序与命令, 控制芯片进行发射与接收。控制命令如附表4的SPI指令格式的NRF24L01 SPI串行口指令设置表所示。

相关的宏定义如下所示：

```
#define READ_REG    0x00   //读寄存器指令
#define WRITE_REG   0x20   //写寄存器指令
#define RD_RX_PLOAD 0x61   //读接收数据指令, 用于接收模式下
#define WR_TX_PLOAD 0xA0   //写发送数据指令, 用于发射模式下
#define FLUSH_TX    0xE1   //清除FIFO指令, 用于发射模式下
#define FLUSH_RX    0xE2   //清除FIFO指令, 用于接收模式下
#define REUSE_TX_PL 0xE3   //应用于发射端
#define NOP         0xFF   //空操作, 可用来读状态寄存器
```

2. NRF24L01 相关寄存器地址的宏定义

根据附表4的寄存器地址表可以写出其宏定义。

```
#define CONFIG      0x00   //配置收发状态, CRC效验模式以及收
                          //发状态响应方式
#define EN_AA       0x01   //增强型ShockBurst, 使能"自动应答"功
能禁止后可与NRF2401兼容通信
#define EN_RXADDR   0x02   //允许接收地址
#define SETUP_AW    0x03   //设置地址长度(所有数据通道)
#define SETUP_RETR  0x04   //设置自动重发
#define RF_CH       0x05   //频射频道
#define RF_SETUP    0x06   //发射速率、功耗设置射频设置寄存
                          //器
#define STATUS      0x07   //状态寄存器　(当SPI命令字在MOSI上移入
时, 状态寄存器同时在MISO引脚移出)
#define OBSERVE_TX  0x08   //发送观察计数器
#define CD          0x09   //地址检测在nRF24L01中才是叫作CD
#define RX_ADDR_P0  0x0A   //数据通道0接收数据地址
```

```
            #define RX_ADDR_P1   0x0B   //数据通道 1 接收数据地址
            #define RX_ADDR_P2   0x0C   //数据通道 2 接收数据地址
            #define RX_ADDR_P3   0x0D   //数据通道 3 接收数据地址
            #define RX_ADDR_P4   0x0E   //数据通道 4 接收数据地址
            #define RX_ADDR_P5   0x0F   //数据通道 5 接收数据地址
            #define TX_ADDR      0x10   //发送地址寄存器
            #define RX_PW_P0     0x11   //接收数据通道 0 接收数据长度
            #define RX_PW_P1     0x12   //接收数据通道 1 接收数据长度
            #define RX_PW_P2     0x13   //接收数据通道 2 接收数据长度
            #define RX_PW_P3     0x14   //接收数据通道 3 接收数据长度
            #define RX_PW_P4     0x15   //接收数据通道 4 接收数据长度
            #define RX_PW_P5     0x16   //接收数据通道 5 接收数据长度
            #define FIFO_STATUS  0x17   //FIFO 状态寄存器
```

3. NRF24L01 发送接收数据宽度定义

```
#define TX_ADR_WIDTH      5      //发送的地址的宽度
#define RX_ADR_WIDTH      5      //接收的地址的宽度
#define TX_PLOAD_WIDTH    32     //发送数据长度
#define RX_PLOAD_WIDTH    32     //接收数据长度
```

4. NRF24L01 的驱动程序主要包括以下几个函数:

```
u8 SPI_RW(u8 dat);  //SPI 写时序
u8 SPI_RW_Reg(u8 reg,u8 value);  //SPI 写寄存器
u8 SPI_Read(u8 reg);  //读取 SPI 寄存器值
u8 SPI_Read_Buf(u8 reg,u8 *pBuf,u8 bytes);  //在指定位置读出指定长度的数据
u8 SPI_Write_Buf(u8 reg,u8 *pBuf,u8 bytes);  //在指定位置写指定长度的数据
void RX_Mode(void);  //SPI 接收模式
void TX_Mode(void);  //SPI 发送模式
u8 NRF24L01_TxPacket(u8 *txbuf);  //NRF24L01 发送一次数据
u8 NRF24L01_RxPacket(u8 *rxbuf);  //NRF24L01 接收一次数据
u8 NRF24L01_Check(void);  //检测 NRF24L01 是否存在
```

5. 各个函数具体实现

```
/* SPI 写时序 */
u8 SPI_RW(u8 dat)
{
    SPDAT = dat;  //数据送入 SPDAT 寄存器
    while(!(SPSTAT & SPIF));  //等待传送完毕
    SPSTAT = SPIF | WCOL;  //清除 SPI 状态标志
    return SPDAT;  //返回接收到的数据
}
```

解析:最基本的函数,让单片机可以向 NRF24L01 写入值(例如命令、地址、数据等)。

```
/ * SPI 写寄存器 */
u8 SPI_RW_Reg(u8 reg,u8 value)
{
    u8 status;
    CSN = 0;   //CSN 置低,开始传输数据
    status = SPI_RW(reg);   //选择寄存器,同时返回状态
    SPI_RW(value);   //然后写数据到该寄存器
    CSN = 1;   //CSN 拉高,结束数据传输
    return(status);   //返回状态寄存器
}
```

解析:用来设置 NRF24L01 的寄存器的值。基本思路就是写 WRITE_REG 命令(也就是 0x20 + 寄存器地址,在 NRF24L01 相关寄存器地址的宏定义中已经定义出来),也就是把 WRITE_REG 命令写到函数的参数 reg,再把 reg 写到 NRF24L01 相应的寄存器地址里面去,并读取返回值。对于函数来说也就是把 value 值写到 reg 参数中。

需要注意的是,访问 NRF24L01 之前首先要先使能芯片(CSN = 0;)访问完了以后再将芯片失能(CSN = 1;)。

```
/ * 读取 SPI 寄存器值 */
u8 SPI_Read(u8 reg)
{
    u8 reg_val;
    CSN = 0;   //CSN 置低,开始传输数据
    SPI_RW(reg);   //选择寄存器
    reg_val = SPI_RW(READ_REG);   //然后从该寄存器读数据
    CSN = 1;   //CSN 拉高,结束数据传输
    return(reg_val);   //返回寄存器数据
}
```

解析:基本思路就是通过 READ_REG 命令(也就是 0x00 + 寄存器地址,在 NRF24L01 相关寄存器地址的宏定义中已经定义出来),也就是把 READ_REG 命令写到函数的参数 reg,再把寄存器中的值读出来。对于函数来说也就是把函数 reg 所代表的寄存器值读到 reg_val中去。

```
/ * 在指定位置读出指定长度的数据 */
u8 SPI_Read_Buf(u8 reg,u8 * pBuf,u8 bytes)
{
u8 status,i;
    CSN = 0;   //CSN 置低,开始传输数据
    status = SPI_RW(reg);   //选择寄存器,同时返回状态字
    for(i = 0;i < bytes;i + + )
    {
```

```
        pBuf[i] = SPI_RW(0);    //逐个字节从 nRF24L01 读出
    }
    CSN = 1;    //CSN 拉高,结束数据传输
    return(status);    //返回状态寄存器
}
```

解析:主要用来在接收时读取 FIFO 缓冲区中的值。基本思路就是通过 READ_REG 命令(在 NRF24L01 相关寄存器地址的宏定义中已经定义出来),也就是把 READ_REG 命令写到函数的参数 reg,把数据从接收 FIFO(RD_RX_PLOAD)中读出并存到数组里面去。

```
/*在指定位置写指定长度的数据*/
u8 SPI_Write_Buf(u8 reg,u8 * pBuf,u8 bytes)
{
    u8 status,i;
    CSN = 0;    //CSN 置低,开始传输数据
    status = SPI_RW(reg);    //选择寄存器,同时返回状态字
    for(i = 0;i < bytes;i + + )
    {
    SPI_RW(pBuf[i]);    //逐个字节写入 NRF24L01
    }
    CSN = 1;    //CSN 拉高,结束数据传输
    return(status);    //返回状态寄存器
}
```

解析:主要用来把数组里的数放到发射 FIFO 缓冲区中。基本思路就是通过写 WRITE_REG 命令(也就是把 READ_REG 命令写到函数的参数 reg)把数据存到发射 FIFO(WR_TX_PLOAD)中去。

```
/*SPI 接收模式
    该函数初始化 NRF24L01 到 RX 模式
    设置 RX 地址,写 RX 数据宽度,选择 RF 频道,波特率和 LNA HCURR
    当 CE 变高后,即进入 RX 模式,并可以接收数据了*/
void RX_Mode(void)
{
    CE = 0;

    SPI_Write_Buf(WRITE_REG + RX_ADDR_P0,(u8 * )RX_ADDRESS,RX_ADR_
WIDTH);    //写接收端地址
    SPI_RW_Reg(WRITE_REG + EN_AA,0x01);    //数据通道 0 自动应答允许
    SPI_RW_Reg(WRITE_REG + EN_RXADDR,0x01);    //接收数据通道 0 允许
    SPI_RW_Reg(WRITE_REG + RF_CH,40);    //选择射频通道 40
    SPI_RW_Reg(WRITE_REG + RX_PW_P0,RX_PLOAD_WIDTH);
```

//接收通道0选择和发送通道相同有效数据宽度

　　SPI_RW_Reg(WRITE_REG + RF_SETUP,0x0f)；　//数据传输率1 Mbit/s,发射功率0 dBm,低噪声放大器增益

　　SPI_RW_Reg(WRITE_REG + CONFIG,0x0f)；　//CRC使能,16位CRC校验,上电,接收模式

　　CE =1；　//拉高CE启动接收设备

　　delay_us(100)；

}

解析:见11.4.2 NRF24L01 RX和TX初始化配置说明。

/ * SPI 发送模式 */

void TX_Mode(void)

{

　　CE =0；

SPI_Write_Buf(WRITE_REG + TX_ADDR,(u8 *)TX_ADDRESS,TX_ADR_WIDTH)；

　　//写TX节点地址

SPI_Write_Buf(WRITE_REG + RX_ADDR_P0,(u8 *)RX_ADDRESS,RX_ADR_WIDTH)；　//写接收端地址

　　SPI_RW_Reg(WRITE_REG + EN_AA,0x01)；　//数据通道0自动应答允许

　　SPI_RW_Reg(WRITE_REG + EN_RXADDR,0x01)；　//接收数据通道0允许

　　SPI_RW_Reg(WRITE_REG + SETUP_RETR,0x1a)；　//设置自动重发间隔时间:500 μs + 86 μs;最大自动重发次数:10次

　　SPI_RW_Reg(WRITE_REG + RF_CH,40)；　//选择射频通道40

　　SPI_RW_Reg(WRITE_REG + RF_SETUP,0x0f)；　//数据传输率1 Mbit/s,发射功率0 dBm,低噪声放大器增益

　　SPI_RW_Reg(WRITE_REG + CONFIG,0x0e)；　//CRC使能,16位CRC校验,上电,发送模式

　　CE =1；　//拉高CE启动接收设备

　　delay_us(100)；

}

解析:见11.4.2 NRF24L01 RX和TX初始化配置说明

/ * 启动NRF24L01发送一次数据

　　txbuf:待发送数据首地址

　　返回值:TX_OK表示发送完成 */

u8 NRF24L01_TxPacket(u8 * txbuf)

{

　　u8 sta；

　　CE =0；

　　SPI_Write_Buf(WR_TX_PLOAD,txbuf,TX_PLOAD_WIDTH)；　//写数据到TX

BUF,32 个字节

```
        CE = 1；  //启动发送
        while(IRQ！=0)；  //等待发送完成
        sta = SPI_Read(STATUS)；  //读取状态寄存器的值
        SPI_RW_Reg(WRITE_REG + STATUS,sta)；  //清除 TX_DS 或 MAX_RT 中断
标志
        if(sta&MAX_TX)  //达到最大重发次数
        {
            SPI_RW_Reg(FLUSH_TX,0xff)；  //清除 TX FIFO 寄存器
            return MAX_TX；
        }
        if(sta&TX_OK)  //发送完成
        {
            return TX_OK；
        }
        return 0xff；  //其他原因发送失败
    }


    /*启动 NRF24L01 发送一次数据
        rxbuf:待接收数据首地址
        返回值:0,接收完成;其他,错误代码 */
    u8 NRF24L01_RxPacket(u8 *rxbuf)
    {
        u8 sta；
        sta = SPI_Read(STATUS)；  //读取状态寄存器的值
        SPI_RW_Reg(WRITE_REG + STATUS,sta)；  //清除 TX_DS 或 MAX_RT 中断
标志
        if(sta&RX_OK)  //接收到数据
        {
            SPI_Read_Buf(RD_RX_PLOAD,rxbuf,RX_PLOAD_WIDTH)；  //读取数据
            SPI_RW_Reg(FLUSH_RX,0xff)；  //清除 RX FIFO 寄存器
            return 0；
        }
        return 1；  //没收到任何数据
    }


    /*该函数检测 NRF24L01 是否存在
        返回值:0,成功;1,失败 */
    u8 NRF24L01_Check()
    {
```

```
u8 buf[5] = {0XA5,0XA5,0XA5,0XA5,0XA5};
u8 i;
SPI_Write_Buf(WRITE_REG + TX_ADDR,buf,5);   //写入5个字节的地址
SPI_Read_Buf(TX_ADDR,buf,5);   //读出写入的地址
for(i = 0;i < 5;i + +)
{
    if(buf[i]! = 0XA5)
    break;
}
if(i! = 5)
    return 1;   //检测24L01错误
return 0;   //检测到24L01
}
```

解析:通过向 NRF24L01 的 TX_ADDR(发送地址寄存器)写入 buf 的值,再通过读取写入 NRF24L01 的 TX_ADDR(发送地址寄存器)的 buf 值,并进行比对检验出 NRF24L01 是否有连接。

11.5 设计方案及实现

11.5.1 总体设计思路

总体设计思路如下:
①先检测能否与 NRF24L01 模块正常通信;
②将两块开发板中的 NRF24L01 模块分别配置成发送模式和接收模式;
③将处于接收模式的开发板接收到的消息通过串口打印出来。

11.5.2 具体实现

1. 硬件连接

将单片机 P1.2、P1.3、P1.4、P1.5、P1.6、P1.7、电源及地 GND 引脚分别和 CE、CSN、IRQ、MOSI、MISO、SCK、电源 3.3 V 及地 GND 引脚用杜邦线连接起来。(注 2.4 GHz 无线模块的工作电压为 1.9~3.6 V,切勿将其接到 5 V 电压上)

2. 工作流程

工作流程如图 11.4 所示。

3. 软件设计

打开 Keil4,新建工程,输入以下代码:

```
#include "reg5a.h"
#include "intrins.h"   //引入_nop_函数
#include "stdio.h"   //引入 printf 函数
```

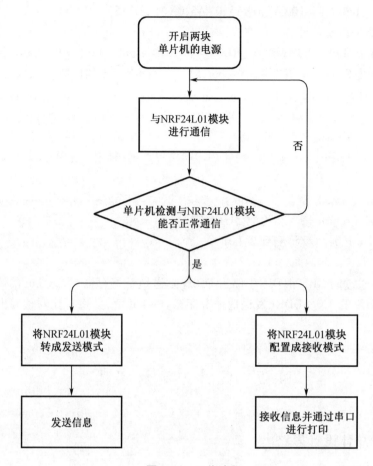

图 11.4　工作流程

```
typedef unsigned char u8;
typedef unsigned int u16;

sbit CE = P1^2;    //NRF24L01 片选信号
sbit CSN = P1^3;    //SPI 片选信号
sbit IRQ = P1^4;    //IRQ 主机数据输入
sbit MOSI = P1^5;
sbit MISO = P1^6;
sbit SCK = P1^7;
sbit led = P1^0;
sbit led1 = P1^1;
sbit k1 = P3^4;
sbit k2 = P3^5;

u8 flag = 0;
    / * NRF24L01 发送接收数据宽度定义 * /
```

```
#define TX_ADR_WIDTH      5      //发送的地址的宽度
#define RX_ADR_WIDTH      5      //接收的地址的宽度
#define TX_PLOAD_WIDTH    32     //发送数据长度
#define RX_PLOAD_WIDTH    32     //接收数据长度
```

const u8 TX_ADDRESS[TX_ADR_WIDTH] = {0x34,0x43,0x10,0x10,0x01};
//发送地址,可以根据个人需要随意改,但是发送与接收的地址一定要相同
const u8 RX_ADDRESS[RX_ADR_WIDTH] = {0x34,0x43,0x10,0x10,0x01};

```
/*NRF24L01 寄存器操作命令*/
#define READ_REG       0x00    //读寄存器指令
#define WRITE_REG      0x20    //写寄存器指令
#define RD_RX_PLOAD    0x61    //读接收数据指令,用于接收模式下
#define WR_TX_PLOAD    0xA0    //写发送数据指令,用于发射模式下
#define FLUSH_TX       0xE1    //清除 FIF0 指令,用于发射模式下
#define FLUSH_RX       0xE2    //清除 FIF0 指令,用于接收模式下
#define REUSE_TX_PL    0xE3    //应用于发射端
#define NOP            0xFF    //空操作,可用来读状态寄存器
```

```
/* SPI(NRF24L01)寄存器地址*/
#define CONFIG         0x00    //配置收发状态,CRC 效验模式以及收发状态响
```
应方式
```
#define EN_AA          0x01    //增强型 ShockBurst,使能"自动应答"功能,此功
```
能禁止后可与 NRF2401 兼容通信
```
#define EN_RXADDR      0x02    //允许接收地址
#define SETUP_AW       0x03    //设置地址长度(所有数据通道)
#define SETUP_RETR     0x04    //设置自动重发
#define RF_CH          0x05    //频射频道
#define RF_SETUP       0x06    //发射速率、功耗设置射频设置寄存器
#define STATUS         0x07    //状态寄存器(当 SPI 命令字在 MOSI 上移入时,
```
状态寄存器同时在 MISO 引脚移出)
```
#define OBSERVE_TX     0x08    //发送观察计数器
#define CD             0x09    //地址检测在 NRF24L01 中才是叫作 CD
#define RX_ADDR_P0     0x0A    //数据通道 0 接收数据地址
#define RX_ADDR_P1     0x0B    //数据通道 1 接收数据地址
#define RX_ADDR_P2     0x0C    //数据通道 2 接收数据地址
#define RX_ADDR_P3     0x0D    //数据通道 3 接收数据地址
#define RX_ADDR_P4     0x0E    //数据通道 4 接收数据地址
#define RX_ADDR_P5     0x0F    //数据通道 5 接收数据地址
#define TX_ADDR        0x10    //发送地址寄存器
#define RX_PW_P0       0x11    //接收数据通道 0 接收数据长度
```

```
#define RX_PW_P1      0x12    //接收数据通道 1 接收数据长度
#define RX_PW_P2      0x13    //接收数据通道 2 接收数据长度
#define RX_PW_P3      0x14    //接收数据通道 3 接收数据长度
#define RX_PW_P4      0x15    //接收数据通道 4 接收数据长度
#define RX_PW_P5      0x16    //接收数据通道 5 接收数据长度
#define FIFO_STATUS   0x17    //FIF0 状态寄存器
    / * SPI 寄存器地址 * /
#define SPIF   0x80  //传输完成标志
#define WCOL   0x40  //写冲突标志
#define SSIG   0x80  //忽略 SS 引脚控制位

#define SPEN   0x40  //SPI 使能 SPEN = 1:使能 SPI;SPEN = 0:SPI 被禁止
#define DORD   0x20  //设定 SPI 数据发送和接收位顺序
                     //DORD = 1:数据位的 LSB(最低位)先发送
                     //DORD = 0:数据位的 MSB(最高位)先发送
#define MSTR   0x10  //主从模式选择位
#define CPOL   0x08  //SPI 时钟极性 CPOL = 1:SPICLK 空闲时为高电平,
SPICLK 的前时钟沿为下降沿而后沿为上升沿 CPOL = 0:SPICLK 空闲时为低电平,SPICLK
的前时钟沿为上降沿而后沿为下降沿
#define CPHA   0x04  //SPI 时钟相位选择 CPHA = 1:数据在 SPICLK 的前时
钟沿驱动,并在后时钟沿采样 CPHA = 0:数据在 S 为低。(SSIG = 0)时被驱动,在 SPICLK 的
后时钟沿被改变,并在前钟沿被采样(注:SSIG = 1 时操作未定义)
#define SPDHH  0x00   //CPU_CLK/4
#define SPDH   0x01   //CPU_CLK/16
#define SPDL   0x02   //CPU_CLK/64
#define SPDLL  0x03   //CPU_CLK/128

//函数声明
void delay_ms(u16 xms);
void delay_us(u16 xus);
void Uart_Init(void);  //串口初始化
void I/O_init(void);   //初始化 I/O 口
void SPI_Init(void);   //配置 SPI
u8 SPI_RW(u8 dat);   //SPI 写时序
u8 SPI_RW_Reg(u8 reg,u8 value);   //SPI 写寄存器
u8 SPI_Read(u8 reg);   //读取 SPI 寄存器值
u8 SPI_Read_Buf(u8 reg,u8 * pBuf,u8 bytes);   //在指定位置读出指定长度
的数据
u8 SPI_Write_Buf(u8 reg,u8 * pBuf,u8 bytes);   //在指定位置写指定长度的
```

数据

```
            void RX_Mode(void);   //SPI 接收模式
            void TX_Mode(void);   //SPI 发送模式
            u8NRF24L01_TxPacket(u8 * txbuf);   //NRF24L01 发送一次数据
            u8 NRF24L01_RxPacket(u8 * rxbuf);   //NRF24L01 接收一次数据
            u8 NRF24L01_Check(void);   //检测 NRF24L01 是否存在
            void Select_mode();   //选择 NRF24L01 的模式


void main()
{
    u16 t = 0, i = 0;
    u8 key[32] = {"韩山师范学院科技创新中心"};
    u8 tmp_buf[33];
    Uart_Init();
    I/O_init();
    SPI_Init();
    while(NRF24L01_Check())   //检查 NRF24L01 是否存在
    {
        printf("24L01 不存在\n");
        led = ~led;
        delay_ms(100);
    }
    printf("24L01 存在\n");
    led = 1;
    delay_ms(100);
    while(1)
    {
        Select_mode();
        if(flag = = RX_MOD)   //选择为接收模式
        {
            led1 = 1;
            RX_Mode();   //设为接收模式
        if(NRF24L01_RxPacket(tmp_buf) = =0)   //一旦接收到信息,则显示出来
            {
                printf("NRF24L01 接收到:");
                printf(tmp_buf);
                tmp_buf[32] = 0;   //加入字符串结束符
            }
            else
```

```
                {
                    printf("Loading...");
                }
                printf("\n");
                led = ~led;
                delay_ms(350);
            }
            if(flag = = TX_MOD)    //选择为发送模式
            {
                led = 1;
                TX_Mode();   //设为发送模式

                if(NRF24L01_TxPacket(tmp_buf) = = TX_OK)
                {
                    for(t = 0;t < 32;t + +)
                    {
                        tmp_buf[t] = key[t];
                    }
                    tmp_buf[32] = 0;   //加入结束符
                }  else delay_us(100);
                led1 = ~led1;
                delay_ms(350);
            }
            else if(flag = = 0)
            {
                led = 0;
                led1 = 0;
            }
        }
    }
    void delay_ms(u16 xms)
    {
        u16 x,y;
        for(x = xms;x > 0;x - -)
        for(y = 2816;y > 0;y - -);
    }
    void delay_us(u16 xus)
    {
        u16 x;
        for(x = xus;x > 0;x - -)
```

```
    {
        _nop_();
        _nop_();
    }
}


void Uart_Init(void)
{
    PCON & = 0x7F;   //波特率不倍速
    SCON = 0x50;   //8 位数据,可变波特率
    AUXR | = 0x04;   //独立波特率发生器时钟为 Fosc,即 1T
    BRT = 0xFD;   //设定独立波特率发生器重装值
    AUXR | = 0x01;   //串口 1 选择独立波特率发生器为波特率发生器
    AUXR | = 0x10;   //启动独立波特率发生器
    IE | = 0X90;   //开启串行口 1 的中断
    TI = 1;   //发送中断请求中断标志位,否则使用不了 printf 函数
}


/*初始化 I/O 口*/
void I/O_init(void)
{
    CE = 0;   //待机
    CSN = 1;   //SPI 禁止
    IRQ = 1;   //中断复位
}
/*配置 SPI*/
void SPI_Init(void)
{
    SPDAT = 0;   //初始化 SPDAT
    SPSTAT = SPIF | WCOL;   //清除 SPI 状态标志
    SPCTL = SPEN | MSTR | SSIG | SPDHH;   //主模式,忽略 SS,那么 SS 就是普通的
I/O 口 64 分频
    }
/* SPI 写时序*/
u8 SPI_RW(u8 dat)
{
    SPDAT = dat;   //数据送入 SPDAT 寄存器
    while(!(SPSTAT & SPIF));   //等待传送完毕
    SPSTAT = SPIF | WCOL;   //清除 SPI 状态标志
    return SPDAT;   //返回接收到的数据
```

```
    }

/*SPI 写寄存器*/
u8 SPI_RW_Reg(u8 reg,u8 value)
{
    u8 status;
    CSN =0;    //CSN 置低,开始传输数据
    status = SPI_RW(reg);    //选择寄存器,同时返回状态
    SPI_RW(value);    //然后写数据到该寄存器
    CSN =1;    //CSN 拉高,结束数据传输
    return(status);    //返回状态寄存器
}

/*读取 SPI 寄存器值*/
u8 SPI_Read(u8 reg)
{
u8 reg_val;
CSN =0;    //CSN 置低,开始传输数据
    SPI_RW(reg);    //选择寄存器
    reg_val = SPI_RW(READ_REG);    //然后从该寄存器读数据
    CSN =1;    //CSN 拉高,结束数据传输
    return(reg_val);    //返回寄存器数据
    }

    /*在指定位置读出指定长度的数据*/
    u8 SPI_Read_Buf(u8 reg,u8 *pBuf,u8 bytes)
    {
    u8 status,i;
        CSN =0;    //CSN 置低,开始传输数据
        status = SPI_RW(reg);    //选择寄存器,同时返回状态字
        for(i =0;i < bytes;i + +)
        {
        pBuf[i] = SPI_RW(0);    //逐个字节从 NRF24L01 读出
        }
        CSN =1;    //CSN 拉高,结束数据传输
        return(status);    //返回状态寄存器
    }

    /*在指定位置写指定长度的数据*/
```

```
u8 SPI_Write_Buf(u8 reg,u8 * pBuf,u8 bytes)
{
    u8 status,i;
CSN = 0;   //CSN 置低,开始传输数据
    status = SPI_RW(reg);   //选择寄存器,同时返回状态字
    for(i = 0;i < bytes;i + +)
    {
    SPI_RW(pBuf[i]);   //逐个字节写入 NRF24L01
}
    CSN = 1;   //CSN 拉高,结束数据传输
return(status);   //返回状态寄存器
}


/ * SPI 接收模式
    该函数初始化 NRF24L01 到 RX 模式
    设置 RX 地址,写 RX 数据宽度,选择 RF 频道,波特率和 LNA HCURR
    当 CE 变高后,即进入 RX 模式,并可以接收数据了 */
    void RX_Mode(void)
    {
    CE = 0;

    SPI_Write_Buf(WRITE_REG + RX_ADDR_P0,(u8 *)RX_ADDRESS,RX_ADR_
WIDTH);   //写接收端地址
    SPI_RW_Reg(WRITE_REG + EN_AA,0x01);   //数据通道 0 自动应答允许
    SPI_RW_Reg(WRITE_REG + EN_RXADDR,0x01);   //接收数据通道 0 允许
    SPI_RW_Reg(WRITE_REG + RF_CH,40);   //选择射频通道 40
    SPI_RW_Reg(WRITE_REG + RX_PW_P0,RX_PLOAD_WIDTH);   //接收通道 0
选择和发送通道相同有效数据宽度
        SPI_RW_Reg(WRITE_REG + RF_SETUP,0x0f);   //数据传输率 1 Mbit/s,发
射功率 0 dBm,低噪声放大器增益
        SPI_RW_Reg(WRITE_REG + CONFIG,0x0f);   //CRC 使能,16 位 CRC 校验,
上电,接收模式
        CE = 1;   //拉高 CE 启动接收设备
        delay_us(100);
}
    / * SPI 发送模式 */
    void TX_Mode(void)
    {
    CE = 0;
SPI_Write_Buf(WRITE_REG + TX_ADDR,(u8 *)TX_ADDRESS,TX_ADR_
```

```
WIDTH); //写 TX 节点地址
    SPI_Write_Buf(WRITE_REG + RX_ADDR_P0,(u8 *)RX_ADDRESS,RX_ADR_
WIDTH); //写接收端地址
        SPI_RW_Reg(WRITE_REG + EN_AA,0x01); //数据通道 0 自动应答允许
        SPI_RW_Reg(WRITE_REG + EN_RXADDR,0x01); //接收数据通道 0 允许
        SPI_RW_Reg(WRITE_REG + SETUP_RETR,0x1a); //设置自动重发间隔时
间:500 μs + 86 μs;最大自动重发次数:10 次
        SPI_RW_Reg(WRITE_REG + RF_CH,40); //选择射频通道 40
        SPI_RW_Reg(WRITE_REG + RF_SETUP,0x0f); //数据传输率 1 Mbit/s,发
射功率 0 dBm,低噪声放大器增益
        SPI_RW_Reg(WRITE_REG + CONFIG,0x0e); //CRC 使能,16 位 CRC 校
验,上电,发送模式
        CE = 1; //拉高 CE 启动接收设备
        delay_us(100);
    }


    /* 启动 NRF24L01 发送一次数据
        txbuf:待发送数据首地址
        返回值:TX_OK 表示发送完成 */
    u8 NRF24L01_TxPacket(u8 * txbuf)
    {
        u8 sta;
        CE = 0;
        SPI_Write_Buf(WR_TX_PLOAD,txbuf,TX_PLOAD_WIDTH); //写数据到
TX BUF,32 个字节
        CE = 1; //启动发送
        while(IRQ! = 0); //等待发送完成
        sta = SPI_Read(STATUS); //读取状态寄存器的值
        SPI_RW_Reg(WRITE_REG + STATUS,sta); //清除 TX_DS 或 MAX_RT 中
断标志
        if(sta&MAX_TX) //达到最大重发次数
        {
            SPI_RW_Reg(FLUSH_TX,0xff); //清除 TX FIF0 寄存器
            return MAX_TX;
        }
        if(sta&TX_OK) //发送完成
        {
            return TX_OK;
        }
        return 0xff; //其他原因发送失败
```

```
}
/ *启动 NRF24L01 发送一次数据
    rxbuf:待接收数据首地址
    返回值:0,接收完成;其他,错误代码 */
u8 NRF24L01_RxPacket(u8 *rxbuf)
{
    u8 sta;
    sta = SPI_Read(STATUS);   //读取状态寄存器的值
    SPI_RW_Reg(WRITE_REG + STATUS, sta);   //清除 TX_DS 或 MAX_RT 中断
标志
    if(sta&RX_OK)   //接收到数据
    {
        SPI_Read_Buf(RD_RX_PLOAD, rxbuf, RX_PLOAD_WIDTH);   //读取数据
        SPI_RW_Reg(FLUSH_RX, 0xff);   //清除 RX FIF0 寄存器
        return 0;
    }
    return 1;   //没收到任何数据
}
/ *该函数检测 NRF24L01 是否存在。返回值:0,成功;1,失败 */
u8 NRF24L01_Check()
{
    u8 buf[5] = {0XA5, 0XA5, 0XA5, 0XA5, 0XA5};
    u8 i;
    SPI_Write_Buf(WRITE_REG + TX_ADDR, buf, 5);   //写入 5 个字节的地址
    SPI_Read_Buf(TX_ADDR, buf, 5);   //读出写入的地址
    for(i = 0; i < 5; i + +)
    {
        if(buf[i]! = 0XA5)
        break;
    }
    if(i! = 5)
    {
    return 1;   //检测 NRF24L01 错误
    }
    return 0;   //检测到 NRF24L01
}
    void Select_mode()/ *选择 NRF24L01 的工作模式 */
    {
        if(k1 = = 0)   //按下 k1 键
        {
```

```
            delay_us(10);  //消抖
            if(k1 = =0)
            {
                flag = RX_MOD;  //选择接收模式
            }
            }
            else if(k2 = = 0)
            {
            delay_us(10);
            if(k2 = =0)
            {
                flag = TX_MOD;  //选择发送模式
            }
        }
    }
```

编译没有错误后,我们打开 STC – ISP 将其下载到开发板。在本次实验中,我们使用 XCOM 调试助手。用法与 STC – ISP 自带的串口调试助手类似,这里不再赘述。

在本试验中,我们需要两块开发板,一个板我们按下开发板上的独立按键 k1 进入接收模式,另一个按下 k2 进入发送模式。

作为接收信息的开发板,打开 XCOM 串口助手,其现象如图 11.5 所示。

开发板的现象为作为接收的那块板的 L0 灯不断闪烁,作为发送的那块板的 L1 灯不断闪烁。

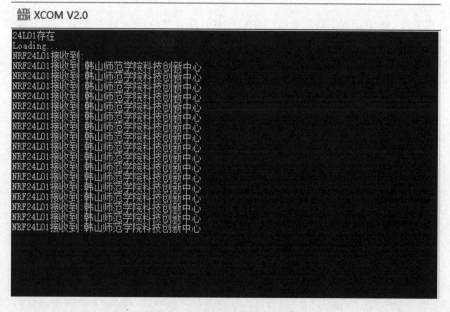

图 11.5　串口助手打印结果

11.6　本　章　小　结

在系统学习了单片机各个功能模块的基础上,本章介绍了综合应用实例——单片机无线通信的整个设计流程,包括 NRF24L01 模块的功能、工作模式及其主要工作模式的配置,关键函数的编写,并给出了详细的源代码及实验结果。通过本章的学习,提高学生的综合应用能力。

第12章　基于LCD1602的简易计算器

本章学习要点：

1. 了解矩阵键盘的检测方法；
2. 了解LCD1602液晶显示器的功能及其显示方式；
3. 掌握简易计算器设计方法。

LCD(liquid crystal display)，即液晶显示器，其结构是在两片平行的玻璃基板当中放置液晶盒，下基板玻璃上设置TFT(薄膜晶体管)，上基板玻璃上设置彩色滤光片，通过TFT上的信号与电压改变来控制液晶分子的转动方向，从而达到控制每个像素点偏振光出射与否而达到显示目的。本章我们将以LCD1602液晶显示模块为例向大家介绍如何在开发板上实现简易计算器。

12.1　试 验 目 的

本试验利用开发板上的矩阵键盘和LCD1602液晶显示模块实现简单的四则运算。

12.2　模 块 介 绍

LCD的中文名为液晶显示器，1602表示能够同时显示 $16 \times 02 = 32$ 个字符(16列2行)，故我们称其为LCD1602。LCD1602是一种工业字符型液晶，能够同时显示 16×02 即32个字符，它的显示的原理是利用液晶的物理特性，通过电压对其显示区域进行控制，由此可以显示字母、数字、符号等。LCD1602实物如图12.1、图12.2所示。

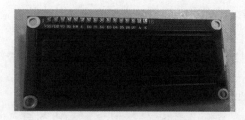

图 12.1　LCD1602 正面图　　　　　　图 12.2　LCD1602 反面图

当然类似的LCD还有12232、12864、192128、320324等。接下来介绍LCD1602的技术指标和其接口说明(表12.1、表12.2)。

表 12.1 LCD1602 的技术指标

显示容量	16 * 2 个字符
芯片工作电压	4.5 ~ 5.5 V
工作电流	2.0 mA(5.0 V)
模块最佳工作电压	5.0 V
字符尺寸	2.95 * 4.35(WXH) mm

表 12.2 LCD1602 接口说明

引脚号	引脚名	电平	输入/输出	作　　用
1	Vss			电源地
2	VCC			电源(+ 5 V)
3	Vee			对比调整电压
4	RS	0/1	输入	0 = 输入指令 1 = 输入数据
5	R/W	0/1	输入	0 = 向 LCD 写入指令或数据 1 = 从 LCD 读取信息
6	E	1,1→0	输入	使能信号,1 时读取信息,1→0(下降沿)执行指令
7	DB0	0/1	输入/输出	数据总线 line0(最低位)
8	DB1	0/1	输入/输出	数据总线 line1
9	DB2	0/1	输入/输出	数据总线 line2
10	DB3	0/1	输入/输出	数据总线 line3
11	DB4	0/1	输入/输出	数据总线 line4
12	DB5	0/1	输入/输出	数据总线 line5
13	DB6	0/1	输入/输出	数据总线 line6
14	DB7	0/1	输入/输出	数据总线 line7(最高位)
15	A	+ VCC		LCD 背光电源正极
16	K	接地		LCD 背光电源负极

12.3　操作说明及函数实现

12.3.1　基本操作时序

①读状态。输入:RS = L,RW = H,E = H;输出:D0 ~ D7 = 状态字。

②写指令。输入:RS = L,RW = H,D0 ~ D7 = 指令码,E = 高脉冲;输出:无。

③读数据。输入:RS = H,RW = H,E = H;输出:D0 ~ D7 = 数据。

④写数据。输入:RS = H,RW = L,D0 ~ D7 = 数据,E = 高脉冲;输出:无。

12.3.2　状态字说明

LCD1602 状态字说明见表12.3。

表 12.3　LCD1602 状态字说明

STA7 D7	STA6 D6	STA5 D5	STA4 D4	STA3 D3	STA2 D2	STA1 D1	STAO DO
STAO – 6	当前数据地址指针的数值						
STA7	读写操作使能				1:禁止 0:允许		

注:对控制器每次进行读写操作之前,都必须进行读写检测,确保 STA7 为 0。

12.3.3　RAM 地址映射图

控制器内部带有80×8 位(80 字节)的 RAM 缓冲区,对应关系如图12.3 所示。

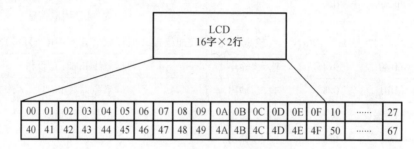

图 12.3　RAM 地址映射图

12.3.4　指令说明

1. 初始化设置

(1)显示模式设置(表12.4)

表 12.4　LCD1602 显示模式设置

指令码								功　　能
0	0	1	1	1	0	0	0	设置 16×2 显示,5×7 点阵,8 位数据接口

(2)显示开/关及光标设置(表12.5)

表12.5　显示开/关及光标设置

指令码	功　能
0 0 0 0 1 D C B	D = 1 开显 ZF;D = 0 关显乔 0 = 1 显示光标;c = o 不显示光标 B = 1 光标闪烁;B = 0 光标不显示
0 0 0 0 0 1 N S	N = 1 当读或写一个字符后地址指针加一,且光标加一; N = 0 当读或写一个字符后地址指针减一,且光标减一; S = 1 当写一个字符,整屏显示左移(N = 1)或右移(N = 0),以得到光标不移动而屏幕移动的效果; S = 0 当写一个字符,整屏显示不移动

（3）数据控制

控制器内部设有一个数据地址指针,用户可通过它们来访问内部的全部 80 字节 RAM0。

（4）数据指针设置（表12.6）

表12.6　数据指针设置

指令码	功　能
80H + 地址码(0 - 27H,40H - 67H)	设置数据地址指针

（5）其他设置（表12.7）

表12.7　其他设置

指令码	功　能
01H	显示清屏:1. 数据指针清"0" 　　　　2. 所有显示清"0"
02H	显示回车:1. 数据指针清"0"

（6）初始化过程（复位过程）

▶延时 15 ms

▶写指令 38 H(不检测忙信号)

▶延时 5 ms

▶写指令 38 H(不检测忙信号)

▶延时 5 ms

▶写指令 38 H(不检测忙信号)

（检测忙信号以后每次写指令、读/写数据操作之前均需）

▶写指令 38 H:显示模式设置

▶写指令 08 H:显示关闭

▶写指令 01 H:显示清屏

▶写指令 06 H:显示光标移动设置

▶写指令 0C H:显示开及光标设置

12.3.5 LCD1602 时序说明

1. 读操作时序(图 12.4)

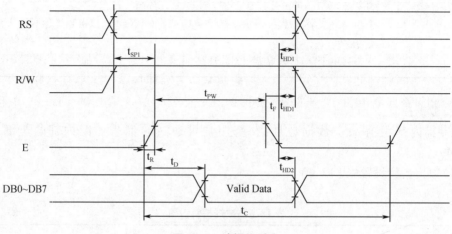

图 12.4 读操作时序

2. 写操作时序(图 12.5)

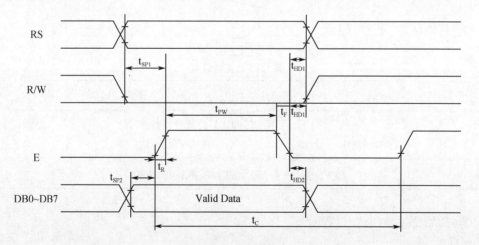

图 12.5 写操作时序

3. 时序参数(表 12.8)

表 12.8 时序参数

时序参数	符号	极限值			单位	测试条件
		最小值	典型值	最大值		
E 信号周期	tc	400	—	—	ns	引脚 E
E 脉冲宽度	tPW	150	—	—	ns	
H 上升沿/下降沿时间	tR,tF	—	—	25	ns	
地址建立时间	tSP1	30	—	—	ns	引脚 E、RS、R/W
地址保持时间	tHD1	10	—	—	ns	
数据建立时间(读操作)	tD	—	—	100	ns	引脚 0L0～DB7
数据保持时间(读操作)	tHD2	20	—	—	ns	
数据建立时间(写操作)	tSP2	40	—	—	ns	引脚 0L0～DB7
数据保持时间(写操作)	tHD2	10	—	—	ns	

12.3.6 LCD1602 液晶显示模块重要功能函数

1. 写命令函数

```
void lcdwrc( u8 c)
{
    delay(1000);
    rs = 0;   //启动写指令的命令
    rw = 0;
    e = 0;
    P0 = c;   //将写指令的命令发给 lcd
    e = 1;    //给予 lcd 的使能端口高电平
    delay(1000);
    e = 0;
}
```

该函数用于执行液晶显示模块自带的命令,例如 lcdwrc(0x38);这句指令就是用于设置 16 * 2 显示,5 * 7 点阵,8 位数据接口;lcdwrc(0x01);这句指令就是将数据指针清"0",并清除所有显示。

2. 写数据函数

```
void lcdwrd( u8 dat)
{
    delay(1000);
    rs = 1;   //数据/命令选择端置为高电平
    rw = 0;   //读/写选择端置为低电平
```

```
        e = 0;   //先不使能使能端口
        P0 = dat;  //将要发送的命令给 P0 端口
        e = 1;   //使能使能端口,使 lcd 接收数据
        delay(1000);
        e = 0;   //发完数据后关闭使能端口,避免影响 lcd 的显示受到影响
    }
```

该函数用于写入从单片机接收到的数据,例如 lcdwrd(0x30)就是在液晶显示模块上显示 0;

lcdwrd(0x30 + 1)就是在液晶显示模块上显示 1。

3. 液晶显示模块初始化函数

```
void lcdinit( )
    {
        delay(1500);   //延时 15 s
        lcdwrc(0x38);  //设置 16 * 2 显示,5 * 7 点阵,8 位数据接口
        lcdwrc(0x01);  //数据指针清零,并清除所有显示
        lcdwrc(0x06);  //写一个字符后地址指针加一
        lcdwrc(0x0c);  //开显示,不显示光标
    }
```

该函数用于设置液晶屏模块的模式,让液晶屏模块按一定的模式显示字符,市面上一部分的模块也是需要设置模式才能使用,以后大家如果有用到更多的模块,就会有所体会。

4. 键盘扫描函数(逐行扫描的模式)

```
void keyscan( )
    {
        a_k = 0xfe;   //令第一行为 0,然后判断是哪一列按下
        if(a_k! = 0xfe)
        {
            delay(1000);
            if(a_k! = 0xfe)
            {
                key = a_k&0xf0;
                switch(key)
                {
                    case 0xe0:num = 0;break;   //1
                    case 0xd0:num = 1;break;   //2
                    case 0xb0:num = 2;break;   //3
                    case 0x70:num = 3;break;   //加 +
                }
            }
            while(a_k! = 0xfe);
            First_Line( );
```

```
}
a_k =0xfd;    //令第二行为 0,判断是哪一列按下
if(a_k! =0xfd)
{
    delay(1000);
    if(a_k! =0xfd)
    {
        key =a_k&0xf0;
        switch(key)
        {
            case 0xe0:num =4;break;    //4
            case 0xd0:num =5;break;    //5
            case 0xb0:num =6;break;    //6
            case 0x70:num =7;break;    //减 -
        }
    }
    while(a_k! =0xfd);
    Second_Line();
}
a_k =0xfb;    //令第三行为 0,判断哪一列按下
if(a_k! =0xfb)
{
    delay(1000);
    if(a_k! =0xfb)
    {
        key =a_k&0xf0;
        switch(key)
        {
            case 0xe0:num =8;break;    //7
            case 0xd0:num =9;break;    //8
            case 0xb0:num =10;break;    //9
            case 0x70:num =11;break;    //乘 *
        }
    }
    while(a_k! =0xfb);
    Third_Line();
}
a_k =0xf7;    //令第四行为 0,判断哪一列按下
if(a_k! =0xf7)
{
```

```
        delay(1000);
        if(a_k! =0xf7)
        {
            key = a_k&0xf0;
            switch(key)
            {
                case 0xe0:num =12;break;    //0
                case 0xd0:num =13;break;    //清除 rst
                case 0xb0:num =14;break;    //等号 =
                case 0x70:num =15;break;    //除/
            }
        }
        while(a_k! =0xf7);
        Last_Line();
    }
}
```

12.4　LCD1602简易计算器具体实现

12.4.1　设计思路

①将矩阵键盘上的按键分别设置0~9这10个数字,以及"+""-""*""/""=""C"(清零)运算符。

②对输入的数据进行计算,得出最终的结果。

③将最终的结果在LCD1602进行显示。

12.4.2　硬件电路设计

本实验用到的硬件资源为LCD1602液晶显示模块和矩阵键盘。其中需要注意的是,当LCD很亮时,有时我们可能会看不到LCD1602显示的内容,可通过调节开放板上的电位器来调节其亮度,电位器在开发板的位置如图12.6所示。

图12.6　开发板上液晶显示模块的亮度调节

每个按键的功能设置如图12.7所示。

1	2	3	+
4	5	6	−
7	8	9	*
0	C	=	/

图12.7 按键功能设置图

硬件电路主要由单片机、矩阵键盘及 LCD1602 液晶显示模块组成,如图12.8 至图12.10所示。

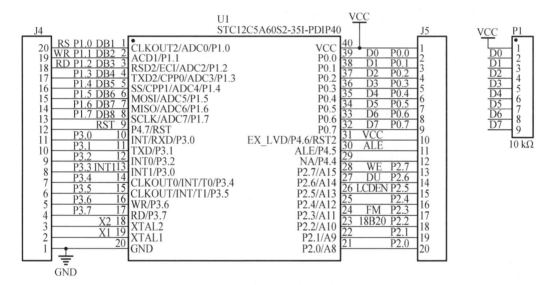

图12.8 开发板上单片机接口

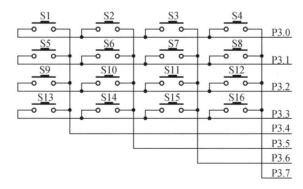

图12.9 开发板上矩阵键盘接口

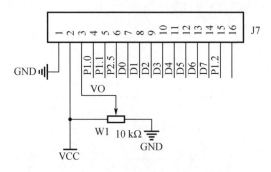

图 12.10　开发板上 LCD1602 液晶显示器接口

12.4.3　源代码

```
/ * 实现两个数的运算,每个数的位数至少可以 8 位　* /
#include "reg5a. h"
typedef unsigned char u8;
typedef unsigned int u16;

#define a_k P3　//将 P3 口宏定义为所有按键口(all_key)

sbit rw = P1^1;　//位定义 P1^1 口为读/写选择端
sbit rs = P1^0;　//位定义 P1^0 口为数据/命令选择端
sbit e = P2^5;　//位定义 P2^5 口为使能选择端
u8 key,num;
u8 fuhao;　//定义具体的那个符号,是加减还是乘除
u8 flag;　//定义有没有按下符号键,这个是统称
long a,b,c,d;　//定义运算数据的第一个和第二个及等于的数变量
u8 k;　//定义小数点后面显示的位数
u8 biao;

u8 dat1[ ] = {1,2,3,0x2b - 0x30,4,5,6,0x2d - 0x30,7,8,9,0x2a - 0x30,0,0x01 -
0x30,0x3d - 0x30,0x2b - 0x30};　//保存显示的数据

void delay(u16 i);　//延时函数
void lcdwrc(u8 c);　//LCD 写命令
void lcdwrd(u8 dat);　//LCD 写数据
void lcdinit(void);　//LCD 初始化
void keyscan(void);　//按键扫描函数
void First_Line(void);　//第一行按键的按功能选择
void Second_Line(void);　//第二行按键的按功能选择
void Third_Line(void);　//第三行按键的按功能选择
```

```c
void Last_Line(void);    //第四行按键的按功能选择

void main()
{
    lcdinit();   //LCD 初始化函数
    while(1)
    {
        keyscan();   //按键扫描函数
    }
}
void delay(u16 i)
{
        while(i--);
}


void lcdwrc(u8 c)
{
    delay(1000);
    rs=0;   //启动写指令的命令
    rw=0;
    e=0;
    P0=c;   //将写指令的命令发给 LCD
    e=1;    //给予 LCD 的使能端口高电平
    delay(1000);
    e=0;
}
void lcdwrd(u8 dat)
{
    delay(1000);
    rs=1;   //数据/命令选择端置为高电平
    rw=0;   //读/写选择端置为低电平
    e=0;    //先不使能使能端口
    P0=dat; //将要发送的命令给 P0 端口
    e=1;    //使能使能端口,使 LCD 接收数据
    delay(1000);
    e=0;    //发完数据后关闭使能端口,避免影响 LCD 的显示受到影响
}


void lcdinit()
{
    delay(1500);   //延时 15 s
```

```
    lcdwrc(0x38);    //设置16*2显示,5*7点阵,8位数据接口
    lcdwrc(0x01);    //数据指针清零,并清除所有显示
    lcdwrc(0x06);    //写一个字符后地址指针加一
    lcdwrc(0x0c);    //开显示,不显示光标
    key = 0;    //将所有变量清空
    num = 0;
    flag = 0;
    fuhao = 0;
    a = 0;
    b = 0;
    c = 0;
    d = 0;
    biao = 0;
}


void keyscan( )
{
    a_k = 0xfe;    //令第一行为0,然后判断是哪一列按下
    if(a_k! = 0xfe)
    {
        delay(1000);
        if(a_k! = 0xfe)
        {
            key = a_k&0xf0;
            switch(key)
            {
                case 0xe0:num = 0;break;    //1
                case 0xd0:num = 1;break;    //2
                case 0xb0:num = 2;break;    //3
                case 0x70:num = 3;break;    //加 +
            }
        }
        while(a_k! = 0xfe);
        First_Line( );
    }


    a_k = 0xfd;    //令第二行为0,判断是哪一列按下
    if(a_k! = 0xfd)
    {
        delay(1000);
        if(a_k! = 0xfd)
```

```
        {
            key = a_k&0xf0;
            switch(key)
            {
                case 0xe0:num = 4;break;    //4
                case 0xd0:num = 5;break;    //5
                case 0xb0:num = 6;break;    //6
                case 0x70:num = 7;break;    //减 -
            }
        }
    while(a_k! = 0xfd);
    Second_Line();
}


a_k = 0xfb;    //令第三行为0,判断哪一列按下
if(a_k! = 0xfb)
{
    delay(1000);
    if(a_k! = 0xfb)
    {
        key = a_k&0xf0;
        switch(key)
        {
            case 0xe0:num = 8;break;    //7
            case 0xd0:num = 9;break;    //8
            case 0xb0:num = 10;break;    //9
            case 0x70:num = 11;break;    //乘 *
        }
    }
    while(a_k! = 0xfb);
    Third_Line();
}


a_k = 0xf7;    //令第四行为0,判断哪一列按下
if(a_k! = 0xf7)
{
    delay(1000);
    if(a_k! = 0xf7)
    {
        key = a_k&0xf0;
```

```
        switch(key)
        {
            case 0xe0:num = 12;break;    //0
            case 0xd0:num = 13;break;    //清除 rst
            case 0xb0:num = 14;break;    //等号 =
            case 0x70:num = 15;break;    //除/
        }
    }
    while(a_k! = 0xf7);
    Last_Line();
    }
}

void First_Line()
{
        switch(num)    //确认第一行的数 1,2,3,4
        {

        case(0):
        case(1):
        case(2):if(flag = =0)    //没有按下符号键
                {
                    a = a * 10 + dat1[num];
                }
                else
                {
                    b = b * 10 + dat1[num];
                } break;
        case(3):flag = 1;fuhao = 1;break;    //代表加号
        }
    lcdwrd(0x30 + dat1[num]);
}

void Second_Line()
{
    switch(num)    //确认第一行的数 5,6,7,8
    {
        case(4):
        case(5):
        case(6):    if(flag = =0)    //没有按下符号键
                {
                    a = a * 10 + dat1[num];
```

```
                }
            else
                {
                    b = b * 10 + dat1[num];
                } break;
        case(7): flag = 1; fuhao = 2; break;   //代表减号
    }
    lcdwrd(0x30 + dat1[num]);
}


void Third_Line()
{
switch(num)   //确认第三行的数9,10,11,12
    {
        case(8):
        case(9):
        case(10):  if(flag = =0)   //没有按下符号键
                {
                    a = a * 10 + dat1[num];
                }
            else
                {
                    b = b * 10 + dat1[num];
                } break;
        case(11): flag = 1; fuhao = 3; break;   //代表乘号*
    }
    lcdwrd(0x30 + dat1[num]);
}
void Last_Line()
{
    switch(num)
    {
        case 12:
            if(flag = =0)   //没有按下符号键
            {
                a = a * 10 + dat1[num];
                lcdwrd(0x30);
            }
            else
            {
```

```
                b = b * 10 + dat1[num];
                lcdwrd(0x30);
        }
        break;

    case 13:
        lcdwrc(0x01);    //清屏指令
        a = 0;
        b = 0;
        flag = 0;
        fuhao = 0;
        break;

    case 15:
        flag = 1;
        fuhao = 4;
        lcdwrd(0x2f);    //除号/
        break;

    case 14:
        if(fuhao = = 1)    //加
        {
            lcdwrc(0x4f + 0x80);
            lcdwrc(0x04);    //设置光标左移,屏幕不移动
            c = a + b;
            while(c! = 0)    //一位一位显示
            {
                lcdwrd(0x30 + c%10);    //显示结果的最后一位在0x4f的
                                        //位置
                c = c/10;    //取前面的结果数据
            }
            lcdwrd(0x3d);    //显示等号=
            a = 0;
            b = 0;
            flag = 0;
            fuhao = 0;    //全部清除为0
        }
        if(fuhao = = 2)    //减
        {
            lcdwrc(0x4f + 0x80);
```

```
lcdwrc(0x04);   //设置光标左移,屏幕不移动
if(a > b)
    c = a - b;
else
    c = b - a;

    while(c! = 0)   //一位一位显示
    {
        lcdwrd(0x30 + c% 10);   //显示结果的最后一位在0x4f的
位置
        c = c/10;   //取前面的结果数据
    }
    if(a < b)lcdwrd(0x2d);   //显示减号
    lcdwrd(0x3d);   //显示等号 =
    a = 0;
    b = 0;
    flag = 0;
    fuhao = 0;   //全部清除为0
}

if(fuhao = = 3)   //乘法
{
    lcdwrc(0x4f + 0x80);
    lcdwrc(0x04);   //设置光标左移,屏幕不移动
    c = a * b;
    while(c! = 0)   //一位一位显示
    {
        lcdwrd(0x30 + c% 10);   //显示结果的最后一位在0x4f的
位置
        c = c/10;   //取前面的结果数据
    }
    lcdwrd(0x3d);   //显示等号 =
    a = 0;
    b = 0;
    flag = 0;
    fuhao = 0;   //全部清除为0
}
if(fuhao = = 4)
{
    k = 0;
```

```
lcdwrc(0x4f + 0x80);
lcdwrc(0x04);   //设置光标左移,屏幕不移动
c = (long)(((float)a/b) * 1000);   //强制转换为 long
while(c! =0)   //一位一位显示
    {
        k + +;
        lcdwrd(0x30 + c%10);   //显示结果的最后一位在 0x4f 的
位置
        c = c/10;   //取前面的结果数据
        if(k = =3)
            {
                lcdwrd(0x2e);
                k = 0;
            }
    }
if(a/b = =0)   //如果 a 比 b 小的话那么除的结果最高位是 0
    {
        lcdwrd(0x30);
    }
lcdwrd(0x3d);   //显示等号
a = 0;
b = 0;
flag = 0;
fuhao = 0;   //全部清除为 0
    }
break;
    }
}
```

编译无错误后下载程序到开发板上,此时我们输入 1/3 时,可以得到 0.333,如图12.11
所示。

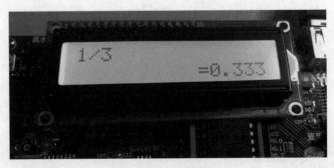

图 12.11　实验结果

12.5 本 章 小 结

本章介绍了综合应用实例——简易计算器的设计流程,包括液晶显示器驱动及其显示方式的配置、矩阵键盘的检测。通过本章的学习,进一步加深对各功能模块的理解,提高了综合应用能力。

参考文献

[1]何宾,姚永平.STC单片机原理及应用:从器件、汇编、C到操作系统的分析和设计(立体化教程)[M].北京:清华大学出版社,2015.

[2]陈洪财,董晓庆,谢森林.单片机原理与应用技术[M].哈尔滨:哈尔滨工程大学出版社,2014.

[3]严洁.单片机原理及其接口技术[M].北京:机械工业出版社,2010.

[4]马忠梅.单片机的C语言应用程序设计[M].北京:北京航空航天大学出版社,2013.

[5]高显生.迷人的8051单片机[M].北京:机械工业出版社,2016.

[6]郭天祥.新概念51单片机C语言教程[M].北京:电子工业出版社,2012.

附　　录

附表 1　STC12C5A60S2／AD／CCP 系列单片机内部 EEPROM 选型一览表

型号	EEPROM 字节数	扇区数	起始扇区首地址	结束扇区末尾地址
STC12C5A08S2／AD／PWM	8K	16	0000h	1FFFh
STC12C5A16S2／AD／PWM	8K	16	0000h	1FFFh
STC12C5A20S2／AD／PWM	8K	16	0000h	1FFFh
STC12C5A32S2／AD／PWM	28K	56	0000h	6FFFh
STC12C5A40S2／AD／PWM	20K	40	0000h	4FFFh
STC12C5A48S2／AD／PWM	12K	24	0000h	2FFFh
STC12C5A52S2／AD／PWM	8K	16	0000h	1FFFh
STC12C5A56S2／AD／PWM	4K	8	0000h	0FFFh
STC12C5A60S2／AD／PWM	1K	2	0000h	03FFh
STC12LE5A08S2／AD／PWM	8K	16	0000h	1FFFh
STC12LE5A16S2／AD／PWM	8K	16	0000h	1FFFh
STC12LE5A20S2／AD／PWM	8K	16	0000h	1FFFh
STC12LE5A32S2／AD／PWM	28K	56	0000h	6FFFh
STC12LE5A40S2／AD／PWM	20K	40	0000h	4FFFh
STC12LE5A48S2／AD／PWM	12K	24	0000h	2FFFh
STC12LE5A52S2／AD／PWM	8K	16	0000h	1FFFh
STC12LE5A56S2／AD／PWM	4K	8	0000h	0FFFh
STC12LE560S2／AD／PWM	1K	2	0000h	03FFh
以下系列特殊,可在用户程序区直接修改程序,所有 flash 空间均可作 EEPROM 修改				
IAP12C5A62S2／AD／PWM	—	124	0000h	F7FFh
IAP12E5A62S2／AD／PWM	—	124	0000h	F7FFh

附表 2　NRF24L01 快速参考数据

参数	数值	单位
最低供电电压	1.9	V
最大发射功率	0	dBm
最大数据传输率	2000	Kb/s
发射模式下,电流消耗(0 dBm)	11.3	mA

STC单片机原理与应用开发——实例精讲(从入门到开发)

参数	数值	单位
接收模式下电流消耗(2000 Kb/s)	12.3	mA
温度范围	-40 ~ +85	℃
数据传输率为 1000 Kb/s 下的灵敏度	-85	dBm
掉电模式下电流消耗	900	nA

附表 3   NRF24L01 工作模式

模式	PWR_UP	PRIM_RX	CE	FIFO 寄存器状态
接收模式	1	1	1	—
发送模式	1	0	1	数据在 TX FIFO 寄存器中
发送模式	1	0	1→0	停留在发送模式,直至数据发送完
待机模式 II	1	0	1	TX FIFO 为空
待机模式 I	1	—	0	无数据传输
掉电模式	0			

附表 4   NRF24L01 寄存器及其功能

地址	参数	位	复位值	类型	描述
00	寄存器				配置寄存器
	reserved	7	0	R/W	默认为"0"
	MASK_RX_DR	6	0	R/W	可屏蔽中断 RX_RD 1:IRQ 引脚不显示 RX_RD 中断 0:RX_RD 中断产生时 IRQ 引脚电平为低
	MASK_TX_DS	5	0	R/W	可屏蔽金断 TX_DS 1:IRQ 引脚不显示 TX_DS 中断 0:TX_DS 中断产生时 IRQ 引脚电平为低
	MASK MAX RT	4	0	R/W	可屏蔽中断 MAX_RT 1:IRQ 引脚不显示 TX_DS 中断 0:MAX_RT 中断产生时 IRQ 引脚电平为低
	EN_CRC	3	1	R/W	CRC 使能。如果 EN_AA 中任意一位为高则 EN_CRC 强迫为高
	CRCO	2	0	R/W	CRC 模式 0-8 位 CRC 校验 T-16 位 CRC 校验

附表 4(续 1)

地址	参数	位	复位值	类型	描述
	PWR_UP	1	0	R/W	1:上电　　0:掉电
	PRIM_RX	0	0	R/W	1:接收模式　0:发射模式
	EN_AA Enhanced ShockBurst™				使能"自动应答"功能 此功能禁止后可与 11RF2401 通信
	Reserved	7:6	00	R/W	默认为 0
	ENAA_P5	5	1	R/W	数据通道 5 自动应答允许
01	ENAA_P4	4	1	R/W	数据通道 4 自动应答允许
	ENAA_P3	3	1	R/W	数据通道 3 自动应答允许
	ENAA_P2	2	1	R/W	数据通道 2 自动应答允许
	ENAA_Pl	1	1	R/W	数据通道 1 自动应答允许
	ENAA_P0	0	1	R/W	数据通道 0 自动应答允许
	EN RXADDR				接收地址允许
	Reserved	7:6	00	R/W	默认为 00
	ERX_P5	5	0	R/W	接收数据通道 5 允许
02	ERX_P4	4	0	R/W	接收数据通道 4 允许
	ERX_P3	3	0	R/W	接收数据通道 3 允许
	ERX_P2	2	0	R/W	接收数据通道 2 允许
	ERX_P1	1	1	R/W	接收数据通道 1 允许
	ERX_P0	0	1	R/W	接收数据通道 0 允许
	SETUP_AW				设置地址宽度(所有数据通道)
	Reserved	7:2	00000	R/W	默认为 00000
03	AW	1:0	11	R/W	接收/发射地址宽度 00 – 无效 01 – 3 字节宽度 10 – 4 字节宽度 11 – 5 字节宽度
04	SETUP_RETR				建立自动重发

255

附表4(续2)

地址	参数	位	复位值	类型	描述
	ARD	7:4	0000	R/W	自动重发延时 '0000' – 等待(250+86)μs '0001' – 等待(500+86)μs '0010' – 等待(750+86)μs …… '1111' – 等待(4000+86)μs (延时时间是指一包数据发送完成到下一包数据开始发射之间的时间间隔)
	ARC	3:00	0011	R/W	自动重发计数 '0000' – 禁止自动重发 '0000' – 自动重发1次 …… '0000' – 自动重发15次
05	RF_CH				射频通道
	Reserved	7	0	R/W	默认为0
	RF_CH	6:0	0000010	R/W	设置NRF24L01工作通道频率
06	RF_SETUP			R/W	射频寄存器
	Reserved	7:5	000	R/W	默认为000
	PLL_LOCK	4	0	R/W	PLL LOCK允许,仅应用于测试模式
	RF_DR	3	1	R/W	数据传输率: 0~1 Mbit/s 1~2 Mbit/s
	RF_PWR	2:1	11	R/W	发射功率: 00 ~ –18 dBm 01 ~ –12 dBm 10 ~ –6 dBm 11 ~ 0 dBm
	LNA_HCURR	0	1	R/W	低噪声放大器增益
07	STATUS				状态寄存器
	Reserved	7	0	R/W	默认为0
	RX_DR	6	0	R/W	接收数据中断。当接收到有效数据后置1。写"1"清除中断

附表 4(续 3)

地址	参数	位	复位值	类型	描述
	TX_DS	5	0	R/W	数据发送完成中断。当数据发送完成后产生中断。如果工作在自动应答模式下,只有当接收到应答信号后此位置 1。写'1'清除中断
	MAX_RT	4	0	R/W	达到最多次重发中断。 写'1'清除中断。 如果 MAX RT 中断产生则必须清除后系统才能进行通信
	RX_P_NO	3:1	111	R	接收数据通道号: 000 – 101:数据通道号 110:未使用 111:RXFIFO 寄存器为空
	TX_FULL	0	0	R	TX FIFO 寄存器满标志。 1:TXFIFO 寄存器满 0:TXFIFO 寄存器未满,有可用空间
08	OBSERVE_TX				发送检测寄存器
	PLOS_CNT	7:4	0	R	数据包丢失计数器。当写 RF CH 寄存器时此寄存器复位。当丢失 15 个数据包后此寄存器重启
	ARC_CNT	3:0	0	R	重发计数器。发送新数据包时此寄存器复位
09	CD				
	Reserved	7:1	000000	R	
	CD	0	0	R	载波检测
0A	RX_ADDR_P0	39:0	0xE7E7E7E7E7	R/W	数据通道 0 接收地址。最大长度:5 个字节(先写低字节,所写字节数量由 SETUP_AW 设定)
0B	RX_ADDR_P1	39:0	0xC2C2C2C2C2	R/W	数据通道 1 接收地址。最大长度:5 个字节(先写低字节,所写字节数量由 SETUP_AW 设定)

附表4(续4)

地址	参数	位	复位值	类型	描　　述
0C	RX_ADDR_P2	7:0	0xC3	R/W	数据通道2接收地址。最低字节可设置。高字节部分必须与RX ADDR_Pl[39:8]相等
0D	RX_ADDR_P3	7:0	0xC4	R/W	数据通道3接收啦址。最低字节可设置。高字节部分必须与RX ADDR_Pl[39:8]相等
0E	RX_ADDR_P4	7:0	0xC5	R/W	数据通道4接收地址。最低字节可设置。高字节部分必须与RX ADDR_Pl[39:8]相等
0F	RX_ADDR_P5	7:0	0xC6	R/W	数据通道5接收地址。最低字节可设置。高字节部分必须与RX ADDR_Pl[39:8]相等
10	TX_ADDR	39:0	0xE7E7E7E7	R/W	发送地址。(先写低字节) 在增强型ShockBurst™模式下RX_ADDR_P0与此地址相等
11	RX PW P0				
	Reserved	7:6	0	R/W	默认为00
	RX_PW_P0	5:0	0	R/W	接收数据通道0有效数据宽度(1到32字节) 0:设置不合法 1:1字节有效数据宽度 32:32字节有效数据宽度
12	RX_PW_P1				
	Reserved	7:6	00	R/W	默认为00
	RX_PW_P1	5:0	0	R/W	接收数据通道1有效数据宽度(1到32字节) 0:设置不合法 1:1字节有效数据宽度 …… 32:32字节有效数据宽度
13	RX_PW_P2				
	Reserved	7:6	00	R/W	默认为00

附表 4(续 5)

地址	参数	位	复位值	类型	描述
	RX_PW_P2	5:0	0	R/W	接收数据通道 2 有效数据宽度(1 到 32 字节) 0:设置不合法 1:1 字节有效数据宽度 …… 32:32 字节有效数据宽度
14	RX_PW_P3				
	Reserved	7:6	00	R/W	默认为 00
	RX_PW_P3	5:0	0	R/W	接收数据通道 3 有效数据宽度(1 到 32 字节) 0:设置不合法 1:1 字节有效数据宽度 …… 32:32 字节有效数据宽度
15	RX_PW_P4				
	Reserved	7:6	00	R/W	默认为 00
	RX_PW_P4	5:0	0	R/W	接收数据通道 4 有效数据宽度(1 到 32 字节) 0:设置不合法 1:1 字节有效数据宽度 …… 32:32 字节有效数据宽度
16	RX_PW_P5				
	Reserved	7:6	00	R/W	默认为 00
	RX_PW_P5	5:0	0	R/W	接收数据通道 5 有效数据宽度(1 到 32 字节) 0:设置不合法 1:1 字节有效数据宽度 …… 32:32 字节有效数据宽度
17	FIF0_STATUS				FIF0 状态寄存器
	Reserved	7	0	R/W	默认为 0

附表 4(续 6)

地址	参数	位	复位值	类型	描述
	TX_REUSE	6	0	R	若 TX_REUSE = 1 则当 CE 位高电平状态时不断发送上一数据包。TX_REUSE 通过 SPI 指令 REUSE_TX_PL 设置,通过 W_TX_PALOAD 或 FLUSH_TX 复位
	TX_FULL	5	0	R	TX FIFO 寄存器满标志。 1:TX FIFO 寄存器满 0:TX FIFO 寄存器未满,有可用空间
	TX_EMPTY	4	1	R	TX FIFO 寄存器空标志。 1:TX FIFO 寄存器空 0:TX FIFO 寄存器非空
	Reserved	3:2	00	R/W	墨认为 00
	RX_FULL	1	0	R	RX FIFO 寄存器满标志。 1:RX FIFO 寄存器满 0:RX FIFO 寄存器未满,有可用空间
	RXEMPTY	0	1	R	RX FIFO 寄存器空标志。 1:RX FIFO 寄存器空 0:RX FIFO 寄存器非空
N/A	TX PLD	255:0		W	
N/A	RX PLD	255:0		R	

注:所有未定义位可以被读出,其值为'0'。